普通高等教育"十三五"规划教材

精细化学品化学

● 唐林生　刘仕伟　孙明媚　编著

U0228724

化学工业出版社

·北京·

《精细化学品化学》是为化学工程与工艺及应用化学等专业编写的教材。全书共分7章。第1章介绍了精细化学品的基本概念、精细化工在化学工业中的地位、精细化工的发展趋势及我国精细化工行业存在的问题。第2章介绍了表面活性剂的基本概念、应用原理及发展趋势。第3章介绍了聚合物化学基础,涂料和胶黏剂的基本概念、黏附原理、主要品种及发展趋势。第4章介绍了农药、杀虫剂、杀菌剂、除草剂、植物生长调节剂等的基本概念、作用机理、主要品种及发展趋势。第5章介绍了增塑剂、阻燃剂、稳定剂等塑料助剂及硫化剂、硫化促进剂、防老剂等橡胶助剂的基本概念、作用机理、主要品种及发展趋势。第6章介绍了染料、颜料及荧光增白剂的基本概念、染色和荧光增白的基本原理及主要品种。第7章介绍了绿色化学化工的定义、特点及发展,开发绿色精细化学品的基本原则,绿色精细化学品的主要研究内容及绿色化学化工过程的评估。

《精细化学品化学》可作为化学工程与工艺及应用化学等专业的本科生、高职高专学生的教材,也可供从事精细化学品生产、研发的科技人员、管理和营销人员等参考。

图书在版编目(CIP)数据

精细化学品化学/唐林生,刘仕伟,孙明媚编著.
—北京:化学工业出版社,2019.12
普通高等教育"十三五"规划教材
ISBN 978-7-122-35744-1

Ⅰ.①精… Ⅱ.①唐…②刘…③孙… Ⅲ.①精细化工-化工产品-高等学校-教材 Ⅳ.①TQ072

中国版本图书馆 CIP 数据核字(2019)第 254019 号

责任编辑:刘俊之   文字编辑:陈小滔
责任校对:宋 夏   装帧设计:韩 飞

出版发行:化学工业出版社(北京市东城区青年湖南街 13 号   邮政编码 100011)
印   刷:北京市振南印刷有限责任公司
装   订:北京国马印刷厂
787mm×1092mm   1/16   印张 13½   字数 351 千字   2019 年 12 月北京第 1 版第 1 次印刷

购书咨询:010-64518888   售后服务:010-64518899
网   址:http://www.cip.com.cn
凡购买本书,如有缺损质量问题,本社销售中心负责调换。

定   价:58.00 元

▶ 前言

精细化学品是通过对基本化学工业生产的初级和次级化学品进行深加工而制得的具有特定功能、特定用途和小批量生产的系列产品。精细化学品几乎渗透到人们日常生活的各个方面和工农业生产的各个部门。精细化学品不仅为人类提供了多种多样、方便实用的生活用品，而且为提高工农业的生产效率及产品质量提供了物质基础。随着科学技术的进步和人类社会的发展，人类社会需要越来越多的精细化学品，可以说每一个新行业的诞生几乎都会伴随着一类新的精细化学品的出现。正是如此，20世纪70年代以来，一些工业发达国家相继将化学工业发展的战略重点转向精细化工。目前美国等发达国家的精细化工率已高达70%左右，我国的精细化工率也达到了45%左右。

精细化学品与大宗化学品的根本区别在于前者具有特定的功能和用途，这决定了精细化学品的研发必须以应用为先导。也就是说，精细化学品的应用理论（如应用原理及结构与性能的关系）是指导人们设计和开发新型精细化学品的基本理论，是实现精细化学品自主创新的核心。

精细化学品化学就是介绍各类精细化学品的定义和应用理论等的学科。但由于精细化学品种类繁多，每类精细化学品的应用理论各不相同，缺乏共性，甚至有些精细化学品的应用理论还不是很成熟。因此，在一本教材中很难对所有精细化学品进行介绍。编者根据多年的教学与研究工作，选择了表面活性剂、涂料、胶黏剂、农药、橡胶和塑料助剂、染料、颜料等几种在国民经济中占有重要地位的传统精细化学品，重点介绍了它们的定义、应用原理、主要品种及发展趋势。

为了使现代化学工业摒弃负面影响，继续为人类创造巨大的财富，20世纪90年代出现了一门具有明确社会需要和科学目标的新兴交叉学科——绿色化学化工。它已成为当今国际化学化工研究的前沿领域，是21世纪的中心学科。

精细化工是环境污染及安全隐患最为严重的行业之一。因此，发展绿色精细化学品是当今精细化工领域的热点，也是绿色化学化工的重点和难点。为此，本教材对绿色精细化学品的理论（基本原则）及实践也做了简要介绍。

本书由青岛科技大学唐林生教授、刘仕伟教授和孙明媚讲师合作编写，全书由唐林生教授统稿。在编写过程中，得到了青岛科技大学化工学院各位领导及精细化工教研室各位老师，特别是刘福胜教授和于世涛教授的大力支持，并提出了许多宝贵的修改意见。青岛科技大学化工学院的韩静、杨凯欣、王腾、张坤、程学利等协助做了许多文字工作。在此一并表示衷心的感谢。

正如前述，精细化学品的应用理论还不成熟，加上精细化学品更新换代很快及编者的水平有限，错误之处难以避免，恳请读者指正。

编著者于青岛
2019年8月

目录

第6章 染料、颜料和荧光增白剂 154

第7章 绿色精细化学品的理论与实践 181

第1章

绪　论

1.1　精细化学品的定义

什么是精细化学品（Fine Chemicals）？迄今尚无一简明、确切、得到公认的科学定义。日本把大批量生产和销售的化学品统称为通用化学品，如合成树脂、合成纤维、合成橡胶、化肥、三酸两碱和基本化工原料，与之相区别的称为精细化学品。欧美国家把精细化学品和专用化学品（Specialty Chemicals）加以区分，后者常常是指多种化学品的复配物（如涂料、化妆品等）。尽管其含义与日本所说的精细化学品不完全相同，但基本类似，难以区分。我国精细化学品的概念与日本接近，目前比较公认的定义是指对基本化学工业生产的初级和次级化学品进行深加工而制得的具有特定功能、特定用途和小批量生产的系列产品。例如：以苯为原料，首先在氟化氢的催化作用下，以烯烃为烷基化试剂，通过烷基化反应合成烷基苯，再磺化合成烷基苯磺酸钠表面活性剂；以丙烯酸单体为原料，通过乳液聚合合成丙烯酸乳液，再加入各种颜料和助剂调配成丙烯酸乳胶涂料。

精细化学品工业通常简称为"精细化工"，是生产精细化学品工业的通称。它是介于化学科学与化学工程之间的以应用为导向的化学技术分支之一，其学科体系正在逐步形成（早期的化学工程学科是由单元操作形成的完整的"三传一反"）。

1.2　精细化学品的分类

（1）按化学结构分类

按化学结构可分为精细有机化学品（如有机磷农药）、精细高分子化学品（如涂料和胶黏剂）、精细无机化学品（如电子级硫酸钡）和精细生物化学品（如氨基酸）。

（2）按用途分类

由于精细化学品的定义不十分明确，因而它包括的范围也无定论，但总的来讲其范围相当广泛。随着科学技术的不断发展，一些新的精细化学品或精细化工行业正在不断出现，因而范围也在不断扩大。日本1984年版《精细化工年鉴》中把精细化学品分为35类，而到1985年，就发展为51类。1986年，为了统一精细化工产品的口径，加快调整化工产品结构，发展精细化工，并作为今后计划、规划和统计的依据，我国化学工业部根据其所属精细化工行业把精细化学品分为11大类，具体如图1-1所示。

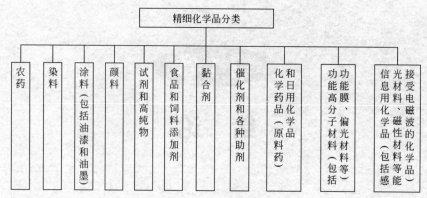

图 1-1　精细化学品分类

其中催化剂和各种助剂一项，又包括以下内容：

① 催化剂：炼油用、石油化工用、有机化工用、合成氨用、硫酸用、环保用和其它用途的催化剂。

② 印染助剂：柔软剂、匀染剂、分散剂、抗静电剂和纤维用阻燃剂等。

③ 塑料助剂：增塑剂、稳定剂、发泡剂和阻燃剂等。

④ 橡胶助剂：促进剂、防老剂、塑解剂和再生胶活化剂等。

⑤ 水处理剂：水质稳定剂、缓蚀剂、软水剂、杀菌灭藻剂和絮凝剂等。

⑥ 纤维抽丝用油剂：涤纶长丝用、涤纶短丝用、锦纶用、腈纶用、丙纶用、维纶用和玻璃丝用油剂等。

⑦ 有机抽提剂：吡咯烷酮系列、脂肪烃系列、乙腈系列和糠醛系列等。

⑧ 高分子聚合物添加剂：引发剂、阻聚剂、终止剂、调节剂和活化剂等。

⑨ 表面活性剂：除家用洗涤剂以外的阳性、阴性、中性和非离子型表面活性剂。

⑩ 皮革助剂：合成鞣剂、涂饰剂、加脂剂、光亮剂和软皮油等。

⑪ 农药用助剂：乳化剂、增效剂等。

⑫ 油田用化学品：油田用破乳剂、钻井防塌剂、泥浆用助剂和防蜡剂降黏剂等。

⑬ 混凝土用添加剂：减水剂、防水剂、脱模剂、泡沫剂（加气混凝土用）和嵌缝油膏等。

⑭ 机械、冶金用助剂：防锈剂、清洗剂、电镀用助剂、各种焊接用助剂、渗炭剂和机动车用防冻剂等。

⑮ 油品添加剂：防水、增黏、耐高温等各类添加剂，汽油抗震、液压传动、变压器油和刹车油添加剂等。

⑯ 炭黑（橡胶制品的补强剂）：高耐磨炭黑、半补强炭黑、色素炭黑和乙炔炭黑等。

⑰ 吸附剂：稀土分子筛系列、氧化铝系列、天然沸石系列、二氧化硅系列和活性白土系列等。

⑱ 电子工业专用化学品（不包括光刻胶、掺杂物、MOS试剂等高纯物和高纯气体）：显像管用碳酸钾、氟化物、助焊剂和石墨乳等。

⑲ 造纸助剂：蒸煮剂、漂白剂、增白剂、补强剂、防水剂和填充剂等。

⑳ 其它助剂：玻璃防霉剂、乳胶凝固剂等。

助剂是品种最多的一类精细化学品，是加入少量就能提高生产效率、改进产品质量或赋予产品某种特性的化学品。

1.3　精细化学品的特点

（1）品种多、小批量、系列化

如清洗剂有肥皂、洗衣粉、餐具清洗剂、金属清洗剂、洗瓶剂等，世界上涂料和胶黏剂的品种均超过1000种，表面活性剂和染料的品种均在5000种以上。

（2）技术密集

精细化学品的合成、应用（性能研究）及商业化（商业包装及商业宣传）等技术竞争激烈，更新换代快。为了提高竞争力，必须坚持不懈地开展研究，注意采用新技术、新工艺和新设备，及时掌握国内外信息。一个具体品种的市场寿命往往很短，例如，新药的市场寿命通常只有3～4年。这是由两方面的原因造成的。一方面，医药、农药等用一段时间后会出现抗药性，必须更新换代，精细化学品性能的改进是无止境的。另一方面精细化工产品投资门槛低，市场需求小，以致市场竞争异常激烈。

精细化学品的技术开发成功率是比较低的，特别是医药和农药。对药效和安全性的要求越来越严格造成新品种开发的时间长、费用高，其结果必然造成高度的技术垄断。按目前统计，开发一种新药约需5～10年，其耗资可达2000万美元。如果按化学工业的各个部门来统计，医药上的研究开发投资最高，可达年销售额的14%；对一般精细化工产品来说，研究开发投资占年销售额的6%～7%则是正常现象。而精细化工产品的开发成功率都很低，如在染料的开发中，成功率一般在0.1%～0.2%。

（3）附加值高、投资少、利润大

有统计表明，每投入价值100美元的石油化工原料，产出初级化学品价值为200美元，产出精细化工中间体价值为480美元，最终精细化学品价值为800美元。当然，利润高低在很大程度上取决于技术垄断程度和产品质量。化工原料的日益枯竭，化工原料价格不断上涨，给精细化工的发展带来了很大的经济压力。另外，产品的利润还与产品的供求关系密切相关。

（4）具有特定功能

与大宗通用化工产品的性能不同，精细化工产品具有特定的功能，即应用对象范围比较狭窄，专用性、针对性强。例如，家庭洗涤用的液体洗涤精；如果用于洗衣服，应在自动洗衣机规定的操作时间内有良好的清洗效果；如果用作餐具洗涤剂，则要求对油垢有良好的去污能力，并对皮肤没有刺激作用，还须保证无毒。又如医药中的利血平，只能用于降低血压；敌鼠，专用于灭鼠；误用会造成严重的后果。精细化工产品的特定功能还反映在用量小、效果显著上。如，一双普通鞋用的黏合剂，不超过几克；食品添加剂的用量是ppm级。在聚氯乙烯塑料中，采用耐温增塑剂代替普通增塑剂就可增大使用温差范围达40℃。在人造卫星的结构中，采用结构胶黏合剂代替金属焊接，每节重一公斤，就产生近十万美元的经济效益。上述几例还说明，精细化工产品的特定功能依赖于应用对象的要求。而应用对象的要求，随着社会生产水平和人们生活水平的提高，处在不断地变化之中，这就要求精细化工产品的研制和生产不断开拓创新。

（5）大量采用复配技术

复配技术对精细化学品的开发极为重要。其原因在于很少有一种单一的化学品能符合某一特定的最终用途。例如阿司匹林要复配成复方阿司匹林药品，洗涤剂是由几种表面活性剂及其它化工产品复配而成（洗衣粉包括十二烷基苯磺酸钠、硫酸钠、三聚磷酸钠）等。

配方研究人员是精细化学品开发的中心人物。配方本身确实有一定的科学性，但很大程度上依赖于经验的积累。一个优秀的配方研究人员不仅要有科学理论知识作背景，同时还必须充分了解各种化学品的性能。此外，还要有一定的经验以及直觉。例如，化妆品中香水的复配几乎就是一种艺术。农药、涂料、胶黏剂等都主要涉及复配技术。

（6）综合生产流程和多功能生产装置

对于合成精细化学品，特别是医药、农药、染料等，需要由基本原料出发，通过多步反应才能制得，因此生产流程一般较长，工序较多。

对于复配精细化学品（或称专用化学品），若不生产原料，只涉及复配，生产过程本身是非常简单的。

对于一些市场需求量不大的精细化工产品，常采用间歇式装置生产。但随着企业的集中、人力成本的增加及自动化水平的提高，采用连续化或部分连续化装置生产精细化工产品正在不断增加。

虽然精细化工产品品种繁多，但从合成角度看，其合成单元反应不外乎十几种，尤其是一些同系列产品，其合成单元反应及所采用的生产过程和设备有很多相似之处。另外，由于精细化工产品更新快、市场小，因此，为了提高资金及设备的利用率，在设计精细化学品生产流程及装置时要考虑其适应性。一套生产流程及装置应具有灵活性，便于改造，可生产多种产品及适应新产品的生产。

（7）商业性强

市场是推动产品发展的动力，而市场是由社会需求决定的。通用化学品面向的市场是全方位的，弹性大；而精细化学品的市场很多是单向的，从属于某个行业，弹性较小。因此，精细化工企业要不断寻求市场需求的新产品和现有产品的新用途。

市场竞争激烈。竞争实力取决于技术的先进性。因此，精细化工企业要不断开发和应用新技术，要特别注重技术保密。

强调售后服务。优良的售后服务是争取市场，扩大销路，进而扩大规模和争取更大利润的重要手段。许多精细化学品的使用方法非常重要，使用得当可以获得良好的效果，否则，得不到较好效果，甚至造成重大经济损失。以瑞士为例，精细化工研究、生产销售、技术服务人员的比例为 32：30：35。

20 世纪 70 年代我国曾推广乳胶漆，但没能成功，根本问题是建筑质量差及施工方法不当，造成涂层易起皮、脱落。到 20 世纪末，由于我国建筑质量的提高及注重乳胶漆的施工方法，乳胶漆才获得了广泛应用。

1.4　精细化工在化学工业中的地位

从 20 世纪 70 年代以来，一些工业发达国家相继将化学工业发展的战略重点转向精细化工，其原因是：

① 随着科学技术的进步和人类社会的发展，人类社会需要精细化学品。

② 一些缺乏资源的工业发达国家，由于能源危机的冲击，不得不改变化工产品的结构，将其战略重点由石油化工转向省资源、省能源、附加价值高和技术密集的精细化工，以便用技术优势来弥补资源劣势。如：日本早在 1968 年就提出发展精细化工；20 世纪 80 年代以来，日本采取了一系列的措施促进精细化工的发展，从而使精细化工获得了较快的发展。

③ 一些工业发达国家的石油化工已经发展到由量到质的转变阶段。目前其通用产品的

产量已能基本满足需要，故要求进一步开发新产品，开拓新的市场，只有转向发展功能性材料、特种材料和专用商品。

④ 一些工业发达国家的石油化工已发展到相当规模，并具有技术优势，能为精细化工的发展提供充足的原料、中间体和技术条件。

德国精细化工发展的历史较长，基础也较好。该国为了发挥自己在精细化工方面的技术优势，为了保持在国际市场上的优势地位和获得更高的附加价值及利润，近几十年来也在大力调整化工产品的结构，将发展重点转向精细化工。

美国尽管有丰富的天然气和石油资源，且受能源危机的冲击不大，但在20世纪70年代就开始重视精细化工的技术开发，许多化工公司纷纷调整化工产品结构，加快精细化工的步伐。

英国和法国也都在近几十年进行了化工产品结构的调整，将发展战略重点转向精细化工。

精细化工率（精细化工产值占总化工产值的比例）已代表一个国家化学工业发展水平。美国等发达国家的精细化工率已高达70%。

我国从"六五"时期开始，直至"十五"时期，国民经济发展计划中，都把精细化工，特别是新领域精细化工作为发展的战略重点之一，在政策和投资上予以倾斜。经过20多年的努力，精细化工产业已在中国得到发展，其精细化工率已从1985年的23.1%提高到2002年的39.44%。在政策的影响下，"十二五"期间行业结构调整的着力点则是大力发展精细化工产业。据统计，到2015年我国精细化工产品的产值达到16000亿元，比2008年增加1倍，新领域精细化工产品的自给率由70%提高到80%以上，化工产品精细化率达到了45%以上。我国已成为世界传统精细化工产品的制造中心，成为世界精细化工生产规模的第三大国。

1.5 精细化工的发展趋势

① 随着人们生活水平的提高及一些传统工业的发展，传统精细化学品的品种在不断增加，性能不断提高，生产技术不断完善。

例如，汽车工业的发展就需要很多新的精细化学品，有机硅油、硅橡胶、硅树脂、偶联剂等作为汽车发动机和部件的密封、绝热、绝缘等的材料，电泳漆、低污染罩光漆等高档涂料。航天航空工业的发展需要高性能的胶黏剂。农药由于抗性和毒性等问题，不断地有新品种出现，如杀虫剂经历了有机氯、有机磷、氨基甲酸酯类、拟除虫菊酯、新烟碱类、生物杀虫剂的发展过程。

② 高新技术的出现产生了很多新的精细化学品。例如：

a. 生物工程技术的发展需要许多新的精细化学品。如生长激素等各种饲料添加剂及植物生长调节剂，各种化学药物用于治疗疾病，分子探针（荧光染料）用于DNA测序及疾病诊断，化学家正试图合成具有生物功能的小分子（如蛋白质和核酸）来调控30000条人类基因。

b. 精细化学品是发展信息技术的基础。制造集成电路时，为了达到亚微米级精度，要运用制板、晶体生长、晶体取向附生、扩散、蚀刻等很多化学处理工序，同时还要为之提供超纯试剂、高纯气体、光刻胶等精细化学品。现在光刻胶的世界年销售额已超过5亿美元。聚酰亚胺树脂可用于三维集成电路的制作，聚吡咯可用于传感器，导电高聚物可用于电极输电。光导纤维材料、各种信息记录材料和新型传感器用的高分子材料、精细陶瓷（高绝缘性陶瓷、软磁性陶瓷、诱电性陶瓷等）均为新型的精细化学品。

c. 精细化学品与能源技术关系也十分密切。当金属氢化物分解时，可吸收外界热量，起贮热作用，同时释放出氢可供给氢用户。当氢气和金属结合成金属氢化物时，起贮氢作用，同时释放出热，供给热用户。如偶氮冠醚的反式体和顺式体的异构化可逆反应，正向可将光热转变为化学能，逆向则由化学能转变为热能，可为太阳能利用开辟新途径，为能源服务。还有各种用于提高采光效率的新材料。

d. 军事科技和航天科技需要新型的精细化学品作支撑。如高性能胶黏剂和电磁波吸收材料。

e. 许多新材料本身就是精细化学品，如医用高分子材料、导电高分子材料、导电塑料（橡胶、涂料和胶黏剂等）、功能膜（电渗析膜、扩散透析膜、微孔滤膜和超滤膜等）等。

总之，相当多的精细化工产品将获得良好的机遇，如新能源化学品、电子化学品、农药和医药中间体、工程胶黏剂等。在精细化工产业中，化工新材料由于被列入国家七大战略性新兴产业的发展规划而被市场普遍看好。

③ 随着人类对生存环境及自身健康的日益关注，迫切需要开发和应用绿色精细化工技术。

为了促进美国绿色化学化工的发展，1995 年，美国设立了"总统绿色化学挑战奖"。美国"总统绿色化学挑战奖"从 1996 年颁奖以来，已获奖项目绝大多数与精细化工有关，这充分表明发展绿色精细化工在发展绿色化工中占有头等重要的位置。

1.6 我国精细化工行业存在的问题及应对措施

1.6.1 我国精细化工行业存在的问题

（1）企业多，但规模小、企业分散

截止到 2014 年 12 月 31 日，在我国登记的农药生产企业共 2243 家（国内 2141 家，国外 102 家），分布在全国各地，产业集中度低，企业多、小、散等问题仍然没有改善，农药行业具有国际竞争优势的企业少之又少，收入超过十亿人民币的企业仅有 30 家。中国是世界第一大涂料生产和消费大国，中国涂料生产企业近 9000 家，但在 2014 年世界销售额前50 名的涂料企业中，中国仅 2 名，上海涂料有限公司排名第 33 位，广东嘉宝莉化工集团有限公司排名 35 位，且大企业几乎全部是外资企业，内资企业极度分散。

（2）产品技术含量低、缺乏竞争力

我国传统精细化工产品的生产技术仍以引进和仿制为主，缺乏有自主知识产权的品种。目前 1/3 以上的生产能力只发挥了跨国公司生产车间的作用。农药、染料和化学原料药的出口比例均很高，但基本上是为跨国公司提供初级产品。

（3）利润低、效益差

附加值高、投资少、利润大曾经被描述为精细化工的特点。但我国精细化工目前的实际情况是利润低、效益差。如近年来，在国内市场供过于求和出口退税等优惠政策的双重刺激下，我国农药出口企业的数量快速增长，国内从事出口的企业有 2000 多家，虽然农药出口额较大，但缺乏自身品牌、出口产品低端化，绝大部分产品以原药形式进入国际市场，出口产品多为贴牌销售，导致大部分利润被国际中间商获取。国内出口企业大部分采取低价竞争、拼数量、拼优惠条件等方式来扩大对外贸易。又如我国染料产量约占世界总产量的55％，而且37％的产品用于出口，但我国染料行业的销售收入仅占世界总销售收入的20％左右，远低于产量比例。随着我国对环保及安全的重视，一些安全及环境问题严重的精细化工企业被关停，市场供求关系得到改善，有关企业的经济效益得到了明显改善。

（4）环境污染严重

医药、农药、染料等精细化学品生产过程中不仅"三废"排放量大，而且废物成分复杂。一方面是由于合成步骤多，伴随的副反应和副产物种类多；另一方面，产品品种多，并且企业不断更新产品，每个产品会排放不同组分的废物。此外，废物毒性往往较大。有些废物因对微生物的毒性大，无法采用廉价的生物法处理。含卤素和硫的废物，采用焚烧处理会严重腐蚀设备，并排放出卤化氢和二氧化硫等有毒气体而造成二次污染。由于以上原因，精细化学品合成的"三废"治理往往难度大、费用高。更为严重的是其废物的成分鉴定和环境影响评价十分困难，我国绝大多数小型精细化工企业没有开展这方面的工作。

正是由于以上原因，发达国家不断将高污染产品的生产转移到中国、印度等发展中国家，以致我国原料药、农药、染料的产量和出口量均很大，由此引起的环境污染问题十分严重。

（5）安全隐患严重，事故发生率高

精细化工是安全隐患较严重、事故发生率较高的行业。原因在于：精细有机合成往往涉及磺化、硝化、重氮化、氧气氧化等剧烈的放热反应，如果不能及时散发反应过程中产生的热量，可能就会造成反应失控，而引起冲料、爆炸等事故；精细化工生产所用原料品种多，许多为易燃易爆或剧毒品；部分企业规模小，技术和管理水平低，安全意识差。另外，产品更新快、新上市产品多、技术不成熟等也是事故发生率高的原因。

（6）一些产品的安全性差，其使用饱受社会质疑

正如前述，精细化学品多数为终端产品。一些产品使用后排放到环境中，直接造成了环境污染，或因长期残留在环境中给生态环境造成了巨大影响；一些产品的使用与人的生活息息相关，直接影响到人类的自身健康。目前最受争议的是农药、食品和饲料添加剂等。某些长期使用的精细化学品，如用量最大的偶氮染料和增塑剂邻苯二甲酸二异辛酯也被怀疑有致癌作用。

（7）自动化程度低，缺乏在线监测分析

因为多数精细化工产品市场需求小、生产规模小，一般采用间歇式生产，以致自动化程度低，一般无在线监测分析手段。

1.6.2　我国精细化工行业的应对措施

（1）加强行业管理，提高产业集中度，解决产能过剩

产业集中度低不利于提高产品质量，不利于降低成本，不利于商业运作，更不利于生产中的"三废"处理，也不具备应变能力，从而容易导致产能过剩，市场竞争混乱。因此，我国应加快提高精细化工行业的产业集中度。产业关联的企业可以以资产、资源、品牌和市场为纽带，通过整合、参股、并购等形式，实施兼并重组，实现优势互补，形成国际化大型精细化工企业集团。应建立多功能生产车间，为精细化工集中生产提供条件，如德国巴斯夫精细化工产品达1500多个，拜尔公司精细化工产品达1100多个，竞争力极强。

供求关系在某种程度上决定了产品的价格。从客观上讲，精细化工产品投资门槛低，市场需求小，特别是一些专用化学品，少量的投资就可以大规模生产，以致市场竞争异常激烈，极易造成产能过剩。因此，应加强精细化工行业管理，提高精细化工企业的准入门槛。

利用互联网技术建立精细化工产品的大数据库，为企业和管理部门提供准确的数据，防止盲目建厂。对出口产品，要根据国外市场需求，实现总量控制，要与环保和产业改革政策相匹配。高消耗、高污染和安全隐患严重的精细化工产品在出口方面实行严格限制。

（2）加强应用理论研究，提高精细化工产品的自主创新能力

利润在很大程度上取决于技术垄断和产品质量。我国精细化工产品仿制品较多，在市场上竞争力不强，因而只能以较低的价格销售。

精细化学品与大宗化学品的根本区别在于前者具有特定的功能和用途。那么是什么赋予了精细化学品的特定功能？精细化学品的组成和结构与功能有何关系？哪些因素影响精细化学品的这种功能？毫无疑问，只有对以上问题有了深入的了解，人们才能去设计和开发性能更好的精细化学品。可以说，精细化学品的应用理论或作用机理是指导人们设计和开发新型精细化学品的基本理论，是实现精细化工产品自主创新的核心。遗憾的是，精细化学品的应用理论或作用机理研究一直是我国精细化工研究最薄弱的环节。

（3）加强复配技术研究，不断改善产品的性能

正如前述，复配技术对精细化学品的开发极为重要。其原因在于很少有一种单一的化学品能符合某一特定的用途，不同组分之间往往存在着协同效应或增效作用。因此，复配是提高精细化学品性能、降低产品成本的重要途径。实质上涂料、胶黏剂、洗涤剂等专用化学品就是多种化学品的复配物。这类专用化学品在精细化学品中占有很高的比重。商品化的医药、农药和染料等也是复配而成的。如染料原药一般不能直接使用，需要经过混合、研磨，并针对不同用途加入各种助剂加工成商品染料。

日本、美国和德国等国家的精细化工企业一直以来十分重视精细化学品的复配技术，并把配方研究人员作为精细化学品开发的中心人物。

我国农药、染料和原料药的出口比例均很高，但以原药为主，商品化程度偏低。我国生产的涂料、胶黏剂、洗涤剂和化妆品等专用化学品主要是中、低档产品，高档产品主要依赖进口或外资企业生产。这说明我国精细化工的复配技术相对落后。造成这种局面的原因可能很多，但主要原因之一是精细化学品的复配技术研究往往对测试手段的要求太高。复配技术研究实质上是通过详细的性能测试筛选配方。精细化工产品的性能是多方面的，一个好的产品必须满足多种性能指标，这些性能指标的测试需要专用设备及仪器，同时涉及多学科知识。以高分子材料用的阻燃剂为例，一个好的阻燃剂不仅阻燃效果要好，而且对材料的稳定性能、加工性能和机械性能影响要小。此外，使用必须安全环保。因此，进行阻燃配方研究必须要有材料的成型、阻燃性能测试、加工性能测试、机械性能测试、稳定性测试、燃烧产物的鉴定等所需的设备和仪器。这些设备的价格远高于精细有机合成所需的设备和检测仪器，专用性又非常强。因此，大多数小规模的企业、研究院所和高校没有能力在精细化学品性能测试方面投入很多设备，因而影响了精细化学品复配技术的发展。

与环境污染和安全隐患严重的精细有机合成过程相比，复配过程一般不产生"三废"，安全隐患小。因此，在我国精细化工行业正面临着严峻的环保和安全压力的今天，采用复配技术生产精细化学品可能是摆脱困境的一条重要途径。

（4）加快绿色合成技术研究

采用绿色合成技术是解决精细有机合成"三废"排放量大、安全隐患严重的根本途径。国外非常重视绿色精细有机合成研究，并取得了重大进展。由于采用了绿色合成路线，一些重要的精细化工产品生产过程中的废物排放量显著降低，安全性也得到了显著改善。如用过氧化氢氧化丙烯新工艺代替早期的氯醇法合成环氧丙烷，用甲基乙炔羰基化法代替丙酮氰醇

法生产甲基丙烯酸甲酯，用二乙醇胺催化脱氢法代替以氨、甲醛或氢氰酸等有毒物质为原料的 Strecker 反应路线合成亚氨基二乙酸钠，用改进的 Ethyl 和 Boots 过程合成布洛芬等。这些绿色合成工艺在国外早就实现工业化，并获得美国"总统绿色化学挑战奖"，但国内还未成功应用。

生物催化反应大多条件温和、设备简单、选择性好、副反应少、产品性质优良、安全性好和不产生新的污染，因此，生物技术给精细化工的绿色化带来了希望，在合成一些具有复杂结构的有机精细化学品，特别是具有光学活性的不对称化合物方面，生物技术具有显著的优势，使许多原来用化学方法很难实现的合成过程得以顺利完成。例如，近些年投放市场的人工胰岛素、干扰素等都是典型的利用生物技术生产精细化学品的例子。目前世界各国的精细化工企业都将大量资金和人力投入生物工程技术的研究和开发方面。

不对称催化合成、无溶剂合成、微波促进合成、有机电合成、有机光合成等都是极具发展潜力的绿色合成方法。高效绿色催化剂、原子经济性反应、产物的高效分离方法等研究都将推动绿色精细化工技术的发展。

（5）更加重视安全精细化学品的设计与开发

随着对自身健康的日益关注，人们对精细化学品的安全性要求愈来愈严格。因此，开发无毒无害的安全精细化学品是目前国内外精细化工领域的重大研究课题。

（6）提高自动化程度，实施在线监测

提高自动化程度和实施在线监测对精细化工企业十分重要，主要原因在于：

a. 可显著降低工人的劳动强度、改善工作环境、提高生产效率。在劳动力成本日益增加、用工日益紧张的今天，这显得十分重要。

b. 可有效地减少废物的形成。反应过程是动态的，受多种因素的影响。如果反应条件发生变化，就可能改变反应方向，产生一些废物。自动化程度高有利于控制反应条件，在线监测分析能够及时检测到非目标产物的出现，那么人们就可以及时调整生产条件，阻止非目标产物的大量出现，避免废物的产生。精细有机合成中反应程度的判断十分重要。反应不完全，使一些原料变成了废物，而反应过度，使产品进一步反应为废物。因此，通过实时分析、在线监控可以准确判断反应的完成程度，减少试剂的过度使用，提高目标产物的产率，控制副产物的生成。

c. 可提高生产过程的安全性。精细化工生产中难免使用和产生一些有毒有害的物质，提高自动化水平，特别是采用机器人，可以避免人与这些物质的直接接触。自动化程度高和在线监测能够及时准确监测生产过程中温度、压力等工艺参数的变化及危险物的形成，做到防患于未然。

（7）加强商业化运作

正如前述，精细化学品与通用化学品具有不同的市场特点，前者的市场是全方位的，弹性大，而后者的市场很多是单向的，从属于某个行业，弹性较小，并且许多精细化学品是消费性产品。由于这些消费性产品距离普通群众的认知较远，一般消费者无能力对消费品的质量进行专业鉴定，其对产品质量的判断多依赖于对品牌的感性认识，这就大大提升了品牌效应在精细化工领域的地位。一些精细化工产品（如农药、洗涤剂、化妆品和涂料等）的用户非常分散，为了牢牢占据终端市场，要对营销网络施加强大的控制力和影响力，否则即使掌握了先进生产技术，也只能听人差使，成为营销网络控制者的"后仓库"，在整个产业链中处于利润率较低的一环。因此，国外对品牌宣传和营销网络建设高度重视并投巨资。内资企业在该方面与国外有很大的差距，原因在于：在主观上，内资企业普遍重生产而轻营销；在客观上，由于国内精细化工产业以中小企业为主，集中度较低，绝大多数企业根本无力进行大规模的品牌宣传和营销网络建设。

思考题

① 从可持续发展和绿色科技的观点出发，阐述精细化工的发展趋势。

② 结合我国精细化工目前的状况，谈谈你对发展我国精细化工的一些想法。

作业题

① 举例说明精细化学品的特点。

② 指出下列物质哪些是精细化学品，哪些是大宗化学品。

涂料、塑料、纤维、化肥、甲苯、汽油、胶黏剂、农药、洗衣粉、氯化钠、颜料、染料、催化剂

◆ 参考文献 ◆

[1] 宋启煌. 精细化工工艺学 [M]. 第2版. 北京：化学工业出版社，2004.

[2] 李和平. 精细化工工艺学 [M]. 第2版. 北京：科学出版社，2007.

[3] 钱旭红，徐玉芳，徐晓勇. 精细化工概论 [M]. 第2版. 北京：化学工业出版社，2000.

[4] 唐林生，冯柏成. 绿色精细化工概论 [M]. 北京：化学工业出版社，2008.

[5] 张先亮，陈新兰，唐红定. 精细化学品化学 [M]. 第2版. 武汉：武汉大学出版社，2008.

[6] 程铸生. 精细化学品化学 [M]. 第2版. 上海：华东理工大学出版社，2002.

[7] 成国亮，唐林生. 我国精细化工行业存在的问题及对策 [J]. 广州化工，2016，44（3）：39-40，66.

[8] 张方. 我国传统精细化工发展形势分析 [J]. 化学工业，2009，27（9）：1-5.

第 2 章

表面活性剂

2.1 绪论

表面活性剂素有"工业味精"之称，是最重要的精细化学品之一。目前，其应用已渗透到几乎所有技术经济方面，它往往以较小的用量就能显著提高加工效率和改进产品质量等。日常生活中许多产品的有效成分就是表面活性剂，如洗衣粉、肥皂和各种洗涤剂。许多工业助剂就是表面活性剂，如印染工业用的匀染剂和渗透剂，涂料工业用的润湿剂和分散剂。从20 世纪 50 年代以来，表面活性剂随石油化学工业的发展得到了非常迅速的发展。全球表面活性剂市场预计在 2019 年达到 400 多亿美元，市场总量将达到 2280 万吨。我国 2017 年表面活性剂产品产量合计 213 万吨，销量合计 218 万吨。我国已经成为继美国之后的第二大表面活性剂生产国。

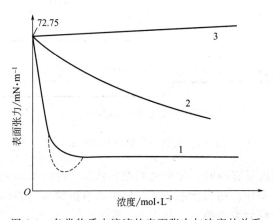

图 2-1 各类物质水溶液的表面张力与浓度的关系

2.1.1 表面活性与表面活性剂

对具有一定表面张力的液体，溶入某种物质会引起表面张力的变化。如在 20℃时水的表面张力为 $72.75mN \cdot m^{-1}$。当我们将性质不同的某些物质分别溶于水后，发现水的表面张力发生了变化，这种变化可归纳为三种情形（如图 2-1 所示）。一种情形是表面张力随溶质浓度增加而稍有增高，且近于直线关系（如曲线 3 所示），例如氯化钠等无机盐类及蔗糖、甘露醇等多元醇有机物的水溶液；另一种情形是表面张力随溶质浓度增加而逐渐下降（如曲线 2 所示），绝大部分醇、醛和脂肪酸等有机物溶于水时为这种情况；第三种情形是表面张力在低浓度时随溶质浓度增加而急剧下降，下降至一定程度后便缓慢下来或不再下降，有时溶质中含有某些杂质时可能出现表面张力最低值（如曲线 1 所示），例如，肥皂、高碳直链烷基硫酸盐或磺酸盐和烷基苯磺酸盐等的水溶液。

　　表面活性是指使溶剂的表面张力降低的性质，能降低溶剂（若不指明其它溶剂时就为水）表面张力的物质具有表面活性，称为表面活性物质；不能降低溶剂表面张力的物质无表面活性，称为非表面活性物质。表面活性剂是这样一种物质，它在加入量很少时即能大大降低溶剂（一般为水）的表面张力（或液-液界面张力），改变体系的界面状态，从而产生润湿或反润湿、乳化或破乳、起泡或消泡以及增溶等一系列作用，以达到实际应用要求。

2.1.2　表面活性剂的分子结构特点

　　表面活性剂是由非极性的、亲油（疏水）的碳氢链部分（脂肪烃和芳香烃）和极性的、亲水（疏油）的基团共同组成的两亲分子（如图 2-2 所示）。这样的分子结构使得它具有一部分可溶于水而另一部分易自水中逃离的双重性质。碳氢链通过自身互相靠近或聚集而达到脱离水包围的目的，这种作用称为疏水作用或疏水效应或缔合作用（主要为范德华力，特别是色散作用力）。疏水作用导致表面活性剂溶液体系表现出两种重要的基本性质：溶液表面的吸附与溶液内部胶团的形成。

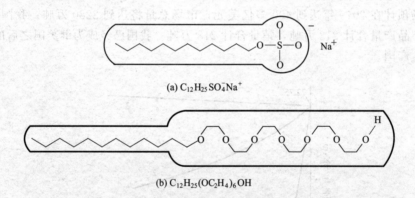

(a) $C_{12}H_{25}SO_4^-Na^+$

(b) $C_{12}H_{25}(OC_2H_4)_6OH$

图 2-2　表面活性剂分子结构示意图

　　当表面活性剂的浓度足够高时，吸附达到饱和状态，此时水的表面几乎已被表面活性剂分子所覆盖，且疏水基朝外，相当于形成了一层由碳氢链构成的表面层，大大改变了表面性质。这时，溶液具有最低的表面张力（如图 2-3 所示）。

2.1.3　表面活性剂的分类

　　（1）按亲水基团的性质分类

　　表面活性剂按亲水基团的性质可分为阴离子表面活性剂、阳离子表面活性剂、非离子表面活性剂和两性表面活性剂。

　　a. 阴离子表面活性剂。阴离子表面活性剂是指在水溶液中能够电离，其阴离子具有表面活性的表面活性剂，主要有：

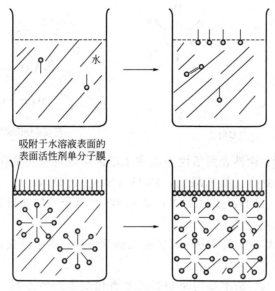

吸附于水溶液表面的
表面活性剂单分子膜

图 2-3　表面活性剂的浓度变化与其分布状况的关系

阴离子表面活性剂 $\begin{cases} \text{烷基硫酸盐型（R—OSO}_3\text{Na），如十二烷基硫酸钠} \\ \text{烷基磺酸盐型（R—SO}_3\text{Na），如十二烷基苯磺酸钠} \\ \text{脂肪酸盐型（R—COONa），如硬脂酸钠} \\ \text{磷酸酯盐型，如硬脂酰胺磷酸酯钾盐} \end{cases}$

b. 阳离子表面活性剂。阳离子表面活性剂是指在水溶液中能够电离，其阳离子具有表面活性的表面活性剂，主要有：

阳离子表面活性剂 $\begin{cases} \text{伯胺盐，R—NH}_2 \cdot \text{HCl} \\ \text{仲胺盐，R—NHCH}_3 \cdot \text{HCl} \\ \text{叔胺盐，R—N（CH}_3\text{)}_2 \cdot \text{HCl} \\ \text{季铵盐，R—N（CH}_3\text{)}_3\text{Cl} \end{cases}$

c. 非离子表面活性剂。非离子表面活性剂是指在水溶液中不能够电离，其本身具有表面活性的表面活性剂，主要有：聚乙二醇型（或称聚氧乙烯型），R—O（CH$_2$CH$_2$O)$_n$H，如 OP（辛基酚聚氧乙烯醚）系列和 AEO（脂肪醇聚氧乙烯醚）系列；多元醇型，如失水山梨醇脂肪酸酯聚氧乙烯醚（商品名吐温）、失水山梨醇脂肪酸酯（商品名司盘）、烷基糖苷和蔗糖酯等。其典型品种的结构为：

H$_g$(CH$_2$CH$_2$)O　　O(CH$_2$CH$_2$O)$_n$H

CHOCOC$_{17}$H$_{35}$

O(CH$_2$CH$_2$O)$_m$H

吐温-60

司盘60

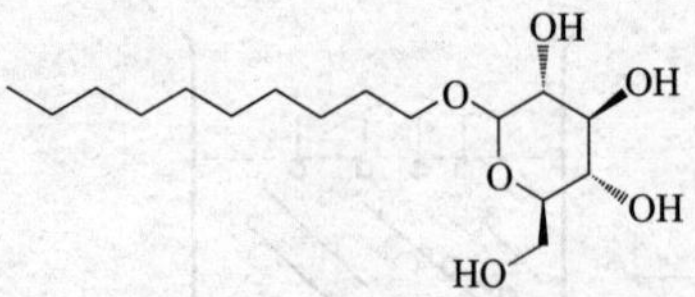

十烷基糖苷 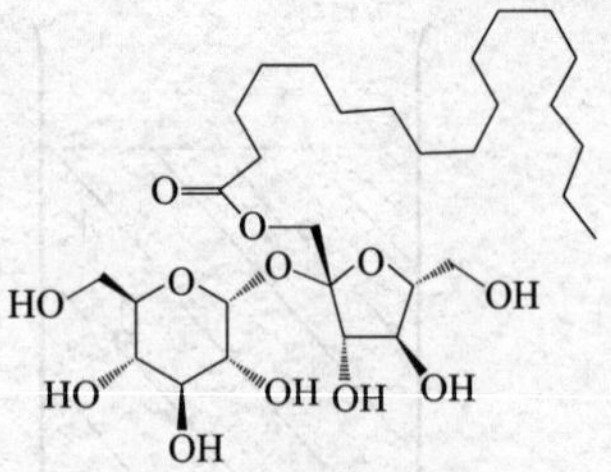　　　　　　　　　蔗糖单硬脂酸酯

d. 两性表面活性剂。两性表面活性剂指在水溶液中既可电离成阳离子，也可电离成阴离子的表面活性剂，主要有：氨基酸型，RCH（NH$_2$）COOH（α-氨基酸型）；甜菜碱型（季铵羧酸盐），R—N$^+$（CH$_3$）$_2$CH$_2$COO$^-$，如 BS-12（十二烷基甜菜碱）。

（2）按疏水基的性质分类

表面活性剂按疏水基的性质可分为碳氢链表面活性剂、碳氟链表面活性剂和有机硅表面活性剂。

a. 碳氢链表面活性剂。疏水基为脂肪烃或芳香烃的表面活性剂，大多数表面活性剂为碳氢链表面活性剂。这类表面活性剂原料易得，价格便宜，因而应用最为广泛。

b. 碳氟链表面活性剂。碳氟链表面活性剂指碳氢链中的氢部分或全部被氟取代。它具有突出的性能，即"三高两憎"。"三高"是指高表面活性、高热稳定性和高化学稳定性，可使水溶液的表面张力降至 20mN·m^{-1} 以下，一般表面活性剂仅能降至 30～35mN·m^{-1}。"两憎"是指既憎油又憎水。这是由于 C—F 键的键能大于 C—H 键的键能，因而碳氟链具有极强的疏水性和较低的分子内聚力。主要用于电镀过程防止酸雾和物质的防水防污处理。

c. 有机硅表面活性剂。有机硅表面活性剂是随着有机硅新型材料发展起来的一种新型表面活性剂，在表面活性剂家族中可谓后起之秀。该类表面活性剂具有耐高温、耐气候老化、无毒、无腐蚀和生理惰性等特点。

有机硅表面活性剂的疏水基团硅烷、硅亚甲基链或硅氧烷基链比传统的碳氢链疏水性更强，具有优良的降低表面张力的能力，是一类高效的表面活性剂。另外，由于其分子中含有很多支链结构，故不易结晶，在低温时不沉淀；其特殊的分子结构具有极好的柔顺性，从而获得更好的甲基堆积，降低了分子间的相互作用力，在液体表面形成紧密的单分子膜，因而是很好的润湿剂和润滑剂等。

有机硅表面活性剂是当今表面活性剂中最优良的品种之一，其合成工艺简便，原料易得，市场潜力巨大，是一种高附加值的精细化工产品。随着精细化学品工业的发展，有机硅表面活性剂得到了进一步的开发，并在科学研究及工农业生产各领域有了更广泛的应用。有机硅表面活性剂的需求量也在不断地增加。2010 年国内硅油的总需求量达 12 万吨左右。

（3）按分子量大小分类

表面活性剂按分子量大小可分为小分子表面活性剂和大分子表面活性剂。其中大分子表面活性多数是水溶性聚合物。

2.1.4　表面活性剂在界面上的吸附

由于物体表面的分子处于受力不均匀的状态，因而产生了表面张力，即具有较高的表面自由能，为不稳定状态。为了降低表面自由能，表面分子趋于从气相或液相中吸附物质。物质从一相中迁移或富集于界面的过程称为吸附。具有两亲结构的表面活性剂很容易在界面产生吸附，而改变物体界面的状态和性质。表面活性剂的许多作用与它在界面的吸附有关。乳化、破乳、起泡和消泡是涉及表面活性剂在液-液界面和液-气界面的吸附过程，而润湿、铺展和渗透是涉及表面活性剂在固-液界面的吸附过程。表面活性剂在液-液界面和液-气界面的吸附与两相对表面活性剂的亲和性（主要是亲油和亲水）有关，而在固-液界面的吸附是个很复杂的过程，吸附力涉及化学吸附（离子键和共价键）和物理吸附（氢键、范德华力和静电力等）。

2.1.5　表面活性剂的胶团化作用

表面活性剂在溶液中超过一定浓度时会从单个分子或离子缔合成胶体粒子，这种粒子称为胶团或胶束。胶团粒子具有特殊的结构，表面活性剂的亲水基伸向水相，亲油基则埋在胶粒内部。亲油基之间的范德华力（主要为色散力，又称为疏水化力）相互吸引导致了胶团的形成。形成胶团的最低浓度为临界胶束浓度（Critical Micelle Concentration，CMC）。在此点，几乎所有溶液性质均发生突变（如图 2-4 所示）。因此，可利用这些性质的变化测定临界胶束浓度。

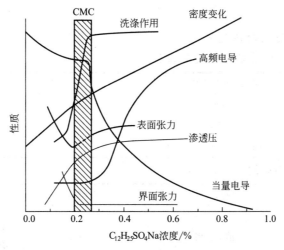

图 2-4　十二烷基硫酸钠水溶液的各种性质与浓度的关系

胶团的形状主要取决于表面活性剂的浓度。当浓度超过 CMC 不多时，胶团大多呈球状，随表面活性剂浓度增加，胶团逐步经棒状转变为层状。一般当表面活性剂的浓度超过CMC 的 10 倍时，胶团是非球状的（如图 2-5 所示）。

胶团的大小可以用每个胶团所含表面活性剂分子或离子的平均数来衡量，称为聚集数。随表面活性剂浓度增加，胶团的聚集数增加。

2.1.6　表面活性剂的 HLB 值

表面活性剂的应用十分广泛，诸如润湿、起泡、消泡、乳化、破乳、增溶、分散和絮凝等。表面活性剂是由亲水基和亲油基组成的，其亲水性和亲油性的强弱是影响表面活性剂性能的主要因素。因此，了解表面活性剂的亲水亲油性对使用表面活性剂具有指导意义。亲水亲油平衡值（Hydrophile-Lipophile Balance，HLB）就是人为的衡量表面活性剂亲水性大小的相对数值，其数字越大则亲水性愈强。一般规定石蜡的 HLB＝0、油酸的 HLB＝1、油酸钾的 HLB＝20 和十二烷基硫酸钠的 HLB＝40，以此为标准可以获得其它表面活性剂的

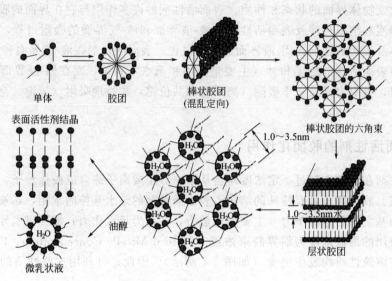

单体 → 胶团 → 棒状胶团(混乱定向) → 棒状胶团的六角束

表面活性剂结晶

微乳状液

油醇

层状胶团

图 2-5　胶束形状示意图

HLB 值。

（1）HLB 值与性质的对应关系

a. HLB 值与其在水中溶解性的关系如下：

HLB 值	加入水后的性质	HLB 值	加入水后的性质
1～4	不分散	8～10	稳定乳白色分散体
3～6	分散不好	10～13	半透明至透明的分散体
6～8	剧烈振荡后成乳白色分散体	＞13	透明溶液

b. HLB 值与应用性质的关系如下：

HLB 值	应用性质	HLB 值	应用性质
1～3	消泡作用	6～12	O/W 乳化作用（O/W 表示水包油乳状液，即水为分散介质，要求表面活性剂在水中的溶解性较好）
3～6	W/O 乳化作用（W/O 表示油包水乳状液，即油为分散介质,要求表面活性剂在油中的溶解性较好）	12～15	润湿作用
		13～15	去污作用
		＞15	增溶作用

HLB 值仅考虑了表面活性剂的性质，而影响应用性质的因素很多，如表面活性剂与水、油及其它物质之间的相互作用等。所以仅凭 HLB 值选择最理想的表面活性剂是困难的，只能指定一个范围。如对于乳化作用，所需表面活性剂和 HLB 值因油相不同而不同。对 O/W（水包油）乳状液，油相为月桂酸时 HLB 值为 16，为羊毛脂时 HLB 值为 12，为棉油时 HLB 值仅为 7.5。

（2）HLB 值的计算

a. 基数法。基数是指亲水基和亲油基的数量。

$$HLB = \sum H - \sum L + 7$$

式中，$\sum H$ 为表面活性剂中亲水基基数总和；$\sum L$ 为表面活性剂中亲油基基数总和。

该公式适用于阴离子表面活性剂和非离子表面活性剂，对聚氧乙烯醚类表面活性剂的计算结果往往偏低。对亲油基为碳氢链的表面活性剂，每一个碳原子单元的亲油基基数为 0.475，故：

$$HLB = \sum H - 0.475 \times m + 7 \ (m \text{ 为亲油基的碳原子数})$$

对于亲水基相同的表面活性剂同系物，$\sum H$ 为常数，则：

$$HLB = a - 0.475 \times m \ (a \text{ 为常数})$$

例如，计算十二烷基磺酸钠的 HLB 值。

$-SO_3Na$ 的 $\sum H = 11$，即：

$$HLB = 11 - 12 \times 0.475 + 7 = 12.3$$

b. 质量百分数法。本法适用于计算非离子表面活性剂的 HLB 值：

$$HLB = (E + P) / 5$$

式中，E 为加成的氧乙烯基的质量百分数；P 为多元醇的质量百分数。对于只含有 $-(C_2H_4O)_n$ 基的非离子表面活性剂，则为：

$$HLB = E / 5$$

例如，计算 NP-10（壬基酚聚氧乙烯醚-10）的 HLB 值。

其分子式为 $C_9H_{19}C_6H_4-O(CH_2CH_2O)_{10}H$；亲水基为 $O(CH_2CH_2O)_{10}H$，其分子量为 457；亲油基为 $C_9H_{19}C_6H_4$，其分子量为 203。

亲水基的质量百分数为 $457/(203+457) = 0.6924$，故 $E = 0.6924 \times 100\% = 69.24\%$，$HLB = E/5 = 13.8$。

c. 加和法。对于混合的表面活性剂，其 HLB 值为各组成的 HLB 值乘以其在混合表面活性剂中所占的质量分数之和，即：

$$HLB = \sum HLB_i X_i \quad \text{（适用非离子表面活性剂）}$$

HLB 值也可以采用一些方法测定。

2.1.7　表面活性剂的溶解特性

表面活性剂的溶解度受温度的影响很大。在低温时溶解很小，当温度升到某一温度时，溶解度会突然增大，该温度称为临界溶解温度，又称克拉夫特温度。非离子表面活性剂的克拉夫特温度较低。大多数离子表面活性剂都有自己的克拉夫特温度，故它是离子表面活性剂的特性常数。

与此相反，非离子表面活性剂（聚乙二醇型）溶液加温到某一温度时会突然变浑浊，该温度称为浊点。非离子表面活性剂存在浊点是因为其依靠聚乙二醇链上的醚键与水形成氢键而溶于水。氢键较弱，当温度较高时，分子的热运动加剧，达到一定程度，氢键便断裂，因而溶解度降低，溶液变浑浊。

对于应用而言，克拉夫特温度为表面活性剂的使用下限温度，而浊点为表面活性剂的使用上限温度。

2.2　表面活性剂的应用原理（派生性能）

表面活性剂在界面产生定向吸附及在溶液中形成胶束的性质，派生出许多具有应用价值的性能。

2.2.1 增溶作用

（1）增溶作用的定义

表面活性剂的胶束溶液具有能使不溶或微溶于水的物质的溶解度显著增加的能力，这种能力称为增溶作用。能产生增溶作用的表面活性剂为增溶剂。

例如，乙基苯不溶于水，但在 $100mL\ 0.3mol \cdot L^{-1}$ 的十六烷基羧酸钾水溶液中可溶解约 3g。

（2）增溶作用与水溶助长和乳化的关系

通过加入一种有机溶剂来提高难溶物质在水中溶解度的作用为水溶助长作用。如苯不溶于水，但大量乙醇的加入会大大增加苯在水中的溶解度。

水溶助长作用需加入大量的有机溶剂，因而改变了溶剂的性质。增溶作用只需加入少量的表面活性剂，对溶剂性质的影响不大。

乳化得到的是一种热力学不稳定的多相分散体系（白浊色的乳状液），而增溶得到的是一种热力学稳定的透明溶液（更确切地讲为胶体溶液或假溶液）。可是，增溶和乳化作用是有联系的。如果在已增溶的溶液中不断地加入被增溶物，当超过饱和溶解度时就开始形成乳状液，增溶作用就变为乳化作用，增溶剂就成为乳化剂。

（3）增溶机理

紫外分光光度法和核磁共振等测试结果分析表明，有四种增溶方式（如图2-6所示）。

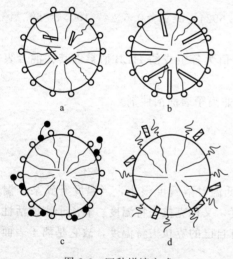

图 2-6　四种增溶方式

a. 增溶于胶束的内核。饱和脂肪烃和环烷烃等极性小的化合物一般被增溶于胶束内核，就像溶于非极性的碳氢化合物液体中一样。

b. 增溶于表面活性剂分子之间。像长碳链醇、胺、脂肪酸等极性分子被增溶于表面活性剂分子之间，非极性碳氢链插入胶团内部，极性链处于表面活性剂极性基之间。

c. 增溶于胶束表面。被增溶物分子吸附或靠近于胶束表面区域。如不溶于烃的染料的增溶。

d. 增溶于聚氧乙烯链之间。例如苯、苯酚在非离子表面活性剂溶液中的增溶。增溶能力与表面活性剂的 CMC 有关，CMC 愈低，增溶能力愈强。能降低表面活性剂的 CMC 的因素一般能增加表面活性剂的增溶能力，表面活性剂的增溶能力也与被增溶物的结构等因素有关。

（4）增溶的应用

乳液聚合是自由基聚合的四大实施方法之一。它是单体在乳化剂作用下以乳液状态分散在水介质中的聚合方法。乳液聚合反应体系的主要组成是单体、水、引发剂和乳化剂。单体在该体系中以三种形式存在：被乳化为单体液滴；增溶于表面活性剂胶束；溶于水。大量的研究表明，在乳液聚合中，聚合反应是在胶束内进行的。初级自由基更容易被胶束捕获，被增溶于胶束的单体在初级自由基的作用下引发聚合。随着聚合的进行，被乳化的单体液滴通过水相扩散，不断地向胶束提供单体，使反应不断地进行。由于胶束数是单体液滴数的1000万倍，因此，乳液聚合的速度非常快。

疏水缔合物的胶束聚合是指在聚合物亲水性大分子链上带有少量疏水基团的水溶性聚合

物。它是通过水溶性单体和非水溶性单体共聚制得的。为了使不溶或难溶于水的单体溶于水，有利于与水溶性单体共聚，常常要加表面活性剂，通过表面活性剂的增溶作用使这些单体溶于水。疏水缔合物的水溶液具有独特的性能，此类聚合物的疏水基团由于疏水作用而发生聚集，使大分子链产生分子内和分子间缔合。当聚合物浓度高于某一临界浓度后，大分子链通过疏水缔合作用聚集，形成以分子间缔合为主的超分子结构——动态物理交联网络，流体力学体积增加，溶液黏度大幅度升高。

　　增溶原理用于生产化妆水、生发养发剂等，使不溶于水的香料、油脂和油溶性维生素等溶于水中。

2.2.2　润湿和渗透作用

　　(1)润湿和渗透的定义

　　固体表面和液体接触时，原来的固-气界面消失，形成新的固-液界面，这种现象称为润湿，使某种固体润湿或加速润湿的表面活性剂称为润湿剂。借助表面活性剂渗透到物体内部的作用为渗透作用，所用表面活性剂称为渗透剂。两者使用的表面活性剂基本相同，因为润湿和渗透是密切相关的。

　　(2)接触角及杨氏方程

　　常用固-液界面之间的接触角 θ 来表示润湿的程度。它是固-液界面和液-气界面的夹角(如图 2-7 所示)。

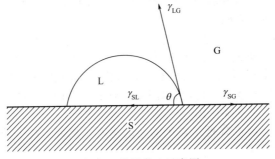

图 2-7　接触角 θ 示意图

　　若 $\theta=0°$，液体在固体表面铺展成一层薄膜，称为完全润湿。

　　若 $\theta=180°$，液体在固体表面为一球形，称为完全不润湿。

　　若 $90°<\theta<180°$，液体不能润湿固体表面。

　　若 $0°<\theta<90°$，液体能润湿固体表面。

　　接触角 θ 受三种表面张力的影响，当这三种力达到平衡时有下述关系：

$$\gamma_{SG}=\gamma_{SL}+\gamma_{LG}\cos\theta$$
$$\cos\theta=(\gamma_{SG}-\gamma_{SL})/\gamma_{LG}$$

此式是 T. Young 于 1805 年提出来的，故称为杨氏方程，又称润湿方程。

　　(3)表面活性剂对润湿的影响

　　表面活性剂是通过在界面的吸附，降低界面的表面张力而影响物体润湿的。使溶液的 γ_{LG} 下降，则 θ 减小，因而产生润湿作用；使固-气表面的 γ_{SG} 下降，则 θ 增加，因而产生反润湿作用。

　　(4)润湿的应用

　　农药、涂料、胶黏剂的使用和印染(匀染)等都涉及润湿，都需要使用润湿剂。

　　润湿能促进农药在植物、昆虫、菌体表面的铺展和渗透，因而有利于农药更均匀地分散于植物、昆虫和菌体表面，甚至渗透到体内，从而提高了农药的效果。

　　润湿是涂料和胶黏剂与基材产生黏附的前提条件，如果润湿不好，黏附力会下降，甚至不产生黏附。因为各种黏附力必须当涂料和胶黏剂与基材达到分子水平的接触时才能产生。

润湿能促进染料溶液在织物表面的铺展和渗透，因而使染色更加均匀。用于该目的表面活性剂称为匀染剂。

矿石浮选、防水布等涉及反润湿。浮选是目前矿物分离的主要方法。它是通过被反润湿（称为疏水化）的矿石颗粒因亲气泡（附着于气泡）而被气泡带入矿浆表面而与其它未疏水化的矿石分离，用于此目的的表面活性剂称为捕收剂。

防水布是经过疏水化处理过的布料，因织物表面疏水，水不能在其面上铺展，只能以液珠的形式存在而滚落。

2.2.3　乳化和分散作用

（1）乳化和分散的定义

乳状液是一种或几种液体分散在另一种与它不相溶的液体中的体系，一般分散液珠的粒度大于 100nm，小于 10μm。乳化是在表面活性剂的作用下通过搅拌将一种或几种液体分散在另一种与它不相溶的液体中而形成乳状液的过程。用于该目的的表面活性剂称为乳化剂。

分散是在表面活性剂的作用下通过合适的方式将一种或几种固体分散在一种与它不相溶的液体中的过程。所用表面活性剂为分散剂。

（2）乳化剂和分散剂的稳定作用原理

乳状液和固体分散体系都属于高度分散体系，具有巨大的表面积，热力学上是很不稳定的体系，它们是依靠乳化剂或分散剂的作用而处于一种暂时的稳定状态。乳化剂或分散剂的稳定作用主要包括以下四个方面：

a. 降低固-液界面张力。

b. 使分散粒子表面带电而产生静电斥力。

c. 在分散粒子表面形成具有一定强度的亲水化膜，防止粒子之间因碰撞而发生聚集。这种膜的亲水性愈强，强度愈高，稳定化作用就愈强。由此产生的斥力为空间斥力。空间斥力是分散剂产生分散作用的主要原因。

d. 增加介质的黏度，因而降低了粒子的运动速度，减少了粒子的碰撞机会。

（3）乳化和分散的应用

a. 除前面介绍过的乳液聚合外，农药的乳化（制成剂型）、化妆品、乳化沥青、乳化松香和人造奶油等都涉及乳化。

多数农药是不溶于水的液体物质，直接喷洒因用药量很少很难喷洒均匀，直接影响施药的效果，甚至施药多的植物会被农药"烧死"。在这些农药中加入乳化剂制成乳剂，用时加水配成乳状液，便于喷洒。因农药使用时只能借助人工搅拌，搅拌强度小，剪切力低，不利于乳化，因此所用乳化剂必须具有良好的乳化能力。

沥青是由不同分子量的碳氢化合物及其非金属衍生物组成的黑褐色复杂混合物，是一种防水、防潮和防腐的有机胶凝材料，主要用于涂料、塑料和橡胶等工业以及铺筑路面等。传统的使用方法是使用时加热融化，不仅不方便，而且加热过程中会挥发出一些难闻的物质，不仅影响有关人员的健康，而且污染环境。采用乳化剂将沥青通过乳化分散于水中制成乳化沥青，不仅使用方便，而且使用过程中不会挥发出难闻的物质。

松香是松树分泌的黏稠液体经蒸馏而得到的一种天然树脂，主要成分是树脂酸，为低熔点固体物质，在造纸中常作为施胶剂。为了便于使用，一般采用乳化剂将松香通过乳化分散于水中制成乳化松香。施胶是对纸浆、纸张或纸板进行处理，使其获得抗拒流体（主要是水）渗透的性能。

严格地讲，乳化沥青和乳化松香因是固体物质分散于水中而应称为水分散体。化妆品及人造奶油中的一些不溶于水的物质也只能借助乳化剂制成乳状液而分散于水中便于使用。

　　b. 颜料的分散、水泥的减水（称为减水剂）和陶瓷泥浆的稀释（称为稀释剂）都涉及固体颗粒的分散。颜料（包括填料）的分散是涂料生产过程中的一个重要环节，目的是将颜料分散于成膜物质的溶液或水中，加分散剂有利于颜料分散，否则颜料的分散很困难。

　　水泥减水剂，又称为分散剂或塑化剂，是混凝土（包括砂浆、净浆）拌合时加入的一种添加剂。在不改变各种原材料配比的情况下，减水剂一般具有以下四个主要作用：大幅度提高混凝土的流动性及可塑性，使混凝土可以采用自流、泵送和无需振动等方式进行施工，提高施工速度，降低施工能耗；减少水的用量，提高混凝土的强度，早期强度和后期强度分别比不加减水剂的混凝土提高 60％ 和 20％ 以上；减少水泥的用量，掺加水泥质量 0.2％～0.5％ 的混凝土减水剂，可以节省水泥 15％～30％ 以上；提高混凝土的寿命，使建筑物的正常使用寿命延长一倍以上。水泥减水剂实质上是一种分散剂，一般固体粉末在溶剂中分散愈好，则黏度愈小，或在相同黏度下所用溶剂愈少。水泥减水剂因能减少混凝土拌合时的用水量而得名。

　　陶瓷泥浆稀释剂是在陶土研磨过程中加入的一种分散剂，加入分散剂可减少陶土研磨过程中的用水量，提高研磨效率，因而节省能量。研磨好的陶土一般要干燥脱水，加水愈多，所需能量愈多。因加入分散剂后陶土的黏度降低，陶土浆变稀，故称为陶瓷泥浆稀释剂。

　　作为分散剂，大分子表面活性剂，即水溶性聚合物的分散效果远好于小分子表面活性剂，这是因为水溶性聚合物在分散粒子表面形成的亲水化膜亲水性强，强度高，空间斥力大，能有效地防止粒子之间因碰撞而发生聚集。水性涂料中，无机颜料及填料常用的分散剂为低分子量聚丙烯酸钠，该类聚合物也常作陶瓷泥浆稀释剂。水泥减水剂中效果最好的品种是分子结构呈梳型的聚乙二醇接枝聚羧酸盐，结构式如下：

$$\left[\left(\begin{array}{c}R_1\\|\\C-CH_2\\|\\X_1\\|\\SO_3M_1\end{array}\right)_a\left(\begin{array}{c}R_2\\|\\C-CH_2\\|\\C=O\\|\\OM_2\end{array}\right)_b\left(\begin{array}{c}R_3\\|\\C-CH_2\\|\\X_2\end{array}\right)_c\left(\begin{array}{c}R_5\\|\\C-CH_2\\|\\Z_1\end{array}\right)_d\left(\begin{array}{c}COOM_3\\|\\CH-CH\\|\\C=O\\|\\Z_2\end{array}\right)_e\left(\begin{array}{c}COOM_3\\|\\C-CH_2\\|\\C=O\\|\\OM_4\end{array}\right)_f\right]_n$$

　　其中：

$$X_1=\left(CH_2\right)_{m_1}\ (m_1=0,1),\quad \text{（苯环）}\ ,\quad -\overset{O}{\underset{}{C}}-NH-\overset{CH_3}{\underset{CH_3}{C}}-CH_2-\ ;$$

$$X_2=-\overset{O}{\underset{}{C}}-OR_4\ ,\quad -\overset{O}{\underset{}{C}}-NH_2\ ,\quad -CN;$$

$$Z_1=-CH_2O\left(R_6O\right)_{m_2}R_7,\quad -\overset{O}{\underset{}{C}}-O\left(R_6O\right)_{m_2}R_7,\quad -\overset{O}{\underset{}{C}}-NH\left(R_6O\right)_{m_2}R_7;$$

$$Z_2=-O\left(R_6O\right)_{m_2}R_7,\quad -NH\left(R_6O\right)_{m_2}R_7;$$

$$R_1,R_2,R_3,R_5=-H,\ -CH_3;$$

$$R_4=-CH_3,\ -C_2H_5,\ -\overset{}{\underset{OH}{CH}}-CH_3,\ -CH_2-\overset{}{\underset{OH}{CH}}-CH_3;$$

$$R_6=-CH_2-CH_2-,\ -\overset{}{\underset{CH_3}{CH}}-CH_2-;$$

$$R_7=C_1\sim C_4,\ -H;$$

$$M_1,M_2,M_3,M_4=Na^+,\ K^+,\ NH_4^+\ \text{等}。$$

2.2.4　起泡和消泡作用

（1）泡沫的定义
　　泡沫是气体分散于液体中的分散体系，如图 2-8 所示。泡沫有两种：一种是气体以小的球型分散在较黏稠的液体中，气泡表面有较厚的膜，这种泡沫叫稀泡沫；另一种是由于气体与液体的密度相差很大，液体的黏度又较低，气泡很快升到液面，形成气泡聚集体。这种泡沫叫浓泡沫。单个的气泡是通过少量液体将气体隔开的。

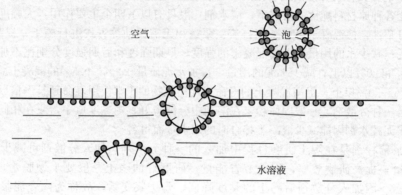

图 2-8　泡沫示意图

（2）起泡剂的稳定化作用

泡沫属于热力学不稳定体系。组成泡沫的单个气泡含有两个气-液界面，具有更大的表面积。更重要的是包围气的液体易流失而使气泡破裂。加入合适的表面活性剂是稳定泡沫的最重要方法之一。稳定泡沫的表面活性剂称为起泡剂，降低泡沫稳定性而使泡沫破裂的表面活性剂称为消泡剂。起泡剂主要是通过以下作用稳定泡沫的：

a. 降低气-液界面张力。

b. 使气泡表面带电而产生静电斥力。

c. 提高液膜的强度，增加液膜的黏度，防止液膜中液体的流失。表面活性剂吸附膜愈坚固，液膜的强度就愈高，液膜的黏度就愈大，泡沫就愈稳定。泡沫的破灭过程主要是隔开气体的液膜由厚变薄，直至破裂的过程。因而泡沫的稳定性主要决定于排液快慢和液膜的强度。

有时泡沫的生成在生产中可能带来不少麻烦。因此，如何消除泡沫也是非常重要的。加入合适的表面活性剂来取代泡沫液膜中的起泡剂分子，形成强度较差的液膜，可达到降低泡沫的稳定性而实现消泡的目的。用于该目的的表面活性剂为消泡剂。消泡剂极易吸附在液膜表面，即降低表面张力的能力很强，但分子间相互作用不强，在表面排列疏松，因而吸附膜的强度较低。从结构上看，消泡剂为枝形结构的表面活性剂。

（3）起泡和消泡的应用

起泡的主要应用有浮选和泡沫灭火。浮选又称为泡沫浮选。浮选中疏水化的矿石颗粒是附着于泡沫上而漂浮到矿浆表面的。因此，浮选需要具有合适稳定性的泡沫，这就需要加起泡剂。最好的起泡剂是 2 号油，它是松节油的改性产物。用水直接灭火，用水量大，且水难以覆盖在可燃物上。泡沫流动性差，以液膜的形式存在，其在可燃物上覆盖可将可燃物与氧气隔开而起到灭火的作用。

消泡具有更广泛的应用。许多生产过程因产生泡沫而造成危害，因而要使用消泡剂。如在造纸制浆、涂料生产和食品加工中，常产生泡沫，若不及时消除就会溢料。在造纸的抄纸过程中，若出现泡沫，且不及时消除，形成的纸张上就会出现气孔，影响纸的强度和美观。在涂料的施工过程中常出现泡沫，若不及时消除，干燥后的涂膜表面会留下针孔，影响涂膜的美观。

2.2.5 洗涤作用

洗涤是从浸在某种介质（一般为水）中的固体物体表面除去污垢的过程。它是表面活性剂用量最大的领域。洗涤是一个非常复杂的过程，洗涤剂在该过程中主要涉及以下作用：

a. 促进液体介质对被洗物表面的润湿和渗透，并吸附在被洗物表面，使污垢离开被洗物表面。该过程可通过图 2-9 所示的卷珠模型解释。当表面活性剂吸附于固-液界面时，γ_{SL}降低，油珠从铺展状态逐步转变为球形，从而离开固体表面。

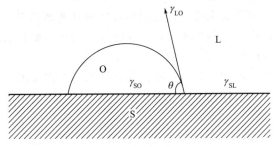

图 2-9　卷珠模型示意图

b. 通过乳化或分散使已离开被洗物表面的液体污垢或固体污垢稳定地悬浮在洗涤介质中，防止污垢再沉积在被洗物表面。

c. 对有些污垢起增溶作用。

由此可见，洗涤涉及表面活性剂的润湿、渗透、增溶、乳化和分散等作用，与起泡作用无关。实际上，如果洗涤过程中泡沫过多，且强度高，不利于清洗，因为泡沫的流动性差，要将含有表面活性剂的泡沫漂洗干净很困难。因此，在工业洗涤，特别是食品瓶，如啤酒瓶的洗涤中常常采用低泡或无泡的洗涤剂。

2.3　表面活性剂的应用

表面活性剂的应用几乎渗透到每一个领域，举例如下。

（1）在日用化妆品工业中的应用

表面活性剂在日用化妆品工业中的使用是最广泛的，洗涤剂（日用和工业用）是表面活性剂用量最大的领域，其用量约占表面活性剂总用量的 50％以上。表面活性剂在化妆品中的作用是润湿、乳化、分散、洗涤和起泡。化妆品是直接涂在皮肤上的，这就要求化妆品颜色要浅、无臭和稳定性好，对人体无毒、无害和无刺激性。两性表面活性剂和非离子表面活性剂由于刺激性小、安全性高、配伍性好、性能优良，在日用化妆品中的用量逐渐增大。在化妆品中，表面活性剂主要用来配制膏霜类化妆品、皮肤营养品、粉脂类美容品、发用化妆品、浴用制品、剃须膏和牙膏等。

（2）在纺织工业中的应用

表面活性剂在纺织工业中作为纤维的精练剂、匀染剂、柔软剂和防静电剂等。

纺织品染色、印花之前都需要经过一定的煮练过程，以去除布面上的杂质和油污。这个煮练过程通常称为精练。而在精练中添加的各类具有渗透、乳化、洗涤、分散和润湿功能的化工助剂，就叫作精练剂。广义上说，在精练过程中添加的酸、碱、氧化剂、还原剂和各类表面活性剂等化学物品都可以叫做精练剂。但是在纺织行业中，一般说到精练剂，大多是狭义的概念，主要是指各类阴离子、非离子表面活性剂以及适当的添加剂，经过一定的配比得到的一种以洗涤作用为主的，兼有渗透、乳化、分散和络合等协同作用的复配物。

柔软剂是一类能改变纤维的静、动摩擦系数的化学物质。当改变静摩擦系数时，手感触摸有平滑感，易于在纤维或织物上移动；当改变动摩擦系数时，纤维与纤维之间的微细结构易于相互移动，也就是纤维或者织物易于变形。二者的综合感觉就是柔软。柔软剂就是各种阳离子型、非离子型、阴离子型和两性季铵盐型表面活性剂。

（3）在食品工业中的应用

在食品工业中，表面活性剂主要作乳化和分散剂，使油脂类食品分散在水中。食品是直接进入人体的，因此，安全至关重要。食品用的乳化和分散剂必须无毒，且易于降解，主要是各种生物质基表面活性剂，早期主要是司盘和吐温，现在主要是烷基糖苷和蔗糖酯。

（4）在石油燃料工业中的应用

在原油开采中，表面活性剂主要作为原油的破乳剂、二次采油的注水剂、三次采油的驱油剂等。在柴油中添加表面活性剂可以促进柴油的燃烧，分散油中的高残留碳、石蜡、硫和其它残渣等。

世界上主要的粗品油都以一种乳液的形态产出。原油乳液因油中含有的天然物质而稳定。这种以乳液形态存在的粗品油必须经过破乳分离出水后才能去炼制。原油破乳剂是针对石油采出液进行油水分离的油田化学剂，其破乳原理是破乳剂深入并黏附在乳化液滴的界面上，取代原乳化剂并破坏表面膜，将膜内包覆的液滴释放并使之聚结，从而使油、水两相发生分离。

通常把利用油层能量开采石油称为一次采油；向油层注入水、气，给油层补充能量开采石油称为二次采油。二次采油是在依靠天然能量开发已经接近枯竭的油田所采取的强化开发措施，目的是提高产量和石油采收率。其方法主要是注水和注气。为了提高注水的效率，常常要加表面活性剂，其实质是润湿和渗透作用。三次采油是指在二次采油达到经济极限时，向地层中注入流体、能量，以提高产量或采收率为目的的开采方法，又被称为"强化采油"。提高石油采收率的方法很多，主要有：注表面活性剂水溶液、注聚合物稠化水、注碱水驱、注 CO_2 驱、注碱加聚合物驱、注惰性气体驱、注烃类混相驱、注蒸汽驱等。注表面活性剂水溶液是常用的且有效的方法之一。注碱水驱实质上也是注表面活性剂水溶液，因为碱可将原油中的各种羧酸转化为羧酸盐表面活性剂。

（5）在造纸工业中的应用

在造纸工业中，表面活性剂作为制浆的蒸煮剂、消泡剂和废纸回收的脱墨剂等。

使用植物纤维原料生产纸和纸板，需要经过制浆和抄纸两大工序。植物纤维原料是由各种不同类型的细胞构成的，其中，形状细长的细胞称为植物纤维，非纤维形态的细胞则不利于造纸。植物体内的细胞间有一层黏结物质，主要为木素，把细胞彼此粘结在一起，构成植物体。制浆就是通过化学方法、机械方法和化学机械相结合的方法去除或克服细胞间的粘结作用，使细胞彼此分离而成为纸浆。蒸煮是以化学法使植物原料离解成浆的过程。在蒸煮过程中，在各种蒸煮试剂的作用下，木素结构单元间的部分连接键断裂，使木素大分子降解而从植物原料中溶解出来，从而使植物原料的细胞彼此分离开来而成为纸浆。可是，一些类似棉短绒的纤维原料很难被蒸煮液较快地均匀渗透。为使蒸煮液快速、均匀地渗透至纤维原料的内部，常加入少量的渗透剂。但作为蒸煮用的渗透剂必须具有较理想的耐高温和耐碱等性能。常用的有烷基硫酸盐、烷基磺酸盐、磺化琥珀酸盐和烷基苯磺酸盐等阴离子表面活性剂。这些阴离子表面活性剂不仅具有加速药液渗透的能力，而且也具有一定的乳化及脱脂的作用。

造纸工业是产量十分巨大的产业。为了保护森林及节省资源、能源及投资，减轻制浆污染，废纸的回收利用都具有重要的意义。成为世界第一造纸大国的美国每年生产的纸和纸板中就有 40% 是由废纸生产的。脱墨是废纸回收利用的关键之一。脱墨剂是脱墨过程中使用的添加剂。它的主要作用是通过润湿、渗透、溶胀、乳化、分散等多种功能而破坏油墨对纸纤维的黏附力，使油墨从纤维上剥离并分散于水中，以便采用合适的方法将油墨粒子除去。其基本组成主要为表面活性剂，具有渗透、乳化、分散、洗净作用。浮选脱墨时还有起泡性。一般多为脂肪醇聚氧乙烯醚与脂肪酸甲酯乙氧基化物系列，这两类产品具有优异的乳化净洗与分散性能。

（6）在矿山工业中的应用

表面活性剂在矿山工业中主要作为浮选的捕收剂和起泡剂。捕收剂吸附在目的矿物表面使其疏水而亲气泡，而起泡剂在浮选机的作用下产生稳定的泡沫。硫化矿浮选常用各种烃基二硫代碳酸钠（俗称黄原酸钠或黄药），烃基二硫代磷酸钠（俗称黑药）和烃基二硫代氨基甲酸钠作为捕收剂，氧化矿和各种盐类矿物常用各种脂肪酸钠为捕收剂。一些非硫化矿，如石英也可用长碳链脂肪胺为捕收剂。黄药、黑药等含硫捕收剂起泡性能差而要另加起泡剂，各种脂肪酸钠和脂肪胺捕收剂本身具有很强的起泡能力，因此不需另加捕收剂。

（7）在金属加工和机械工业中的应用

在金属加工和机械工业中，表面活性剂主要作为清洗剂和脱脂剂。金属加工制品在涂装之前必须通过清洗脱除表面的杂质及油污等。金属清洗或脱脂是涂装前处理的基本工序之一，它利用高效液体脱脂剂对油脂和污物的皂化、润湿、乳化、渗透、卷离、分散和增溶等作用把工件表面的各种油脂、灰尘泥沙、金属粉末、手汗及其工件在加工过程中所黏附的油性脏物高效地去除脱离彻底。如眼镜框电镀前处理水基金属脱脂剂的配方：硅酸钠 16.0%，乙二醇单甲醚 4.0%，洗涤剂 6501 18.0%，OP-10 6.0%，十二烷基苯磺酸钠 12.0%，苯甲酸钠 5.0%，消泡剂 0.5%，水 39.0%。

（8）在皮革工业中的应用

在皮革工业中，表面活性剂主要作为脱脂剂、加脂剂和匀染剂等。脱脂是制革或毛皮加工中必不可少的工序。只有将裸皮所含天然油脂去除到一定程度，才能使胶原纤维松散，为后面鞣制等各个工序的顺利进行创造有利条件，使成革达到较理想状态。否则皮板内所含天然油脂的拒水性将使后面鞣制、加脂、染色和涂饰等工序难以顺利进行，从而导致成革手感僵硬，表面油腻感强，涂层容易脱落、掉浆等。

脱脂剂主要有化学脱脂剂、生物酶脱脂剂和 CO_2 脱脂剂。化学脱脂剂的原理是利用表面活性剂的润湿、渗透、乳化、分散和增溶等作用，使憎水的脂肪转变为亲水物质，分散于水溶液中，脱离皮层。

皮革加脂的作用与目的是使皮革柔软、丰满、耐折和富有弹性，提高抗张强度和防水性。皮革加脂剂可分不溶于水的加脂剂和可溶于水的乳液加脂剂。前者有动物油、植物油、矿物油和合成油。以石油化工产品为原料的合成加脂剂是皮革加脂剂发展的方向。油脂可以直接涂抹在植物鞣革面上进行加脂。矿物鞣革的加脂则需将油脂乳化后才能进入革内，所以都用乳液加脂剂。后者有硫酸化油、亚硫酸化油、磺化油、磷酸化油、阳离子加脂剂、非离子加脂剂和两性加脂剂等。

（9）在塑料橡胶工业中的应用

在塑料橡胶工业中，表面活性剂主要作为乳化剂、分散剂和抗静电剂等。例如，在现代塑料工业生产及应用中，静电危害往往造成重大损失和灾难。在加工具有较大表面积的塑料制品如薄膜、纤维或粉料时，静电严重干扰加工过程，阻碍薄膜或纤维的正常缠绕；在薄膜加工过程中，薄膜间会发生粘连，同时薄膜的可印刷性也会被静电削弱；粉状物料在运输过程中，会发生结团或架桥现象。大多数塑料制品在使用过程中因静电吸附灰尘，极大地影响了商品的外观、卫生和功能。如农膜表面因静电吸附灰尘会影响薄膜的透光性，从而影响棚内作物的生长。在电子产品的塑料薄膜包装中，放电过程有可能损坏产品：如电子芯片的封装和拆卸。由此，塑料加工中的抗静电处理往往是必要的，也是必需的。美国是抗静电剂最大生产和消费国，主要采用羟乙基化脂肪胺、季铵盐化合物、脂肪酸酯类抗静电剂，用于聚烯烃、聚氯乙烯、聚苯乙烯、聚碳酸酯等。欧盟也是生产和消费抗静电剂的主要地区，所用抗静电剂中50%为羟乙基化脂肪胺，25%为脂肪烃磺酸盐，25%为季铵盐和脂肪酸多元醇酯。

（10）在建筑工业中的应用

在建筑工业中，表面活性剂主要作为水泥的减水剂、石棉的分散剂和沥青的乳化剂等。石棉又称"石绵"，是指具有高抗张强度、高挠性、耐化学侵蚀、耐热侵蚀、电绝缘和具有可纺性的硅酸盐类矿物产品。它是天然的纤维状的硅酸盐类矿物质的总称。在石棉加工前，石棉必须分散于水中，但石棉表面疏水，不易分散于水中，必须加分散剂，且分散过程中不能破坏石棉的纤维状结构。理想的分散剂是快速渗透剂 T，学名顺丁烯二酸二仲辛酯磺酸钠。

（11）在制药工业中的应用

在制药工业中，表面活性剂可作为药物的分散剂和乳化剂，医用杀菌剂等。洁尔灭是一种阳离子表面活性剂，主要成分为十二烷基二甲基苄基氯化铵，白色蜡状固体或黄色胶状体，属非氧化性杀菌剂，易溶于水和乙醇，在细菌表面有较强的吸附力，促使蛋白质变性而将菌藻杀死。它具有广谱、高效的杀菌灭藻能力，能有效地控制水中菌藻繁殖和黏泥生长，并具有良好的黏泥剥离作用和一定的分散和渗透作用，同时具有一定的去油、除臭能力和缓蚀作用。洁尔灭主要用于工业及医疗消毒。

2.4 表面活性剂的发展趋势

（1）低毒、无毒、易生物降解及对人体温和的表面活性剂将受到重视

随着经济发展和人民生活水平的提高，消费者对产品安全性的关注不断加强。当今表面活性剂的生物降解性、与环境的相容性、毒性、对人体的温和性、刺激性和有害物质的含量引起各界的广泛重视。尤其是对洗涤用品、化妆品和个人护理用品等产品的品质要求日益严格，使得下游企业对于表面活性剂等关键原料的品质要求不断提高。21世纪的表面活性剂正朝着安全、温和、易生物降解的方向发展。

研究发现，表面活性剂的疏水链结构与生物降解性有关，如由直链烷基苯构成的表面活性剂比由支链烷基苯构成的表面活性剂易生物降解。表面活性剂的极性基团与刺激性有较大

的关系。一般来说，在疏水链相同的情况下，钠盐的刺激性大于铵盐和胺盐。因而在香波和餐洗配方中，人们逐渐用烷基硫酸三乙醇胺、烷基硫酸铵代替烷基硫酸钠。研究结果表明对人体皮肤及兔眼的刺激性，非离子及两性表面活性剂明显低于阴离子和阳离子表面活性剂。

（2）生物表面活性剂及生物质表面活性剂因使用安全而受到重视

生物表面活性剂是指由细菌、酵母和真菌等多种微生物在细胞表面或细胞外分泌的，具有表面活性剂基本结构与性质的化合物。与化学合成表面活性比较，生物表面活性剂具有结构更多样性、表面活性高、可生物降解、无毒或低毒的优点，大多数生物表面活性剂可将表面张力减小至 $30mN \cdot m^{-1}$；可利用农业来源的培养基或工业废弃物作为原料，相对石油来源的化学合成表面活性剂，原材料价格相对低廉并可大量供应，且生产工艺简单、施工简单；生物表面活性剂最为突出的特性是可以承受极端的温度、pH 值和盐浓度，这是传统表面活性剂不能比拟的；分子中存在的特殊官能团使之具有特殊的功能，可以降低特定污染物的毒性，通过微小孔隙能力强，不堵地层，耐盐性好，不结垢和保护地层等优势，可用于处理石油泄漏，工业废弃物的降解、减毒以及污染土壤的生物修复；某些生物表面活性剂具有抗菌和抗病毒功能，可作为功能性添加剂开发出具有特殊功效的食品、药品、个人护理品和家居护理品。经过多年努力，目前生物表面活性剂的许多研究成果已应用于石油、医药和食品等工业领域。目前成本较高是限制生物表面活性剂应用的主要问题。

生物质表面活性剂是以生物质为原料生产的表面活性剂。传统表面活性剂的生产大量采用石油化工原料，对能源和环境造成了一定的压力，同时其生产过程会对环境造成一定程度的污染，并会产生对人身体有害的物质。因此，以天然可再生资源（主要是生物质）为原料，生产低毒或无毒及生物降解性好、环境友好的绿色表面活性剂已引起国内外的高度重视。

烷基糖苷（APG）和蔗糖酯都是新型的非离子表面活性剂，它们以碳水化合物和天然脂肪醇或脂肪酸甲酯为原料制成，具有优良的表面化学性能及配伍性、安全无毒、生物降解迅速彻底和对环境无污染等优点，其应用领域十分广泛，被誉为与环境相容的新一代绿色表面活性剂。

全球生物及生物质表面活性剂销售额在 2018 年已达到 22 亿美元左右，其中用于家用洗涤剂和个人洗护用品的生物及生物质表面活性剂可能会占到全球生物及生物质表面活性剂市场总量的 56% 以上。现有的品种主要为：鼠李糖脂、槐糖脂、脂肪酸甲酯磺酸盐（MES）、脂肪酸甲酯聚氧乙烯醚（FMEE）、烷基糖苷（APG）、山梨聚糖、蔗糖酯、甲基葡萄糖苷和APG 的阴离子衍生物等。

降低现有产品中有害物质的含量也是开发安全表面活性剂的重要内容。二噁烷已经成为表面活性剂界人们关注的问题。某些表面活性剂如 AES（脂肪醇聚氧乙烯醚硫酸钠）中二噁烷含量已建立了相关要求及检测方法的标准，多个公司使用的乙氧基化的硫酸盐表面活性剂，由于其潜在的二噁烷成分被贴上了警告标签。在个人护理品方面，护发配方中无硫酸盐表面活性剂技术的需求不断增长。烯基磺酸盐（AOS）中的磺内酯对皮肤有较强的刺激性，为了降低其含量，应强化水解。AOS 中磺内酯含量的限定要求及相应检测方法标准正在建立。咪唑啉、甜菜碱类两性表面活性剂中含有的氯乙酸和二氯乙酸对皮肤有强烈的刺激性，因而应通过后处理降低其含量。

（3）新型结构的表面活性剂将不断出现

① Gemini 型和 Bola 型表面活性剂作为特殊结构的表面活性剂，其胶束行为特殊，更易形成囊泡，在交叉学科领域的应用如生命科学和靶向药物等领域具有一定的前景。

Gemini 型表面活性剂又称为双子表面活性剂或二聚表面活性剂，其结构如图 2-10 所示。它是通过联结基将 2 个或 2 个以上的传统表面活性剂分子在亲水基或接近亲水基处连接在一起的新型表面活性剂。因抑制了表面活性剂有序聚集过程中两个极性头基的分离力，极大地提高了表面活性。联结基团可长、可短、可刚性、可柔性、可极性和可非极性。根据两极性头基和疏水链结构可分为对称 Gemini 表面活性剂和不对称 Gemini 表面活性剂。Gemini 表面活性剂在油气开采、化学化工、纳米材料、生物技术和日用化学等领域应用前景广阔。

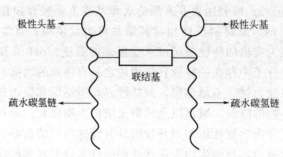

图 2-10　Gemini 型表面活性剂结构示意图

Bola 型表面活性剂是以一个疏水链连接两个亲水基团构成的两亲化合物。由于 Bola 型分子的特殊结构，它在溶液表面是以 U 形构象存在的，即两个亲水基伸入水相，弯曲的疏水链伸向气相。故在气-液界面形成的单分子膜表现出一些独特的物化性能，因此在自组装、制备超薄分子薄膜、催化、生物矿化、药物缓释、生物膜破解和纳米材料的合成等方面具有广阔的应用价值。

② 高分子表面活性剂是具有表面活性功能的高分子化合物，广泛用作胶凝剂、减阻剂、增黏剂、絮凝剂、分散剂、乳化剂、破乳剂、增溶剂、保湿剂、抗静电剂和纸张增强剂等。

③ 反应型表面活性剂、手性表面活性剂、开关型表面活性剂和螯合型表面活性剂等发展潜力巨大。

反应型表面活性剂是指带有反应基团的表面活性剂，它能与所吸附的基体发生化学反应，从而永久地键合到基体表面，对基体起表面活性作用，同时也成了基体的一部分。它可以解决传统表面活性剂的不足，如易迁移、易起泡等缺点。由于其特殊的结构和性能，反应型表面活性剂被应用于建筑、造纸、皮革、工业涂装和生物医药等诸多领域。

乳化剂在乳液聚合中起着关键性的作用。可是，乳化剂一般为亲水性小分子化合物，其残留在乳液中会造成如下问题：使胶膜出现孔隙而不完整，因而造成其耐水性、抗污性和光泽差；乳化剂易迁移和吸附在界面而影响胶膜的附着力和光泽；乳化剂有起泡性，因而制成的产品易产生泡沫。为了克服以上弊端，国内外一直致力于开发无皂乳液聚合技术。无皂乳液聚合是指不加乳化剂（更确切地说不加常规小分子乳化剂）或加入微量乳化剂（小于其临界胶束浓度）的乳液聚合过程，其中最有效的方法是采用反应型表面活性剂。用于乳液聚合中的反应型表面活性剂按在乳液聚合中的作用可分为可聚合乳化剂（Surfmers）、表面活性引发剂（Insurfs）和表面活性链转移剂（Transurfs）。可聚合乳化剂是指分子结构中含有双键、可参与聚合的反应性表面活性剂。

④ 手性表面活性剂是指含有手性中心的表面活性剂。它具有良好的区域选择性、不对称催化能力和手性识别能力，在不对称催化合成和手性药物分离等方面具有极好的应用前

景。此外，近些年，采用手性表面活性剂合成新型无机介孔材料也取得了快速的进展。

在手性产物的合成中，使用手性表面活性剂作为相转移催化剂，利用相转移催化反应就可以将潜手性反应底物转化为具有光学活性的反应产物，这就是不对称相转移催化反应。所用的手性相转移催化剂主要是手性鎓盐（如手性季铵盐、手性季鏻盐和手性季锍盐等）、手性冠醚和聚-α-氨基酸等。手性鎓盐中应用最广的是手性季铵盐。

由金鸡纳碱衍生的手性季铵盐是目前最有效、应用也最广的一类手性相转移催化剂。它一般是通过有机卤化物与金鸡纳碱反应修饰而得的。它在烷基化反应、Michael 加成反应和 α，β-不饱和酮的环氧化反应等一系列反应中都表现出较高的产率和立体选择性，典型的结构如下所示：

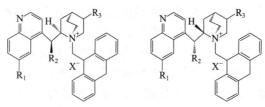

R$_1$=H或OMe;R$_2$=OH,OMe,OBn或OCH$_2$Ph;R$_3$=OH,Cl,Br

⑤ 以联萘为手性源的手性季铵盐在合成 α-氨基酸的烷基化反应和合成 β-氨基酸的 Mannich 反应中也表现出良好的催化效果，产率和立体选择性均较高，典型的结构如下所示：

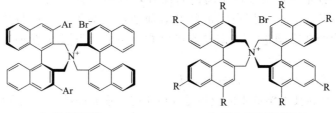

Ar=H或芳香基　　　　　　　　R=SiMe$_2$(CH$_2$CH$_2$C$_8$F$_{17}$)

各种表面活性剂获得了广泛应用，但其分离和回收利用仍比较困难。有些工业过程往往只是某一段工艺需要表面活性剂的参与，之后则要将其分离去除，如石油开采和土壤修复等。为此，人们开发出开关型表面活性剂。开关型表面活性剂是通过一定的方法，引发溶液中表面活性剂分子结构的变化，从而使其相应的表面活性出现大幅度的改变，导致体系的某些宏观表面性质出现转变。通俗地说，就是根据需求来调节表面活性剂的表面活性，使其具有表面活性或不具有表面活性功能，这种改变是可逆的，可以调控的。开关型表面活性剂的研究始于 20 世纪 80 年代。根据调控开关的不同，可以分为如下几类：

a. 电化学开关表面活性剂。

b. 光开关表面活性剂。

c. 酸碱开关表面活性剂。

d. CO$_2$ 开关表面活性剂。

e. 温度开关表面活性剂。

提高表面活性剂的抗硬水能力，特别是阴离子表面活性剂的抗硬水能力是洗涤剂领域普遍关注的课题。早在 20 世纪 40 年代，人们就开始使用各种助洗剂来提高表面活性剂的抗硬水能力。最先使用的三聚磷酸钠是一种性能优良的助洗剂，具有很强的整合 Ca^{2+}、Mg^{2+} 的能力，并有乳化和分散污垢，防止污垢再沉积的作用，且价格便宜，但其广泛使用导致了富营养化问题。为此，20 世纪 70 年代，一些国家和地区就通过了限磷和禁磷的法律，取而代之的非磷助洗剂，主要是 4A 沸石，然而其不溶于水，对 Ca^{2+}、Mg^{2+} 的交换能力差，可能会导致更加严重的环境危害。因此，开发兼有螯合能力的表面活性剂就应运而生。螯合型表面活性剂是一种新型的功能型表面活性剂，是由有机螯合剂如 EDTA 等衍生而得的产物。它不仅具有表面活性而且具有螯合作用。因此，用它作为洗涤剂就不需要另加洗涤助剂。

（4）特种表面活性剂将会有更大的发展

普通表面活性剂的疏水基一般是碳氢链，若将碳氢链中的氢原子部分或者全部替换成氟原子，就成为含氟表面活性剂，类似的还有含硅表面活性剂以及含硼表面活性剂等，称之为特种表面活性剂。

由于结构上具有特殊性，特种表面活性剂具有普通表面活性剂所没有的一些特性，并在许多领域发挥着重要作用。如含氟表面活性剂具有高表面活性、高耐热稳定性以及高化学稳定性，其应用领域已经扩展到包括石油、农药、机械、染料、建材和皮革等国民经济的众多领域中，且应用领域还在进一步扩大；含硅表面活性剂具有良好的润湿性、较强的黏附力、极佳的延展性、气孔渗透率和良好的抗雨水冲刷性等，已被应用于油田等工业领域，并逐渐由特种表面活性剂发展成为常规表面活性剂；含硼表面活性剂也在石油炼制、润滑油添加剂、高水基汽车刹车液和高水基液压液等工业领域得到实际应用。

（5）高效能表面活性剂的研究及生产将受到更大的重视

我国已是表面活性剂生产大国，但不是强国。一些传统表面活性剂产品供应还较充足，所短缺的正是技术含量及性价比高的新品种，特别是适合用于生产的液体洗涤剂和浓缩型洗涤剂以及其它工业应用所需的特殊表面活性剂品种，一些特殊品种仍需从国外进口。因此，国内企业必须进一步调整产品结构，不断地开发出新型表面活性剂产品以满足市场需求。

（6）表面活性剂的应用范围将不断扩大

表面活性剂在高新技术领域中的应用是今后研究的重要课题，也是今后的发展方向。表面活性剂分子能自发形成超分子有序组合结构，形成各种各样特殊的性质，它可在材料科学、能源科学、环境科学和生命科学研究中起到重要作用。

（7）合成工艺和原料的绿色化

表面活性剂生产技术将朝着选用无毒无害原料、制造工艺采用原子经济性反应、实现制造过程零排放、减少反应步骤、缩短工艺流程、节约能源和保证产品安全等方向持续稳步地发展。

思考题

① 论述我国表面活性剂工业的发展趋势。

② 结合你的体会，说明发展绿色表面活性剂的重要性。

作业题

① 将下列物质按照非表面活性物质、表面活性物质和表面活性剂分类。

NaCl　Na_2SO_4　辛醇　壬胺　十二烷基硫酸钠　硬脂酸钾

② 举例说明什么是阴离子表面活性剂、阳离子表面活性剂、非离子表面活性剂和两性表面活性剂。

③ 计算下列表面活性剂的 HLB 值。

OP-10　十二烷基硫酸钠　十二烷基苯磺酸钠　硬脂酸钾

④ 什么是克拉夫特温度和浊点？某表面活性剂的克拉夫特温度大于 30℃，浊点小于 10℃，它们是否适合作洗涤剂？

⑤ 指出增溶作用、助溶作用和乳化作用的差异。

⑥ 请问如何将疏水性固体粉末炭黑分散于水中，并说明其原理。

⑦ 为什么表面活性剂既可作为起泡剂又可作为消泡剂？

⑧ 洗涤剂几乎都具有起泡性，是否起泡性愈好洗涤效果愈好？请根据表面活性剂洗涤原理说明。

⑨ 用润湿方程说明表面活性剂的润湿及反润湿原理。

⑩ 简述水泥减水剂和陶瓷泥浆稀释剂的作用原理。

◆ 参考文献 ◆

[1] 赵国玺，朱埗瑶. 表面活性剂作用原理 [M]. 北京：中国轻工业出版社，2003.

[2] 刘程，米裕民. 表面活性剂性质理论与应用 [M]. 北京：北京工业大学出版社，2003.

[3] 宋启煌. 精细化工工艺学 [M]. 第 2 版. 北京：化学工业出版社，2004.

[4] 李和平. 精细化工工艺学 [M]. 第 3 版. 北京：科学出版社，2017.

[5] 张先亮，陈新兰，唐红定. 精细化学品化学 [M]. 第 2 版. 武汉：武汉大学出版社，2008.

[6] 程铸生. 精细化学品化学 [M]. 修订版. 上海：华东理工大学出版社，1996.

[7] 胡惠仁，徐立新，董荣业. 造纸化学品 [M]. 第 2 版. 北京：化学工业出版社，2008.

[8] 张光华. 油田化学品 [M]. 北京：化学工业出版社，2005.

[9] 张振. 新型聚乙二醇接枝聚羧酸系减水剂的制备工艺研究 [D]. 青岛：青岛科技大学，2009.

[10] 李飞，徐宝财. 特种表面活性剂和功能性表面活性剂（Ⅹ）：Bola 型表面活性剂的合成进展 [J]. 日用化学工业，2010，40（5）：381-386.

[11] 王磊，徐宝财. 特种表面活性剂和功能性表面活性剂（Ⅷ）：高分子表面活性剂的合成与应用进展 [J]. 日用化学工业，2010，40（3）：214-220.

[12] 张世朝，徐宝财. 特种表面活性剂和功能性表面活性剂（Ⅸ）：反应型表面活性剂的研究进展 [J]. 日用化学工业，2010，40（4）：296-300.

[13] 李飞，徐宝财. 特种表面活性剂和功能性表面活性剂（Ⅺ）：Bola 型表面活性剂的应用进展 [J]. 日用化学工业，2010，40（6）：461-464.

[14] 张桂菊，徐宝财，刘丹，等. 特种表面活性剂和功能性表面活性剂（ⅩⅣ）：手性表面活性剂的研究进展 [J]. 日用化学工业，2011，41（3）：222-228.

[15] 李云霞，张桂菊，徐宝财. 特种表面活性剂和功能性表面活性剂（ⅩⅤ）：开关型表面活性剂的合成研究进展 [J]. 日用化学工业，2011，41（4）：297-302.

[16] 李云霞，张桂菊，徐宝财，等. 特种表面活性剂和功能性表面活性剂（ⅩⅥ）：开关型表面活性剂的性能及应用进展 [J]. 日用化学工业，2011，41（5）：375-380.

[17] 刘丹，张桂菊，李云霞，等. 特种表面活性剂和功能性表面活性剂（ⅩⅦ）：氟硅表面活性剂的合成及应用 [J]. 日用化学工业，2011，41（6）：450-454.

[18] 张桂菊，徐宝财. 特种表面活性剂和功能性表面活性剂（ⅩⅩⅢ）[J]. 日用化学工业，2012，42（6）：457-464.

胶黏剂和涂料

3.1 聚合物化学基础

3.1.1 聚合物化学的基本概念

（1）聚合物

由许多简单的结构单元通过共价键重复连接而成的大分子化合物称为聚合物，又称高分子化合物。

低分子化合物和高分子化合物之间并无严格界限，通常把分子量低于 1000 或 1500 的化合物称为低分子化合物，而高于此值的为高分子化合物。典型的高分子化合物的分子量为 $10^4 \sim 10^6$ 或更高。有时称分子量小的为低聚物，分子量大的为高聚物，也无严格的界限。含有几个或十几个结构单元的化合物一般不能称为聚合物，而称为齐聚物。

（2）结构单元或链节

一个大分子往往可以由许多结构简单的单元通过共价键重复连接而成，这种重复的单元简称结构单元。由重复结构单元连接成的线型大分子像一条链子，因此有时将结构单元称为链节。

例如，聚乙烯分子就是由许多乙烯结构单元重复连接而成的。

$$—CH_2—CH_2—CH_2—CH_2—CH_2—CH_2—\quad 代表碳骨架$$

简写为：

$$\ce{CH_2—CH_2}_n$$

在某些情况下，结构单元和重复单元的含义是不一样的。例如，聚己二酰己二胺（尼龙-66）是由己二酸和己二胺缩合而成的。

$$n\,H_2N(CH_2)_6NH_2 + n\,HCOO(CH_2)_4COOH \longrightarrow$$
$$H\text{—}HN(CH_2)_6NHOC(CH_2)_4CO\text{—}OH + (2n-1)H_2O$$

（3）聚合度

聚合物中重复连接的次数称为聚合度 n，它是衡量聚合物分子大小的一个指标。聚合物的分子量 M 是结构单元的分子量 M_0 与聚合度 n 的乘积，即：

$$M = M_0 \times n$$

由于端基只占大分子中很小一部分，故略去不计。

（4）单体、均聚物和共聚物

通常把能够形成聚合物的低分子化合物叫单体，由一种单体聚合而成的叫均聚物，如聚乙烯、聚醋酸乙烯，结构式如下：

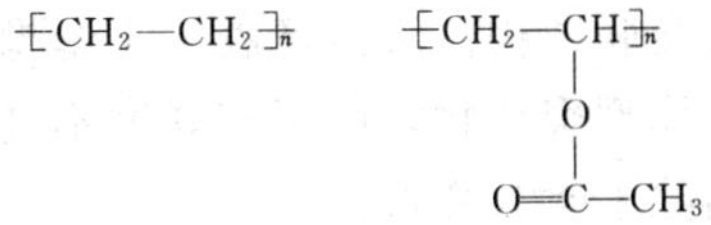

$$\begin{array}{cc} -CH_2-CH_2-{}_n & -CH_2-CH-{}_n \\ & | \\ & O \\ & | \\ & O=C-CH_3 \end{array}$$

由两种以上的单体共同聚合而成的叫共聚物，如乙烯-醋酸乙烯共聚物（EVA）、苯丙共聚物，结构式如下：

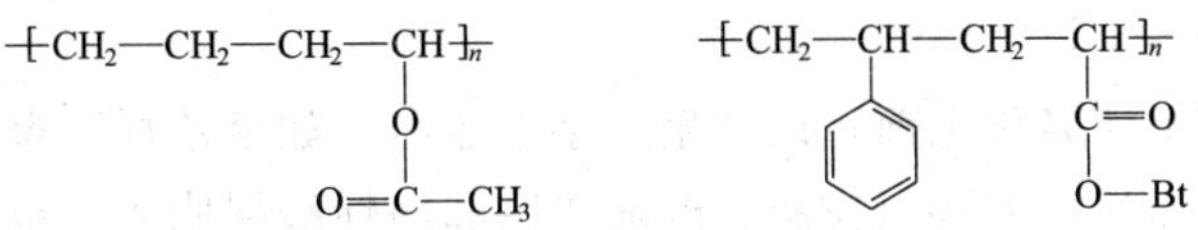

$$\begin{array}{cc} -CH_2-CH_2-CH_2-CH-{}_n & -CH_2-CH-CH_2-CH-{}_n \\ \end{array}$$

由于大部分共聚物中的单体单元往往是无规则排列的，很难指出正确的重复单元，因此上式只能代表大致的结构。

3.1.2　聚合物的分类

迄今为止，尚没有简单而又严格的分类方法。但是，可根据聚合物的不同特点进行多种分类。

（1）按主链结构分类

a. 碳链聚合物。大分子主链完全由碳原子组成。绝大部分烯类聚合物属于这一类，如顺丁橡胶和聚乙烯，结构式如下：

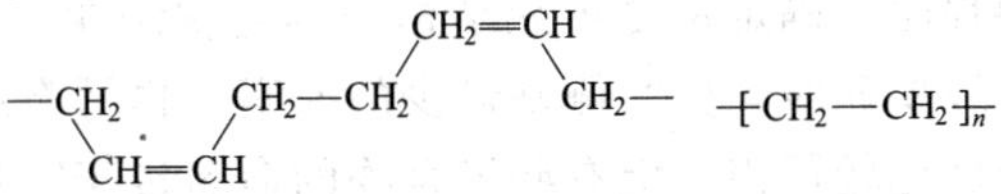

b. 杂链聚合物。大分子主链中除了碳原子外，还含有 O、N、S 等杂原子，如聚酯和聚醚，结构式如下：

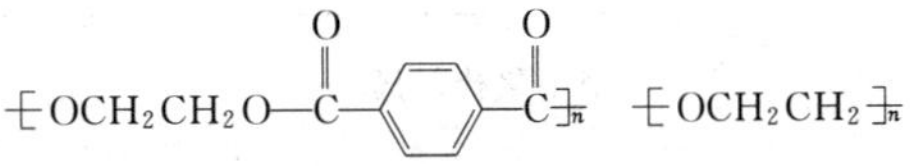

c. 元素有机聚合物。大分子主链中没有碳原子，主要由杂原子组成，但侧链主要是有机基团，如硅橡胶，结构式如下：

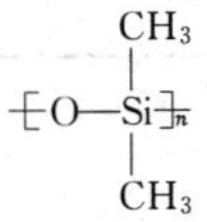

$$\begin{array}{c} CH_3 \\ | \\ -O-Si-{} \\ | \\ CH_3 \end{array}$$

如果主链和侧链均无碳原子，则称为无机高分子。

（2）按热行为分类

a. 热塑性聚合物（热塑性树脂）。采用线型连接的大分子叫线型大分子，含有支链的叫支链大分子。它们彼此以物理次价力吸附而聚集在一起，加热可使其熔化，用适当的溶剂可使其溶解，这类聚合物被称为热塑性聚合物或称热塑性树脂。

b. 热固性聚合物（热固性树脂）。由许多线型或支链大分子通过化学键连接而成的具有网状结构或体型结构的聚合物为热固性聚合物，这种连接过程称为交联。因此，热固性聚合物又称为交联聚合物。交联程度低的，受热时可以软化，但不能熔化，加适当的溶剂可使其溶胀，但不能溶解。交联度高的，则不能软化，也难溶胀。

有不少聚合物，如醇酸树脂、环氧树脂、氨基树脂等，在树脂生产时通过控制原料配比和反应程度，使树脂停留在线型或少量支链的低聚合物阶段。经加工后或再成型时，通过加热或同时加入催化剂等方式，使保留的活性官能团之间继续反应成交联结构，或者添加交联剂与保留的活性官能团反应生成交联结构。天然橡胶、丁苯橡胶和顺丁橡胶等都是高分子量的线型聚合物，通过硫化而变成体型聚合物，由于交联度不高，仍能保持良好的弹性，但大分子间已经不能再相互滑移，消除了永久变形。

3.1.3 聚合物的命名

（1）习惯命名法

聚合物习惯上以单体名称之前冠以"聚"字来命名，如聚乙烯、聚醋酸乙烯。或取其原料简名后附"树脂"二字，如环氧树脂、醇酸树脂和丙烯酸树脂等。也可以以结构特征来命名，如聚烯烃、聚酰胺和聚酯，这往往是指一个类的名称。

根据商品名称命名：

a. 用后缀"纶"命名合成纤维。例如聚丙烯腈纺成的纤维称为腈纶，聚对苯二甲酸乙二醇酯纺成的纤维称为涤纶。

b. 用后缀"橡胶"命名合成橡胶。例如丁苯橡胶（丁二烯-苯乙烯共聚物）。

c. 用后缀"树脂"命名塑料一类聚合物。

d. 引用国外商品名的译音，如尼龙（Nylon）。

（2）系统命名法

为了作出更严格的科学系统命名，IUPAC（国际纯粹与应用化学联合会）对线型聚合物提出了下列命名原则和程序：确定重复单元结构，排好次级单元次序，给重复单元命名，最后冠以"聚"字。写次级单元时，先写侧基最少的元素，再写有取代的亚甲基，最后写无取代基的亚甲基。系统命名比较严谨，但有些聚合物的命名过于冗长。举例如表 3-1 所示。

表 3-1　几种聚合物的化学结构式、系统命名及习惯命名

结构式	系统命名	习惯命名
$\pozeft[CHCH_2\right]_n$ 下接 Cl	聚 1-氯代乙烯	聚氯乙烯
$\left[CH_2-CH=CH-CH_2\right]_n$	聚 1,3-丁二烯	聚丁二烯
$\left[OCHCH_2\right]_n$ 下接 F	聚氧化 1-氟代乙烯	聚氧化氟乙烯

3.1.4 聚合反应

（1）聚合反应的定义及特点

聚合反应是将许多单体键合起来形成一个大分子的反应。聚合反应是有机化学反应，但是有不同于有机反应的特点：用于聚合的反应产率很高，且无副反应，否则所得的聚合物的收率不高，产物不纯；一般有机反应的产物仅有一个分子量，而聚合物则由不同分子量的高分子组成。

（2）聚合反应的分类

a. 按单体和聚合物组成结构变化分类：

（a）通过烯类单体加成而聚合起来的反应称为加聚反应，产物称为加聚物，如：

$$n CH_2=CHCl \longrightarrow \left[CH_2CHCl\right]_n$$

加聚物结构单元的元素组成与其单体的相同，仅仅是电子结构有所变化，因此，加聚物的分子量是单体分子量的整数倍。

（b）通过单体官能团之间的多次缩合而形成聚合物的反应为缩聚反应，其形成的聚合物为缩聚物。缩聚反应除形成缩聚物外，还副产小分子化合物。因此，缩聚物的结构单元要比单体少若干原子，其分子量不再是单体分子量的整数倍，缩聚物中往往留有特征基团，如醚键（—O—）、酯键（—OCO—）和酰胺键（—NHCO—）等。因此，大部分缩聚物是杂聚物。如己二胺和己二酸反应生成聚己二酰己二胺（尼龙-66），该反应的化学方程式为：

$$n\,H_2N(CH_2)_6NH_2 + n\,HOOC(CH_2)_4COOH \longrightarrow$$
$$H\{HN(CH_2)_6NHOC(CH_2)_4CO\}_nOH + (2n-1)H_2O$$

（c）开环聚合

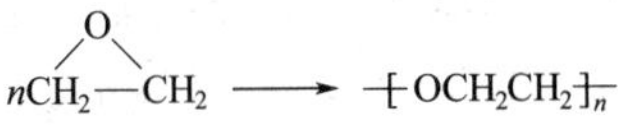

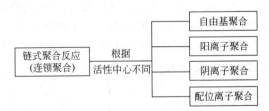

环氧乙烷　　　　　聚环氧乙烷

（d）异构化聚合（分子内氢转移）

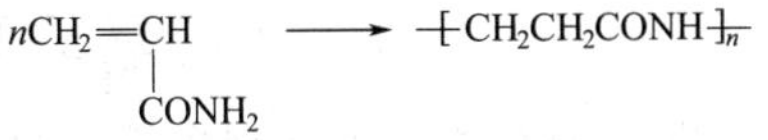

丙烯酰胺　　　　　聚酰胺-3

（e）聚加成（逐步加聚，分子间氢转移）

$$n\,HO(CH_2)_4OH + n\,O{=}C{=}N(CH_2)_6N{=}C{=}O \longrightarrow \{O(CH_2)_4OCONH(CH_2)_6NHCO\}_n$$

聚氨酯

（c）～（e）反应，结构单元的组成与单体的相同，从这点上看，它们应归属于加聚反应，但它们的反应特征及机理与烯类单体的加聚是不一样的。

b. 按聚合机理分类，根据活性中心的不同，链式聚合反应可分为自由基聚合、阴离子聚合、阳离子聚合和配位离子聚合。

链式聚合反应（连锁聚合）──根据活性中心不同──
- 自由基聚合
- 阳离子聚合
- 阴离子聚合
- 配位离子聚合

烯类单体中的双键由一个 σ（sp^3 杂化）键和一个 π 键组成，π 键具有较高的反应活性。在活性种的进攻下会发生断键，发生加成反应，形成单体活性种，单体活性种进一步进攻单体，这一过程多次重复进行，单体分子逐一加成，使活性链连续增长：

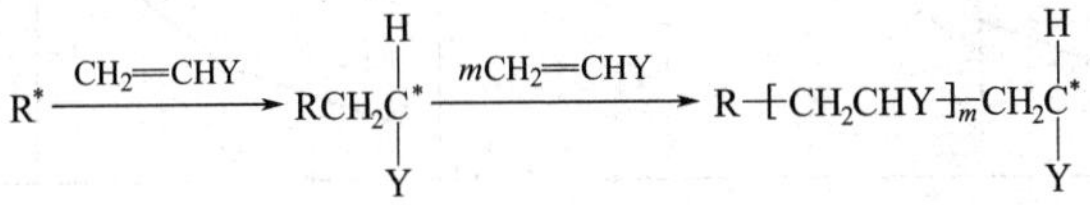

在一定情况下，通过适当的反应使活性中心消灭，从而使聚合物链停止增长，形成聚合物。

R^* 可以是自由基、阴离子、阳离子和配位离子，相应地称为自由基聚合、阴离子聚合、阳离子聚合和配位离子聚合。这4种聚合均是链式聚合。在以上4种聚合中，自由基聚合最为重要。自由基聚合物产品产量约占聚合物总产量的60%以上。丁苯橡胶、丁腈橡胶和顺丁橡胶等均是通过自由基聚合来生产的。

3.1.5 聚合物的分子量和分子量分布

低分子化合物都有一个固定的分子量，但聚合物没有。对于均聚物，它是一种分子量不等的同系聚合物的混合物，对于共聚物，其结构可能存在很大差异。因此，聚合物的分子量或聚合度是指平均值。分子量存在一个分布问题，这种分子量的不均一性叫做多分散性。聚合物的分子量及其分布对聚合物的性能有很大的影响。

3.1.6 聚集态结构

（1）聚集态结构分类

聚合物的聚集态结构主要有无定形状态、部分结晶状态和高度结晶状态。

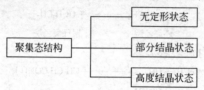

聚合物的结晶能力与聚合物微结构有关，涉及规整性、分子链柔性、分子间力等，还受拉力、温度等外界条件影响。线形聚乙烯分子结构简单规整，分子链柔顺，容易紧密排列，形成结晶，结晶度高达 90% 以上，因而密度高；带支链的聚乙烯结晶度就低得多（55%～60%），因而密度低。

（2）玻璃化温度（T_g）及熔点

a. T_g 的定义。无定形聚合物或部分结晶的聚合物与晶体或高结晶度聚合物的物理状态随温度变化的情况是非常不同的，如图 3-1 给出了温度和比容的关系，对于晶体或高结晶度聚合物，温度升高时，晶体的比容变化甚微，升高到某一点后，比容突然迅速增加，晶体同时熔化，此点称为熔点（T_m）。对于无定形或部分结晶聚合物，随温度升高，比容开始变化甚微，到某一温度后，比容增加比较明显，但聚合物尚未熔融，只是质地变软呈弹性，此点称为玻璃化温度（T_g），为无定形或部分结晶聚合物从玻璃态转变为高弹态的温度。高于此点的聚合物处于高弹态或橡胶态，低于此点则称为玻璃态。

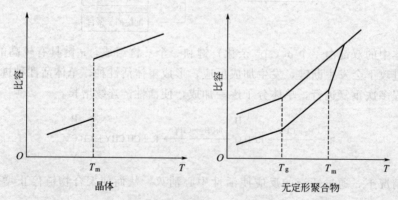

图 3-1　温度与比容的关系图

b. Fox 公式。对于高聚物、共聚物的 T_g 可按 Fox 公式计算：

$$\frac{1}{T_g} = \frac{W_1}{T_{g1}} + \cdots + \frac{W_i}{T_{gi}}$$

式中 T_g——共聚物的玻璃化温度（指绝对温度）；

T_{gi}——组分 i 的玻璃化温度；

W_i——组分 i 的质量百分数。

借用以上公式，通过改变单体的配方可调节共聚物的 T_g，加入增塑剂可降低聚合物的 T_g。增塑剂的作用在于降低聚合物链间的相互作用，从而提高链段的运动，增加聚合物的柔性。

c. 聚合物的熔点。结晶聚合物类似其它结晶化合物，也有熔点。但是，聚合物结晶往往结晶不完全，存在缺陷，并有分子量分布问题，因此，有一熔融温度范围。

T_g 和 T_m 是评价聚合物耐热性的重要指标。

3.2 胶黏剂概述

人类使用胶黏剂的历史源远流长。在几千年前，人类就学会了以黏土、骨胶、淀粉和松脂等天然产物作为胶黏剂，用于制造房屋和黏接箭羽。即便如此，胶黏剂作为一个行业仍未得到充分的发展。直到 20 世纪初，从酚醛树脂开始，即合成胶黏剂的出现，才使胶黏剂和涂料进入了一个全新的时代，胶黏剂的品种和产量迅速扩大。

目前，中国胶黏剂生产企业已达 1500 多家，品种超过 3000 种，成为中国化工领域中发展最快的重点行业之一。目前我国胶黏剂的产量已突破 700 万 t，销售额突破 1000 亿元，我国胶黏带产量突破 200 亿 m^2，销售额突破 400 亿元。我国胶黏剂和胶黏带的产量与销售额均居于世界前列。

3.2.1 胶黏剂的定义

胶黏剂是一类通过黏附作用而使被黏接物体结合在一起的物质，又称黏合剂，简称胶。

3.2.2 胶黏剂的组成

（1）基料

基料又称黏料，是胶黏剂的主要成分。常用的基料有天然聚合物、合成聚合物和无机化合物三大类，如淀粉胶、白乳胶和水泥。

（2）固化剂

固化剂又称硬化剂，直接参与化学反应，使低分子聚合物或单体生成高分子化合物，或使线型高分子化合物交联成体型高分子化合物，从而使黏接具有一定的机械强度和稳定性。

（3）促进剂

促进剂是加速胶黏剂中树脂与固化剂反应、缩短固化时间、降低固化温度的组分。环氧树脂胶黏剂可选用叔胺类、咪唑类和硼化物等为促进剂；聚氨酯胶黏剂可采用叔胺类、有机金属化合物和有机磷为促进剂。

（4）稀释剂

稀释剂是用来降低胶黏剂黏度的液体物质，使胶黏剂有适宜的使用黏度和较好的浸透力。

稀释剂可分为非活性稀释剂和活性稀释剂两类。

非活性稀释剂不含有活性基团，在稀释和固化过程中不参与反应。在固化过程中它会挥发出来，增加胶层收缩率，对胶层的机械性能、热变性能、耐介质和耐老化等性能均有影响。

活性稀释剂含有活性基团，在固化过程中参与反应。此类稀释剂多用于环氧型胶黏剂，如环氧树脂胶黏剂中加入环氧丙烷丁基醚等，降低胶液黏度的同时，还能起到增韧作用。

选用非活性稀释剂应考虑其挥发速度。挥发太快，胶层表面易结成膜，妨碍胶层内部溶剂的逸出，导致胶层中产生气泡；若挥发太慢，则在胶层内留有溶剂从而影响胶接强度。

(5) 填料

填料是为了改善胶黏剂的某些性能和降低成本而添加的一些固体粉末。常用的有金属粉末、金属氧化物、矿物粉和纤维。

填料对胶黏剂的影响可概括为以下几个方面：

a. 增稠作用，提高胶液的黏度，避免胶液在固化过程中流失。

b. 补强作用，提高胶的耐冲击性能，可选用石棉纤维、玻璃纤维、云母等。

c. 降低收缩率和热应力。

d. 提高黏接力，如氧化铝粉、钛白粉等。

e. 赋予胶黏剂某些特殊的性能，如导电、导磁、导热。

(6) 增韧剂

增韧剂是能提高胶黏剂的柔韧性，改善胶层抗冲击性的物质。通常它是一种单官能团或多官能团的物质，能与胶料起反应，成为固化体系的一部分。常用的增韧剂有：不饱和聚酯、橡胶类、聚酰胺树脂、缩醛树脂、聚砜树脂和聚氨酯树脂等。

此外，有人将增塑剂也作为增韧剂。

(7) 偶联剂

偶联剂是一种既能与被黏材料表面，又能与胶黏剂发生化学反应，以提高黏接强度和耐环境性能的一类配合剂。常用的偶联剂有：硅烷偶联剂、钛酸酯偶联剂等。

偶联剂的使用方式通常有两种：一种是将偶联剂配成1%～2%的乙醇溶液，喷涂在被黏物的表面，待乙醇自然挥发或擦干后即可涂胶；另一种是直接将1%～5%的偶联剂加到基料中。

(8) 其它

触变剂、防老剂等。

3.2.3 胶黏剂的分类

胶黏剂的品种繁多，组分各异，迄今尚无统一的分类方法，习惯使用的分类方法主要有：

(1) 按基料成分分类

- 胶黏剂
  - 无机胶黏剂
    - 硅酸盐，如水玻璃、硅酸盐水泥(水固化)
    - 磷酸盐，如$Zn_3(PO_4)_2$是牙科用胶黏剂
    - 硫酸盐，如石膏
    - 低熔点金属，如锡和铅
  - 有机胶黏剂
    - 天然胶黏剂
      - 淀粉系，如淀粉、糊精
      - 蛋白系，如大豆蛋白、骨胶、鱼胶、酪素
      - 天然树脂系，如胶乳、橡胶溶液
      - 沥青系
    - 合成胶黏剂
      - 树脂型
        - 热塑型，如白乳胶、106胶、聚乙烯醇缩醛胶
        - 热固型，如环氧胶、聚氨酯、脲醛胶、酚醛胶
      - 橡胶型，如氯丁橡胶、丁腈橡胶等
      - 橡胶树脂型，如酚醛-丁腈胶等

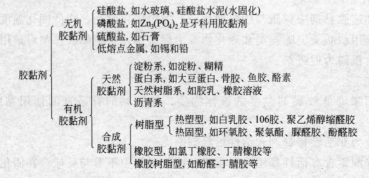

（2）按物理形态分类

$$
胶黏剂
\begin{cases}
溶液型 \begin{cases} 水溶液型 \\ 有机溶剂型 \end{cases} \\
乳液型 \\
无溶剂型 \\
固体型: 热熔胶 \\
膜状型: 结构胶, 用于汽车和飞机制造 \\
膏状或腻子
\end{cases}
$$

（3）按固化方式分类

$$
胶黏剂
\begin{cases}
挥发型 \begin{cases} 水挥发型: 乳液型、水溶型 \\ 溶剂挥发型 \end{cases} \\
热熔型 \\
反应型 \begin{cases} 常温反应固化: 潮气固化、厌氧固化、加固固化 \\ 加热固化 \end{cases} \\
压敏型: 受压即黏接, 不固化的胶黏剂, 俗称不干胶。如氯丁胶 \\ \quad 或聚丙烯酸酯型的溶液或乳液, 涂布于各种基材上, 可 \\ \quad 制成各种材质的压敏胶。 \\
再湿型: 邮票
\end{cases}
$$

（4）按受力情况分类

a. 结构胶黏剂。能传递较大的应力，可用于受力结构件的连接。要求静态剪切强度大于 $9.807 \times 10^6 \, Pa$ 和较高的均匀剥离强度。大多由热固性树脂配成，常用环氧树脂、酚醛树脂等作为主要成分。如用于飞机结构部件粘接的环氧-丁腈型胶黏剂。

b. 非结构胶黏剂。为不能传递较大应力的胶黏剂。一般用于粘接受力较小的制件或做定位用。非结构胶黏剂的品种也有很多，如聚氨酯、氯丁橡胶和脲醛等胶黏剂。

（5）按用途分类

有金属用胶黏剂、塑料用胶黏剂、织物用胶黏剂和纸品用胶黏剂等。

3.2.4　胶黏剂的应用及优缺点

（1）胶黏剂的应用

胶黏剂几乎在各个领域都有重要作用，最主要的应用领域包括：

a. 木材加工业。生产胶合板、木屑板、装饰板及制家具。各种板材的生产主要用脲醛胶，其次是酚醛胶和三聚氰胺甲醛树脂胶黏剂。家具生产主要用聚醋酸乙烯乳液（俗称白乳胶）或其共聚乳液（与乙烯共聚的称为 EVA）。

b. 建筑业。主要用于装饰和密封。如各种地板、地毯、瓷砖、马赛克、大理石、壁纸和石膏板等的铺贴。根据不同的材料可选用聚乙烯醇、聚丙烯酸酯、氯丁橡胶、环氧树脂和聚酯等。在潮湿的条件下可用聚硅烷。地下建筑的防水密封常用室温固化硅橡胶。

c. 航空航天工业。飞机制造中大多使用结构胶黏剂。单机使用胶黏剂的数量代表着一个国家飞机制造的水平。目前，制造每架飞机大约需要几百到几千公斤胶。在人造卫星和宇宙飞船中，胶黏剂用于蜂窝结构的制造，太阳能电池、隔热材料的连接，安装仪器和建造座舱等。航空航天工业主要使用改性环氧、改性酚醛和聚氨酯等品种的胶黏剂。

d. 轻工业。轻工业用胶包括包装、标签、制鞋和皮革工业等。纸箱的生产主要用泡花碱和淀粉胶（出口仅用后者）；包装箱的封口和标签大多采用以橡胶、聚丙烯酸酯为基料的压敏胶（不干胶、胶带纸）；封口胶也可采用 EVA 等为基料的热熔胶。

高消费社会的明显标志之一是商品包装。快速自动包装机和贴标签机的使用必须与快速固化的胶黏剂相配合。在制鞋和皮革工业中用黏合代替缝合，常用氯丁胶和聚氨酯等（用于鞋底及鞋面的黏合）。

e. 电子、电器工业。除了一般性的胶接普遍使用胶黏剂外，还使用了许多具有功能性的胶黏剂，如用导电胶黏接线路接头、用导磁胶黏接磁性元件。

实际上，胶黏剂不仅广泛用于当今产业社会的各个方面，而且作为家庭用品也已相当普及，在此不一一列举。

（2）胶黏剂的优点

a. 当传统的黏接方法，如铆焊、点焊、螺接和钉子等均无法连接物品时，可采用胶黏剂进行连接，如塑料薄膜、织物和纸的层压，纸袋、标签、邮票和信封，木屑板，贴面（家具、墙壁等）。

b. 应力分布广，有好的耐疲劳寿命。黏接力是通过胶黏剂层均匀地分布于黏接面上，而其它方法的连接力局限在局部的接触区域，因而存在应力集中问题。因此，在承受振动和反复负荷作用时，胶接件的耐疲劳性能比铆接等要好得多。

c. 能有效地减轻连接件的重量。胶黏剂的使用能有效地减轻连接件的重量，一方面是由于省去了铆钉或螺钉，另一方面是由于胶接件受力均匀，允许采用薄膜壁结构。例如，可用夹芯板（由蜂窝芯和薄的铝或镁面板构成）制造飞机的机翼、尾翼和机身，采用黏接结构的飞机预制件可减轻重量达30%。

d. 通过交叉连接能使各向异性材料的强度-重量比及尺寸稳定性得到改善。例如木材本身不均一且对水敏感，可以变成不翘曲且耐水的层压板。

e. 可黏合异种材料，如铝-纸、钢-铜。采用胶黏剂黏合异种材料，对连接物件的性能更为有利。例如，将两种金属黏合在一起，胶层将它们分开，从而可防止腐蚀；将两种热膨胀系数相差显著的材料黏合在一起，柔性的胶层能降低因温度变化所产生的应力。

f. 胶接件具有平滑的外表。

g. 胶接工艺可以节省材料和提高工作效率。据统计，在机械工业中每采用1t胶黏剂可节省5t金属材料和5000～10000个人工，经济效益相当可观。

h. 选用功能性胶黏剂，可赋予黏接缝各种特殊性能。如耐湿性、绝缘性、导电性和导磁性等。

（3）胶黏剂的缺点

a. 耐候性差。在空气、日光、风雨和冷热等气候条件下，胶黏剂会产生老化现象，影响寿命。

b. 耐高温、耐低温性能有限。胶黏剂大多数属于有机高分子材料。通常所说的耐高温胶黏剂，长期工作温度在250℃以下，短期工作温度可达350～400℃，但在受热情况下，黏接机械强度会显著下降。

c. 溶剂型胶黏剂的溶剂挥发会对人体和环境产生危害。溶剂型胶黏剂含有的挥发性有机溶剂，如甲苯、三氯甲烷和二甲苯等，在使用过程中会挥发进而对人体和环境产生危害。

d. 大多数胶黏剂的黏接强度还不够高。

e. 影响胶接强度的因素有很多，但胶接件的无损伤质量检验迄今没有可靠的办法。

随着科学技术的发展，上述问题将会逐步得到解决，胶黏剂工业将会有更快的发展。

3.3　涂料概述

近十年来，中国涂料产量节节攀升，年平均增长率超过 10%。2014 年规模化企业数达 1970 家，总产量达到了 1648 万 t，产值 3867 亿元，产量和产值均超过美国，高居世界第一位。我国也是全球第一的涂料消费大国。随着我国城市化进程的加速以及工业的高速发展，涂料产业仍将高速发展。

3.3.1　涂料的定义

涂料是一种可借特定的施工方法涂覆在物体表面，经固化形成连续性涂膜而起到保护、装饰、标志和其它特殊作用的材料。

早先，涂料都是用植物油和天然树脂加工而成的，所以叫"油漆"。化学工业的发展为涂料工业提供了新的原料来源，这使得许多新型涂料不再使用植物油脂进行加工，这样一来，"油漆"这个名字就显得不够确切，取而代之的是"涂料"这个新名字。

3.3.2　涂料的作用

（1）保护作用

物件暴露在大气之中会受到水分、气体、微生物和紫外线的侵蚀，造成金属锈蚀、木材腐朽和水泥风化等破坏现象。在物件表面涂以涂料，形成一层保护膜，能够阻止或延迟这些破坏现象的发生和发展，从而使各种材料的使用寿命延长。所以，保护作用是涂料的一个主要作用。

（2）装饰作用

房屋、家具、家用电器和日用品等涂上涂料，可得到绚丽多彩的外观，起到美化人类生活环境的作用。人类对美的追求是促进涂料技术发展的主要动力之一。

（3）标志作用

应用涂料作标志在国际上已逐渐标准化。各种化学品、危险品的容器可利用涂料的颜色作标志；各种管道、机械设备也可以用各种颜色的涂料作为标志，如化工厂用红色表示蒸汽管，黄色表示气管，绿色表示工艺用水管，黑色表示废水管；交通运输中需要用不同色彩的涂料来表示警告、危险、停止和前进等信号。

（4）功能作用

近几年来，特种功能性涂料引起了人们的关注并得到了很好的发展。其中，常见的功能性涂料主要有以下几种。

示温涂料：利用颜色变化指示物体的表面温度和温度分布的涂料。其特点是测温快速、简单、方便、可靠，目前已在航天航空、石油化工和机械能源等方面获得应用。

伪装涂料：常用于隐蔽军事设施、国防工事、军事器件以及防止敌人对目标的侦察等方面。较重要的伪装涂料有迷彩涂料和防雷达涂料。迷彩涂料又分为保护迷彩涂料和变形迷彩涂料。前者应适应背景颜色，例如背景为草地时，涂料为绿色；背景为沙漠时，涂料为沙土色。后者应能歪曲目标形状，使其形象失真，主要用于坦克、汽车及大炮等移动目标的伪装。防雷达涂料主要是用来吸收雷达电磁波。

导电和导磁涂料：前者主要用于现代电子工业，主要有掺和型和本征型，掺和型是将导电填料加入普通树脂中使树脂导电；本征型所用的树脂具有导电性。而导磁涂料主要用于磁带。

采光涂料：增加对太阳能的吸收。

防雾涂料：具有防止在物体表面形成雾的功能性涂料。

防火涂料：用于可燃性基材表面，能降低被涂材料表面的可燃性，阻滞火灾的迅速蔓延，是用以提高被涂材料耐火极限的一种特种涂料。用于钢结构的防火涂料实质上是一种隔热涂料。

防污涂料：是防止海生物附着、蛀蚀及污损，保持浸水结构如船舰、码头及声纳上光洁无物所用的涂料。

防霉涂料：具有建筑装饰和防霉作用的双重效果，对霉菌、酵母菌有广泛高效的杀菌和抑制能力。防霉涂料与普通装饰涂料的根本区别在于在制造过程中加入了一定量的霉菌抑制剂。

随着科学技术的进步和国民经济的发展，涂料将在更多方面提供特种功能，发挥各种作用。在高科技不断发展的今天，如果没有耐高温、防辐射、导电磁和具伪装等功能涂料，要想顺利地发展高新科技是不可能的。

3.3.3　涂料的优点

人类在生产和生活中使用多种装饰保护涂层，如使用搪瓷、电镀、橡胶衬里、塑料喷涂衬里和墙纸等，和它们相比，采用涂料具有以下优点：

（1）能广泛应用在各种不同材质的物件表面

如木材，钢材、塑料和水泥等表面均可使用涂料。

（2）能按不同的使用要求配制成不同的产品

如既可配成电绝缘涂料，又可配制成导电涂料，也可根据人们的喜好，配制成各种色彩及不同光泽的涂料。

（3）使用方便

一般用比较简单的方法和设备就可施工，而搪瓷、电镀则需要复杂的工艺和设备。需要说明的是，由于环保要求愈来愈高，出现了一些新型的环保涂料，如粉末涂料和电泳涂料，这些涂料的施工工艺和设备比较复杂。

（4）涂膜容易维修和更新

涂膜容易维修和更新是应用涂料最大的优越性。涂膜旧了可以擦洗或重涂，部分破损可以修补，可随时根据审美观改变涂膜外观。

3.3.4　涂料的缺点

涂层较薄，使用寿命相对较短，经过一段时间必须维修。涂料不能被认为是永久性保护材料。但随着科学技术的发展，涂膜的使用寿命也愈来愈长。

3.3.5　涂料的组成

涂料要经过施工在物件表面形成涂膜，因而涂料的组成中就包含了为完成施工过程和组成涂膜所需要的组分。这些组分按其作用可归纳为成膜物质、颜料（包括填料）、溶剂和助剂。

（1）成膜物质

成膜物质具有黏接涂料中其它组分和黏着于物面而形成涂膜的能力。它对涂料和涂膜的性质起决定性作用，是涂料的基础，有时也叫基料或漆料。主要有油脂、天然树脂和合成树脂。

a. 油脂。用于涂料的油脂主要是植物油，其主要成分是甘油三酯。

含有较多双键的油脂，涂成薄膜后在空气中可以逐渐转化成干燥膜，这个过程叫油的干燥。油干燥成膜的机理是相当复杂的，但主要是氧在邻近双键的—CH_2—处被吸收，形成氢过氧化物—CH(OOH)—CH＝CH—，这些氢过氧化物会引发聚合反应，导致交联，使油分子逐步连接，分子不断增大，最终形成干膜。

某些金属如钴、锰和铅等的有机酸皂类（如环烷酸盐）对上述油类的氧化聚合过程有催化作用，能够加速油的干燥成膜。这类物质称为催干剂。真正起催化作用的是金属离子，而和有机酸形成皂是为了溶于有机溶剂。

根据油的干燥性质，油脂可分为以下三类：

干性油（脂）：每个甘油三酯分子的平均双键数在 6 个以上，在空气中能逐渐干燥成膜（100g 油品中碘值在 140g 以上），常用的有桐油、梓油和亚麻油等。

半干性油（脂）：每个甘油三酯分子的平均双键数为 4～6，它经较长时间能形成黏性膜，100g 油品中碘值在 100～140g 之间，常用的有豆油、葵花籽油和棉籽油等。

不干性油（脂）：每个甘油三酯分子的平均双键数在 4 个以下，100g 油品中碘值在 100g以下，它不能成膜。如椰子油、米糠油等。

油的干性除了与双键的数目有关外，还与双键的位置有关。具有共轭双键的油，如桐油，有更强的干性。

目前干性油和半干性油主要是作为合成其它成膜物质（如醇酸树脂）的原料。不干性油可用于调整涂膜的柔韧性、制造增塑剂等。

b. 天然树脂和天然高分子化合物加工产物。主要有以下几类。

松香及其衍生物：松香的主要组成为树脂酸，它有多种异构体，主要是松香酸，通常所用的松香为微黄至棕红色透明脆性固体，软化点大于 70℃，酸值（以 KOH 计）在 160mg/g 以上。松香与干性油经热炼作为基料的涂料，其涂膜虽在光泽、硬度等方面较完全由油制成的涂料有所改善，但由于松香的软化点较低、涂膜较易发黏、脆性大和保光性差等缺点，实际上并不直接使用松香，而是使用松香的衍生物，如石灰松香（松香钙皂）、松香甘油酯（酯胶）等。石灰松香是松香熔化时与熟石灰反应而成的；松香甘油酯是松香与甘油酯化而成。

纤维素衍生物：由天然纤维素经过化学处理生成的纤维素酯或醚。其中硝酸纤维素酯应用最广，用以制成的硝基漆干燥迅速、涂膜光泽好、坚硬耐磨，可以上光打蜡，是一种广泛使用的装饰性能好的涂料。醋酸纤维素、醋丁纤维素、乙基纤维素和苄基纤维素等都可用于制挥发性漆，其特点是快干和良好的涂膜强度。

氯化天然橡胶：由天然橡胶降解后进行氯化而得，其氯含量在 62％以上。制得的涂料耐化学性、耐水性和耐久性都很好，但不耐油和高温。

天然沥青：主要用来制防水涂料、船用防锈漆和防污漆。

c. 合成树脂。仅仅依靠油脂和天然树脂等为原料已不能满足社会发展对涂料提出的更新更高的要求，而合成树脂工业的兴起和发展为涂料工业提供了丰富的新型原料，使涂料在品种和产量上都得到了迅速发展，性能上也有很大的提高，满足了各方面的要求。现在以各种合成树脂为成膜物质的涂料已占主导地位，它们也将是本教材介绍的重点。

（2）颜料

① 颜料的作用。颜料通常是不溶性的固体粉末，虽然本身不能成膜，但它始终留在涂膜中，所以它赋予涂膜许多性质，可归纳为：

遮盖被涂物表面，使涂膜呈现色彩；增加涂膜厚度，提高涂膜的机械强度、耐磨性、硬度和附着力；颜料的活性表面可以和大分子链相结合，形成弱交联（次价力）结构而增加涂膜的强度，粒度愈细，增强效果愈好；加入颜料可以减少收缩从而降低收缩应力，增加附着力；赋予涂膜特殊的功能，如防腐蚀性、阻燃性、导电性和绝缘性等。

颜料的品种很多，各具有不同的性能和作用。在配制涂料时，根据所要求的不同性能需选用不同的颜料。

② 颜料的分类。按其来源，颜料可分为天然颜料和合成颜料两类。在早期的涂料中主要使用天然颜料，现代涂料主要使用合成颜料。

按化学成分，颜料可分为无机颜料和有机颜料。与无机颜料相比，有机颜料通常具有较高的着色力，色泽较鲜艳，色谱范围广，但耐热、耐晒和耐气候性能较差，价格较贵。

按在涂料中所起的作用，颜料可分为：

a. 着色颜料。使涂层呈现一定颜色的颜料，如钛白粉、立德粉、炭黑、铁黑［红、绿、黄、蓝（又称华蓝）］、铬黄、大红粉、耐晒黄和酞菁蓝（绿、红）等。

b. 体质颜料。又称填料，是基本上没有遮盖力和着色力的白色和无色粉末。其作用是增加涂膜的厚度，提高涂膜的物理化学性能（如耐磨性、硬度和减少膜的收缩而防止龟裂），降低涂料的生产成本。常用的有轻质碳酸钙、重质碳酸钙、滑石粉、石英粉、硫酸钡和高岭土等，它们一般都有消光作用。

c. 防锈颜料。是防锈涂料的重要组成之一，根据其防锈机理可以分为：

（a）物理防锈颜料。它们本身都具有化学性质较稳定的特点。借助其细微颗粒的填充而提高涂膜的致密度。也有的呈片状，在涂膜中迭覆而降低涂膜的可渗透性，阻止阳光和水的渗入，起到防锈作用。如氧化铁红、云母氧化铁、石墨、铝粉和片状玻璃等。

（b）化学防锈颜料。借助于电化学的作用，或者形成阻蚀性络合物等以达到防锈效果，如锌铬黄、铬酸锶、铬酸钙、磷酸锌和三聚磷酸铝等。

d. 特殊颜料。赋予涂膜特殊功能的颜料，如阻燃、导电等。

一种颜料可能同时会具有几种作用。

（3）溶剂

a. 溶剂的分类。溶剂是为了溶解成膜物质，并降低涂料的黏度，以便于施工，从而得到均匀、连续的涂膜而使用的液体物质。溶剂一般不留在干结膜中，而是全部挥发掉，故又称挥发组分，根据其作用可以分成三类。

真溶剂：具有能够溶解成膜物质能力的溶剂。各种不同的物质有它固有的真溶剂。高聚物只能溶解于溶解度参数相似的溶剂中，高聚物的分子量愈大，和溶剂之间溶解度参数的允许差值就愈小。

助溶剂：又叫潜溶剂，本身不能溶解所用的成膜物质，但在一定限度数量内与真溶剂混合使用，则具有一定的溶解能力。

稀释剂：不能溶解成膜物质，也无助溶作用，但价格较低，和真溶剂、助溶剂混合使用可降低成本。

现代某些涂料采用了活性溶剂或活性稀释剂，它们既能溶解成膜物质，又能在成膜过程中与成膜物质发生化学反应生成新的物质而存留于涂膜中。

b. 溶剂的选择。虽然溶剂的主要作用是溶解成膜物质，但它对涂料的生产、贮藏、施工及成膜、涂膜的外观和内在性能都产生重要的影响。因此，正确选用溶剂是配制涂料的一个重要环节，选用溶剂时应注意以下几点。

对所有成膜物质组分都要有很好的溶解性和互溶性，具有较强降低黏度的能力，在整个挥发成膜过程中不应出现某一成膜物质不溶析出的现象。

溶剂的挥发速度控制着涂膜处于流体状态的时间和黏度变化，它要适应涂膜的形成，应均匀挥发，挥发太慢或太快会使涂膜出现流挂或流平性不佳，甚至出现结皮、麻点和针孔等。为此，常用多种溶剂搭配成混合溶剂来使用（有挥发性快的、中等的、慢的，有真溶剂、助溶剂和稀释剂）。

在保证溶剂符合以上要求的基础上，应尽可能选择毒性小、来源广和成本低的溶剂。

（4）助剂

在涂料中应用的助剂越来越多，它们的用量往往很少，占总配方中的百分之几，甚至千分之几，但它们对涂料的加工、改善涂料的性能、延长涂料的贮存期限及便于施工和扩大应用范围等方面都起到了很大作用。因此，助剂在涂料中的应用越来越受到重视，其应用技术已成为现代涂料生产技术的重要内容之一。

按其作用，涂料助剂可分为四个类型：

a. 对涂料生产过程发生作用的助剂。主要有润湿剂、消泡剂、乳化剂和分散剂等。

乳化剂是生产乳胶漆的基料乳液时必须使用的，为乳液聚合的四大组成（单体、水、引发剂和乳化剂）之一。

颜料的分散是把颜料粉碎成细小的颗粒，并均匀地分散在基料和溶剂中，以得到一个稳定的悬浮过程，它是生产涂料的一个重要环节。要获得良好的涂料分散体系，除树脂、颜料及溶剂的相互配合外，往往还需使用润湿分散剂才能达到预期的目的。润湿剂一般是表面活性剂，以降低颜料的表面张力而使颜料易被溶剂的基料溶液所润湿；分散剂是吸附在颜料的表面上产生电荷斥力或空间位阻，防止颜料产生有害絮凝，从而使分散体系处于稳定状态的物质。

b. 对涂料的贮存产生稳定作用的助剂。有防沉剂、防结皮剂、防腐蚀剂、防霉剂、冻融稳定剂和增稠剂等。

c. 对涂料的成膜过程发生作用的助剂。有催干剂、流平剂、防流挂剂和成膜剂等。

d. 对涂膜性能发生作用的助剂。有增塑剂、防污剂、防静电剂、光稳定剂和紫外光吸收剂等。

一种助剂往往会同时发挥几种作用，如消泡剂、防霉剂和增稠剂等。

3.3.6 涂料的分类

经过长期的发展，涂料的品种繁多，多年来根据习惯形成了各种不同的涂料命名和分类方法，现在通行的涂料的分类方法有：

（1）按涂料的形态来分类

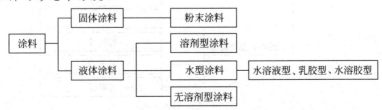

（2）按涂料的成膜机理分类

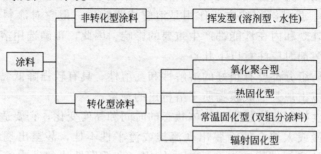

（3）按涂料的施工方法分类

（4）按涂料的使用次层分类

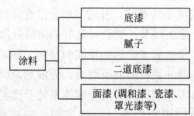

瓷漆又名磁漆，是以清漆为基料，加入颜料研磨制成的。干燥后的涂膜呈磁光色彩且坚硬。调和漆质地较软、均匀、稀稠适度、耐腐蚀、耐晒、长久不裂、遮盖力强、耐久性好且施工方便。

（5）按涂膜的外观分类

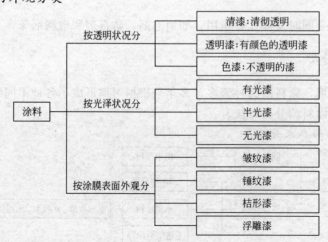

（6）按涂料的使用对象分类

从使用对象的材质分类：如钢铁用涂料、轻金属用涂料、纸张用涂料、皮革用涂料、塑料用涂料和混凝土用涂料等。

从使用对象的具体物件分类：如汽车涂料、船舶涂料、建筑涂料、飞机涂料和家用电器涂料等。

（7）按涂膜的性能分类

按涂膜性能，涂料可分为防锈漆、阻燃涂料、导电漆和绝缘漆等。

（8）按涂料的成膜物质分类

按成膜物质，涂料可分为醇酸树脂涂料、丙烯酸树脂涂料、环氧树脂涂料、聚酯涂料、聚氨酯涂料等。

为了统一起见，我国制订了以成膜物质为基础的涂料命名方法，其要点如下：

统称时用"涂料"而不用"漆"这个词，但为了简化起见，对具体涂料品种仍可采用"漆"来称呼；

全名＝颜色名称＋成膜物质名称＋基本名称，如红醇酸磁漆；

对某些有特殊用途的产品，必要时在成膜物质后面加以说明，例如醇酸导电磁漆。

3.4　黏附原理

3.4.1　黏附力的产生

黏附过程是一个复杂的物理化学过程。黏附力的产生不仅取决于胶黏剂或涂料和被黏或被涂物表面的结构与状态，而且和黏附过程的工艺条件密切相关。为了开发出更好的胶黏剂和涂料，我们有必要了解黏附原理。

胶黏剂或涂料与被黏附物表面之间通过界面相互吸引而产生连接作用的力称为黏附力，其来源是多方面的。

（1）化学键力

化学键力又称主价键力，存在于原子之间。化学键包括离子键、共价键及金属键三种不同的形式。主价键有较高的键能。胶黏剂与被黏物之间，或涂膜与被涂物之间，如能引入主价键，其胶接强度或附着力将显著提高。

（2）分子间作用力

分子间作用力又称为次价键力。它包括范德华力（取向力、诱导力和色散力）和氢键。尽管分子间作用力比化学键力弱得多，但它是黏接力的最主要来源，广泛存在于所有的黏接体系中。

（3）界面静电引力

一切具有电子供给体和电子接受体性质的两种物质接触时都将在界面形成双电层，因而产生界面静电引力。

如图 3-2 所示，当金属（用 A 表示）与非金属材料（如高分子胶黏剂，用 B 表示）密切接触时，由于金属对电子的亲和力低，其表面容易失去电子而使表面带正电，而非金属材料对电子亲和力高，容易得到电子而使表面带负电，使界面两侧产生接触电势，产生静电引力。

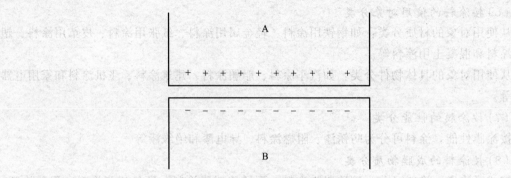

图 3-2　界面静电引力示意图

（4）机械作用力

任何基材的表面都不可能是光滑的，即使用肉眼看起来光滑，在显微镜下也是十分粗糙的，有的物质如木材、纸张和水泥等的表面还是多孔的或有缝隙的。胶黏剂或涂料充满基材表面的缝隙或凹凸处，固化后在界面处产生了啮合力，其作用就像钉子与木材的接合或树根植入泥土的作用，该力称为机械作用力，如图 3-3 所示，其本质是摩擦力。在黏合多孔材料时，机械作用力是很重要的。

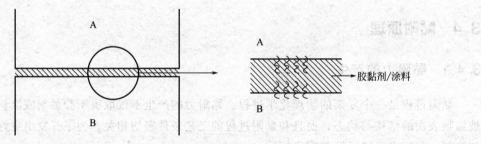

图 3-3　机械作用力示意图

（5）扩散作用力

胶黏剂中的黏料或涂料中的成膜物质为聚合物链状分子，如果基材也为高分子材料，在一定的条件下由于分子或链段的布朗运动，胶黏剂或涂料中的分子和基材的分子可互相扩散，结果在界面互溶形成一个过渡层，从而产生黏附力，如图 3-4 所示。一般来讲，胶黏剂或涂料与基材之间的溶解度参数越接近，温度越高，时间越长，其扩散作用也越强，由扩散作用导致的黏附力也越高。

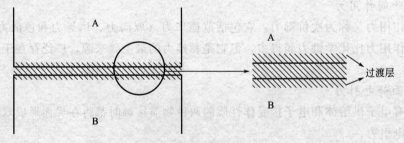

图 3-4　扩散作用力示意图

以上 5 种黏附力，只有分子间作用力普遍存在，其它作用力仅在特殊情况下才成为黏附力的来源，在某特定情况下，可能以某种力为主。一般来讲，化学键力的存在能显著地提高胶黏剂的黏接强度或涂料的附着力。对基材表面进行粗糙处理或选用合适的溶剂能有效地增加机械作用或扩散作用，因而可提高黏接强度或附着力。

3.4.2 胶黏剂或涂料对基材表面的润湿

化学键力或次键力的产生条件是分子或原子之间必须充分靠近，即它们的相互距离必须处于引力场的范围内，其力场作用范围不超过10Å，能够产生最强吸附力的范围大约为3～5Å。因此，胶黏剂或涂料与基材表面黏附的前提是两者必须达到分子水平的接触，即胶黏剂或涂料能很好地润湿基材表面。

（1）润湿热力学

a. 接触角与润湿。液体润湿固体的程度用接触角 θ 来衡量。θ 是固液界面与液气界面相交的夹角，如图3-5所示。

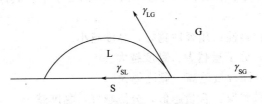

图 3-5 接触角 θ 示意图

接触角 $\theta=180°$ 时液体完全不能润湿固体表面；$180°>\theta>90°$ 时液体不能很好地润湿固体表面；$0°<\theta<90°$ 时液体能完全润湿固体表面；$\theta=0°$ 液体能在表面上自发展开。

b. 粗糙度对润湿的影响。固体表面都不是理想平面，液体在固体表面的接触角 θ 随表面粗糙度而变化。Wenzel用下式表示接触角 θ 与粗糙度的关系：

$$\gamma = \frac{\cos\theta'}{\cos\theta} = \frac{A}{A'} > 1.5$$

式中　γ——粗糙度系数；

　　　A——真实表面积；

　　　A'——表观表面积；

　　　θ——真实接触角（理想平面的）；

　　　θ'——表观接触角（实际测得的）。

固体表面的真实表面积 A 比表观表面积 A' 大得多，$A/A'<1.5$ 的表面实际上是不存在的。可见，当 $\theta<90°$ 时（$\cos\theta$ 为正值，但小于1），$\cos\theta'>\cos\theta$，$\theta'<\theta$，即易润湿的表面由于凹凸而更有利于润湿；当 $\theta>90°$（$\cos\theta$ 为负值）时，$\theta'>\theta>90°$，即难于润湿的表面由于凹凸而更加难润湿。

因此，θ 的变化是表面面积变化和表面能变化两种效果的相加。

（2）润湿动力学

固体表面是凹凸不平的，有一定的粗糙度，并有裂纹和孔隙。因此，可以近似地用毛细管结构来描述固体表面。如果把固体表面上的缝隙比作毛细管，黏度为 η，表面张力为 ν 的液体流过半径为 R、长度为 L 的毛细管所需时间，依 Rideal-Washburn 方程有：

$$t = 2\eta L^2 / R\nu\cos\theta = K\eta$$

式中　η——液体的黏度；

　　　L——毛细管长度；

　　　R——毛细管半径；

ν——液体的表面张力；

θ——接触角；

t——润湿时间。

由于各种有机液体的表面张力相差不是很大，故液体充满缝隙的时间取决于液体的黏度，黏度愈大，所需时间愈长。

胶黏剂和涂料的黏度随着固化程度增加而不断增大，如果胶黏剂黏度过大，固化太快，则可能在完全润湿表面之前就失去流动性，就会出现动力学不完全润湿的情况。从润湿动力学的角度，胶黏剂和涂料的黏度应比较小。

黏度也不能太小，否则会出现流失或流挂现象。最好是使胶黏剂或涂料具有触变性，尤其对后者。因此，配制胶黏剂或涂料时要注意黏度问题。

聚合物溶液的黏度决定于溶剂、固含量和聚合物的分子量。具体地讲，影响聚合物溶液黏度的主要因素有：

a. 溶剂与聚合物的相容性：相容性越好，黏度越小。

b. 聚合物的分子量：分子量越大，黏度越大。

c. 聚合物的固含量：固含量越高，黏度越大。

d. 填料的含量及分散状况：含量越低，分散越好，黏度越小。

总之，分散剂、增稠剂和触变剂均能显著地改变体系的黏度。

3.4.3 影响胶接强度及涂膜机械性能的因素

3.4.3.1 胶接强度及涂膜的主要机械性能

胶接接头是指由胶黏剂层和被黏物表面形成的黏接体系。实质上由两个黏接面和一个胶黏剂层组成，如图 3-6 所示。

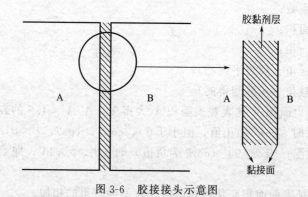

图 3-6 胶接接头示意图

胶接接头的强度或称胶接强度是由界面的黏接力和胶黏剂层的内聚力两者决定的。若黏接力小于内聚力，则胶接接头的破坏是由于界面破坏导致的，若黏接力大于内聚力，则胶接接头的破坏是由于内聚破坏导致的。内聚力指聚合物分子之间的作用力，包括范德华力、氢键和化学键力，与聚合物的分子结构密切相关。

涂膜的主要机械性能有：耐冲击性（抗冲击强度）、柔韧性、附着力、硬度和耐磨性等。

耐冲击性指涂膜在经受高速的重力作用下发生快速变形而不出现开裂或从底材上脱落的能力，它表现了漆膜的柔韧性和对底材的附着力。

柔韧性指当涂于底材上的漆膜受到外力作用而弯曲时，所表现的弹性、塑性和附着力等的综合性能。

　　附着力指漆膜与被涂物件表面通过物理和化学作用力结合在一起的坚牢程度。

　　硬度是涂膜机械强度的一项重要性能，其物理意义可理解为涂膜对作用其上的另一个硬度较大的物体所表现的阻力。

　　耐磨性实际上是指涂膜抗摩擦、擦伤和侵蚀的一种能力，与涂膜的许多性能均有关。

3.4.3.2　影响黏附力的物理因素

　　（1）粗糙度的影响

　　基材表面的粗糙度从以下两方面影响黏附力。首先，基材表面愈粗糙，产生的机械连接力愈大。其次，粗糙度对表面润湿有影响，对于润湿良好的体系（$0° < \theta < 90°$），增加粗糙度有利于润湿，因而有利于提高黏附力；对于润湿不好（$180° > \theta > 90°$）的体系，增加粗糙度不利于润湿，因而可能降低黏附力。

　　（2）弱界面层的影响

　　基材、胶黏剂或涂料及环境中的低分子化合物或杂质，通过渗析、吸附而聚集在基材表面，使黏附力严重下降，因而吸附有低分子化合物或杂质的界面为弱界面。弱界面层可能是由以下原因产生的：

　　a. 吸附有水和其它污染物的基材表面未经彻底处理。

　　金属材料表面常涂有一层油以防止生锈，由于油层的表面张力低于胶黏剂或涂料的表面张力，故后者难以解吸油层而形成弱界面，该吸附层有时是很难清除的。

　　水在金属、玻璃和陶瓷等高表面能材料（极性材料）上的吸附力很强，超过一般胶黏剂或涂料，即水吸附层不易被胶黏剂或涂料解吸而形成弱界面层。基质可直接从空气中吸收水分。当用水清洗被黏物时，水被残留吸附于表面，吸附的水往往被忽视，且其彻底清除也是不容易的，某些基材能对水产生化学吸附，要加热到 1000℃以上才能除水。

　　b. 胶黏剂、涂料或基材中含有相容性不够理想的低分子化合物或杂质，它们易于渗析至界面而形成弱界面层。

　　c. 水或其它低分子物被胶层或涂层吸附，进而渗透到基材表面而形成弱界面层。

　　水或水蒸气很容易被极性强的聚合物（如纤维素、蛋白质）吸收，且在这些聚合物层中的扩散也很快，进而渗透到基材表面而形成弱界面层。

　　一般而言，通过化学键力、静电力和扩散作用力形成的胶接接头或涂膜不易形成弱界面层，甚至能解吸已形成的低分子化合物吸附层（即弱界面层）。而通过分子间力形成的胶接接头或涂膜易形成弱界面层，更不可能解吸已形成的弱界面层。

　　（3）内应力的影响

　　内应力是指当外部荷载去掉后仍残存在物体内部的应力。物体由于受外因（压力、湿度变化等）而变形时，物体内各部分之间会产生相互作用的内力，以抵抗外因的作用，并力图使物体从变形后的位置恢复到变形前的位置。

　　内应力是影响黏附力的重要因素，它和黏附力是互相抵消的。如果内应力大于黏附力，胶接接头或涂膜可自动脱开。

　　a. 内应力产生的原因。胶接体系或涂膜的内应力一般有两个来源。其一，固化过程中由于体积收缩产生的收缩应力；其二，胶层或涂膜和基材的热膨胀系数不同，在温度变化时会产生热应力。

　　胶黏剂或涂料不管用何种方式固化都难免发生一定的体积收缩。溶剂的挥发和化学反应均会引起体积收缩。缩聚反应因要逸出小分子而体积收缩最严重，烯类单体或低聚物的双键发生加聚反应时，两个双键由范德华力结合变成共价键结合，原子距离大大缩短，所以体积收缩也较大，例如不饱和聚酯固化过程中体积收缩率达 10%。开环聚合时有一对原子由范德华力结合变成化学键结合，另一对原子却由原来的化学键结合变成接近于范德华力作用，因此开环聚合收缩率较小。有的多环化合物开环聚合甚至可发生膨胀。环氧树脂固化过程中收缩率较低，这是环氧树脂涂料或胶黏剂有较好黏附力的原因之一。

胶层或涂膜的内应力可随分子的蠕动（松弛）而缓慢下降。胶黏剂或涂膜分子在蠕动不足的情况下，胶层和涂膜就存在永久性残留内应力。

内应力的分布是不均匀的，在气孔和空洞周围、端头部位存在应力集中的问题，特别是润湿不良时，应力集中现象尤其严重。

b. 内应力的消除。降低内应力以及使应力集中缓和的方法有：在胶黏剂或涂料中加入易产生分子蠕动的或有助于物料产生分子蠕动的物料，如加入各种橡胶及增塑剂；在胶黏剂或涂料中加入适当的填料或颜料，以调节胶层或涂膜的膨胀系数；改善固化工艺，如逐步升温，随炉冷却；如果胶层或涂膜和基材的膨胀系数相差较大，热应力严重时，可设法降低固化温度。

3.4.3.3 聚合物的结构对胶接强度及涂膜机械性能的影响

对于黏接体系，大多数胶接接头会出现胶层的内聚力破坏或内聚力破坏与界面破坏共存的混合破坏现象。因此，胶接接头的力学性能很大部分取决于聚合物的内聚力。对于涂膜，若聚合物的内聚力太小，则涂膜硬度太低，耐摩擦性和耐冲击性很差；若聚合物的硬度太大，软性太差，则涂膜的柔软性、耐伸缩性及耐冲击性等太差，当基材因温度变化而产生收缩和膨胀时，涂膜就可能出现开裂和脱落（因热应力）。因此，涂膜的机械性能与聚合物的内聚力、柔软性和硬度有关。

（1）分子量的影响

聚合物的分子量是很重要的参数，它对聚合物的一系列性能起决定性作用。聚合物的内聚力和溶液的黏度（包括熔融态的黏度）随分子量的增大而增大，但其润湿性能随分子量的增大而下降。为了保证合适的内聚力、黏度和润湿性，聚合物的分子量必须控制在合适的范围内。另外，分子量太大，涂料施工时易出现拉丝现象，施胶也不方便。而天然高分子化合物，如纤维素、橡胶必须经过降解才能用于生产涂料。

对于乳胶，黏度和润湿性受分子量的影响小，聚合物的分子量可以较大，一般为几十万至几百万；多数胶黏剂，分子量为几千到几万；多数涂料，分子量为几万到几十万。

而分子量的分布对聚合物的性能也有影响，在平均分子量相同时，分布太宽，性能也变差。

（2）主链结构的影响

聚合物分子的主链结构决定聚合物的刚柔性，柔性大有利于分子或链段的运动或摆动，使聚合物分子容易相互靠近并产生吸引力，因而内聚力大，应力小，不易形成应力集中，结果胶接接头的胶接强度高，涂膜的附着力和柔软性好，但耐热性差；刚性聚合物在这方面的性能较差，但耐热性好。

聚合物的柔性与主链上原子之间的键合方式有关，单键易旋转，而双键不能旋转，主要的几种键合情况有：

a. 聚合物分子主链若全部由单键组成，由于每个键都能发生内旋转，因而导致聚合物的柔性大。单键的键长和键角增大，分子链内旋作用变强，聚合物的柔性就变大。

　　b. 主链含有孤立双键的大分子，虽然双键本身不能内旋转，但它使邻近单键的内旋转易于产生，因而导致聚合物的柔性大，如聚丁二烯的柔性大于聚乙烯等。

　　c. 主链含有共轭双键的聚合物，其分子不能内旋转，刚性大，耐热性好，但内聚力低，聚乙炔等属于此类聚合物。

　　d. 主链中含有芳杂环结构，由于芳杂环不易内旋转，故此类聚合物的刚性都较大。

　　（3）侧链结构的影响

　　聚合物侧链的种类、体积、位置和数量等对其柔性也有重大影响。

　　a. 聚合物侧链基团极性的大小对聚合物分子内和分子间的吸引力有决定性的影响。基团的极性小，侧链之间（分子内）吸引力低，分子的柔性好，分子之间易靠近，因而内聚力大。

　　例如聚丙烯、聚氯乙烯和聚丙烯腈三种聚合物中，其侧链基团分别是—CH_3、—Cl 和—CN，分别属于弱极性、极性和强极性基团。它们柔性大小的顺序是：聚丙烯＞聚氯乙烯＞聚丙烯腈。

$$\begin{array}{ccc} \ce{-[CH2-CH]_{\it n}-} & \ce{-[CH2-CH]_{\it n}-} & \ce{-[CH2-CH]_{\it n}-} \\ \quad | & \quad | & \quad | \\ CH_3 & Cl & CN \end{array}$$

　　b. 两个侧链基团在主链上的间隔距离越远，它们之间的作用力及空间位阻作用越小，分子内旋作用的阻力也越小，因此，聚合物的柔性增大。

　　例如，聚氯丁二烯每四个碳原子有一个侧链基—Cl，而聚氯乙烯每两个碳原子有一个侧链基—Cl，故前者的柔性大于后者。

$$\begin{array}{cc} \ce{-[CH2-CH=CH-CH]_{\it n}-} & \ce{-[CH2-CH]_{\it n}-} \\ \qquad\quad | & \quad | \\ Cl & Cl \end{array}$$

　　c. 侧链基团的体积越大，位阻越大，分子内旋作用的阻力越大，因此，柔性降低。

　　例如，聚苯乙烯分子中，苯基的极性小，但因为它的体积大，位阻大，因而聚苯乙烯刚性较大。

$$\ce{-[CH2-CH]_{\it n}-}$$

　　d. 侧链长短对聚合物的性能也有明显的影响。直链状的侧链，在一定范围内随其链长增长，聚合物的柔性增大，但如果太长，则聚合物的柔性和内聚力降低。

　　例如，纤维素的脂肪酸酯类聚合物，侧链脂肪酸碳原子为 6～14 时具有较好的柔性和内聚力，其中含 10 个碳原子的性能最好。

　　（4）交联度的影响

　　在交联度不高的情况下，聚合物仍可保持较高的柔软性。

　　通过交联可显著提高聚合物的内聚力，因而显著提高胶接强度和涂膜的硬度、耐摩擦性和抗冲击性等，但随交联度增大，聚合物的柔软性降低、变硬、变脆，胶接接头和涂膜的抗冲击性、弯曲性和收缩性降低。交联聚合物不再具有流动性，并丧失对基材的润湿性和扩散能力。因此，交联是在胶黏剂或涂料的施工固化过程中完成的，必须在基材被完全润湿后才能进行。

3.5 丙烯酸树脂胶黏剂和涂料

丙烯酸树脂胶黏剂和涂料是以丙烯酸、甲基丙烯酸及其酯类为单体通过自由基聚合反应生成的丙烯酸树脂制成的。通过采用不同的单体、不同的单体配比和不同形式的聚合方式，可制成热塑性或热固性胶黏剂和涂料，其形态有乳液、溶液和液体树脂。它们的特点是品种多、易配制、应用范围广和耐老化性优良。

3.5.1 丙烯酸树脂胶黏剂

3.5.1.1 丙烯酸酯乳液胶黏剂

（1）丙烯酸酯乳液胶黏剂的应用

丙烯酸酯乳液胶黏剂品种多、应用广，其应用领域主要包括：用于织物方面，如织物印花、静电植绒、无纺布黏结、地毯背衬和喷胶棉加工等；用来制造压敏胶，其制得的胶带、标签及壁纸等产品广泛地应用到各行各业及日常生活中。

长期以来以橡胶型压敏胶为主流，这种黏合剂具有很好的压敏性、黏合性和内聚力，但由于聚合物链上不饱和键较多，受热时，或在空气中氧的作用下会发生降解，使其变软、变色、老化，导致黏接不良，这就是所谓的"受风现象"。聚丙烯酸酯类压敏胶具有优良的耐老化性、耐候性和耐水性，同时具有优良的压敏性和黏合性，克服了橡胶类压敏胶的缺点，和橡胶类压敏胶相比，其缺点是内聚力不足，抗蠕变性不佳。

（2）丙烯酸酯乳液胶黏剂的生产工艺

各种丙烯酸酯乳液胶黏剂的生产工艺相似，但具有不同应用目的的乳胶所选用的单体及其配比相差很大。因此，所用乳化剂及乳液聚合条件有差异。

3.5.1.2 反应型丙烯酸酯胶黏剂

反应型丙烯酸酯胶黏剂在国内称为改性丙烯酸酯胶黏剂，在国外称为第二代丙烯酸酯胶黏剂（简称 SGA），是双组分室温固化胶黏剂。

（1）反应型丙烯酸酯胶黏剂的组成

反应型丙烯酸酯胶黏剂由（甲基）丙烯酸酯、弹性体及氧化还原引发剂组成。该胶黏剂分为底涂型和双主剂型两大类。

底涂型由主剂和底剂两部分组成。主剂含有弹性体、（甲基）丙烯酸酯单体或低聚物、氧化剂和稳定剂（阻聚剂）等；底剂由促进剂（还原剂）、助促进剂及溶剂等组成。

双主剂型由两个主剂组成，其中一个主剂含有氧化剂和稳定剂，另一个主剂含有促进剂和助促进剂。双主剂型反应型丙烯酸酯胶黏剂早期的商品称为"AB 胶"，现在市场上称为"兄弟俩"或"哥俩好"。

所使用的弹性体有未硫化橡胶（如氯磺化聚乙烯、氯丁橡胶等）、ABS（丙烯腈-丁二烯-苯乙烯三元共聚物）、MBS（甲基丙烯酸甲酯-丁二烯-苯乙烯三元共聚物）和 PMMA（聚甲基丙烯酸甲酯）等。

丙烯酸酯单体有：（甲基）丙烯酸（甲、乙、丁、2-乙基己、缩水甘油和 β-羟乙）酯等，主要为甲基丙烯酸的酯类。

稳定剂有对苯二酚、对羟基苯甲醚、吩噻嗪和 2,6-二叔丁基对甲酚等。

助促进剂为有机酸的金属盐（如环烷酸钴、环烷酸钴锰和油酸铁）等。

氧化剂有二酰基的过氧化物（如过氧化苯甲酰）、有机过氧化氢（如异丙苯过氧化氢、叔丁基过氧化氢）、过氧化酮（如过氧化甲乙酮）和过氧化酯等。

还原剂有胺类（如 N,N-二甲基苯胺、乙二胺等）、硫酰胺类（如四甲基硫脲、乙烯基硫脲）等。

氧化还原剂必须匹配且具有高效性，这样才能保证室温快速固化。典型的反应型室温固化双主剂丙烯酸酯胶黏剂配方如表 3-2 所示。

表 3-2 典型的反应型室温固化双主剂丙烯酸酯胶黏剂配方

原料名称	A 组分（份）	B 组分（份）	作用
甲基丙烯酸甲酯	42	52.5	主单体
甲基丙烯酸羟乙酯	18	22.5	主单体
二甲基丙烯酸乙二醇酯	15	/	交联单体
甲基丙烯酸	6	4	功能性单体，提高附着力
ABS 树脂	25	25	弹性体，提高柔韧性
异丙苯过氧化氢	8	/	氧化剂
甲基硫脲	/	8	还原剂，与氧化剂构成引发体系
邻苯二酚	0.1	/	稳定剂，防止单体贮存过程中聚合

（2）反应型丙烯酸酯胶黏剂的使用

反应型丙烯酸酯胶黏剂常可用于各种金属材料及非金属材料的黏接。

（3）反应型丙烯酸酯胶黏剂的优缺点

反应型丙烯酸酯胶黏剂的优点为：室温可固化；使用时不需要准确计量及混合；可进行油层黏接（不需彻底除油）；黏接范围广，可黏接各种硬性金属和非金属材料；耐冲击性、抗剥离性等优良。

反应型丙烯酸酯胶黏剂的缺点为：耐热性不高；耐水性差于环氧胶黏剂；单体易聚合，贮存期较短，25℃以下贮存 6 个月；单体有低毒，对皮肤有一定的刺激性。

3.5.1.3 氰基丙烯酸酯胶黏剂

α-氰基丙烯酸酯由于强吸电子氰基的存在，这类单体很容易在水或弱碱性物质的催化作用下进行阴离子聚合，成为一类快速固化的胶黏剂，俗称"快干胶"或"瞬干胶"，如常用的 501（氰基丙烯酸甲酯）、502（氰基丙烯酸乙酯）和 504（氰基丙烯酸丁酯）等。酯基的碳链越长，其固化产物的韧性和耐水性越好，但胶接强度越差。通用品种以氰基丙烯酸乙酯为主，医用品种以氰基丙烯酸丁酯和氰基丙烯酸异辛酯为主。目前市场上销售的主要是 502 胶。

（1）氰基丙烯酸酯胶黏剂的组成

表 3-3 列出了典型的瞬干胶配方。

表 3-3 典型的瞬干胶配方

原料名称	组分（份）	作用
α-氰基丙烯酸	75～95	主单体
SO_2	0.001～0.01	防止贮存时发生阴离子聚合
对苯二酚	0.05	防止贮存时发生自由基聚合
增稠剂	3～10	防止流失，常用聚甲基丙烯酸甲酯(PMMA)、纤维素衍生物等
增塑剂(DOP)	5～25	改善脆性、提高冲击强度

（2）氰基丙烯酸酯胶黏剂的应用

氰基丙烯酸酯胶黏剂又称为"万能胶"。除聚乙烯、聚丙烯、聚四氟乙烯等非极性材料外，它几乎可以黏接所有物质。特别适用于皮肤、血管、骨骼等的黏接。因此，在医学上获得了广泛应用。现在也广泛用于鞋的修补及日常黏接。

（3）氰基丙烯酸酯胶黏剂的优缺点

氰基丙烯酸酯胶黏剂的优点有：单组分、无溶剂（不产生环境污染，收缩率小）；使用方便，不加固化剂，不必配成双组分；胶接表面可不必进行特殊处理；固化时不必加热、加压；固化快速，便于流水作业；耐寒性好。

氰基丙烯酸酯胶黏剂的缺点有：较脆、抗冲击性差；耐热性差；固化太快，难用于大面积胶接；胶接极性材料，耐水耐溶剂性差；贮存期短，一般为半年；对人体的黏膜有一定的刺激性；价格较贵。

3.5.1.4 厌氧胶

厌氧胶是丙烯酸酯胶黏剂中最重要的一种类型，为单组分液体胶黏剂。它能够在氧气存在时以液体状态长期贮存、隔绝氧气后可在室温下固化。既可作为结构胶，又可作为非结构胶黏剂。

（1）厌氧胶的组成

a. 单体。主要为甲基丙烯酸酯。非结构胶黏剂最常用的单体为三缩四乙二醇双甲基丙烯酸酯。

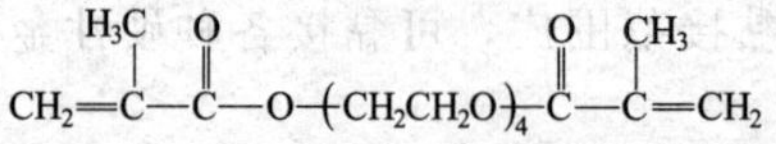

$$CH_2=C-C-O-(CH_2CH_2O)_4-C-C=CH_2$$

其中，三缩四乙二醇基团 $(CH_2CH_2O)_4$ 赋予胶层柔性和黏接力。

结构厌氧胶常用的单体为二异氰酸双甲基丙烯酸烷酯或环氧树脂双甲基丙烯酸酯，它们的化学结构式分别为：

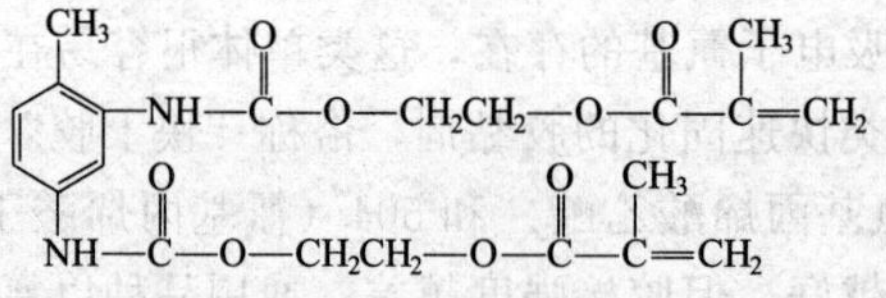

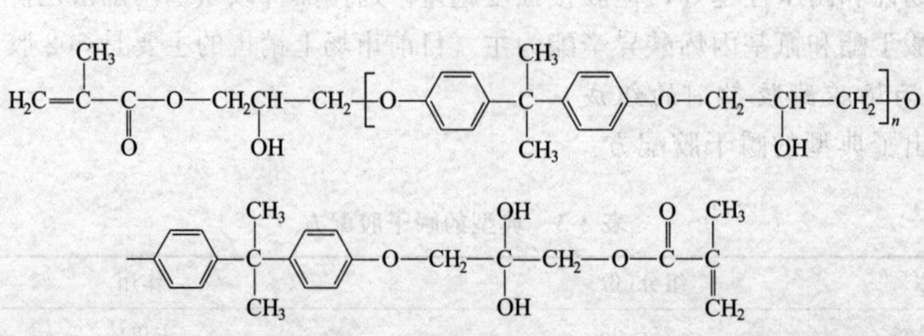

采用双甲基丙烯酸酯类单体的目的在于提高交联度，因为它们的官能度为4，形成的是体型聚合物，因而聚合物的内聚力大，黏结强度高，可作为结构胶黏剂。

b. 引发剂。胶黏剂的固化反应是自由基聚合反应。常用的引发剂有过氧化氢异丙苯、叔丁基过氧化氢等。其用量为总单体量的 2%～5%。

c. 促进剂（还原剂）。促进剂能加速引发剂的分解。一般为胺类，以叔胺最佳。如三乙胺、N,N-二甲基苯胺。其用量一般为 0.3%～5.0%。

　　d. 稳定剂（阻聚剂）。以对苯二酚（醌）最佳，用量约 0.001%。

　　e. 增稠剂和触变剂。能改变厌氧胶的黏稠性，常用的有聚苯乙烯、聚甲基丙烯酸甲酯和气相二氧化硅等。

　　f. 增塑剂。

　　（2）厌氧胶的用途

　　厌氧胶主要用于机械制造业的装配及维修。它可以简化装配工艺，加速装配速度，减轻机械重量，提高产品质量，主要用途可分为五大类：

　　a. 螺纹的紧锁。防止由于振动而引起的位移、松脱和磨损等。

　　b. 密封。

　　c. 定位。圆柱件装配（如齿轮、轴承等）和轴、轴套之间的传统装配方法是压配合，这对各部件的加工精度要求非常高，即便如此也只能有 20% 的表面接触在一起，而厌氧胶装配接触表面可达 90%，这样就可以降低加工精度要求，提高可靠性。

　　d. 结构黏接。主要用于小部件的结构黏接，但强度不如环氧胶。

　　e. 浸渍。冶金铸件经常因砂眼而报废，如果用厌氧胶浸渍，使胶液在砂眼中固化就可以防止铸件的渗漏。

　　（3）厌氧胶的优缺点

　　厌氧胶的优点为：单组分，常温固化，使用方便；黏度低，具有良好的浸润性，特别适用于间隙在 0.1mm 以上的缝隙的胶接和密封；无溶剂，挥发性及毒性低；在空气下胶液贮存期长。

　　厌氧胶的缺点为：空气等因素对厌氧胶的固化影响很大；不适用于塑料基材等大部分非金属材料；包装和贮存要求比较高；接触皮肤易引起过敏。

3.5.2　丙烯酸树脂涂料

　　丙烯酸树脂涂料的特点为：色浅、透明；耐光、耐热、耐候性好；户外曝晒耐久性强，耐紫外光照射，不易分解变黄，在 230℃ 或更高的温度下烘烤不变色；保光、保色性好；可耐一般酸、碱、醇和油脂等；可制成中性涂料；可加入铜粉、铝粉使之具有金银一样光耀夺目的色泽且不会变暗；长期贮存不变质；可参与聚合的单体多，通过选择不同的单体、不同的配比及不同的聚合条件可改变涂料的性能以满足不同的应用要求。

　　基于其卓越的耐光及耐户外性能，丙烯酸树脂漆已成为轿车用漆和外墙涂装的主要品种，此外在轻工（家用电器、摩托车、自行车）、仪器及仪表等工业中也有广泛应用。

　　丙烯酸树脂涂料可制成溶剂型、水性型（水溶型和乳胶型）、非水分散型、粉末型和无溶剂型等多种品种。按成膜机理可分为挥发型（热塑型）和交联固化型（热固型）。交联固化的品种又可进一步分为常温交联、烘烤交联和辐射固化交联三种。

3.5.2.1　热塑性丙烯酸树脂涂料

　　（1）乳胶漆

　　由丙烯酸树脂乳液、颜料、填料及各种助剂配制而成，主要用于外墙涂装。包括苯乙烯丙烯酸树脂乳胶漆、有机硅改性丙烯酸树脂乳胶漆、有机氟改性丙烯酸树脂乳胶漆和纯丙烯酸树脂乳胶漆。典型的配方如表 3-4 所示。生产过程如下：先将 4、10、3、5、6 加入高速分散机搅匀；再将 1、2 加入高速分散机搅匀；通过砂磨机研磨 2～3 遍后泵入调漆桶；加入

9 和适量的 7、8、11，剩余的 6 和 10；调至黏度≥1 分（杯式黏度）；过筛，装桶。

若不在结冰的季节储存和使用可不加防冻剂，成膜助剂也与使用时的气温有关，温度高时可少加，否则多加。

表 3-4 典型的乳胶漆配方（质量份）

序号	原料名称	有光漆	无光漆（室内）	无光漆（室外）
1	颜料	18～22	7～12	10～15
2	填料	/	25～30	20～25
3	杀菌剂	0.1～0.3	0.1～0.3	0.1～0.3
4	分散剂	0.3～0.6	0.5～1.0	0.5～1.0
5	防冻剂	1.5～2.0	1.5～2.0	1.5～2.0
6	消泡剂	0.05～0.15	0.05～0.15	0.05～0.15
7	pH 调整剂	适量	适量	适量
8	流平剂	视情况而定	视情况而定	视情况而定
9	乳胶（固48%～50%）	54～57	25～30	30～40
10	水	18～22	35～40	30～35
11	成膜助剂	2～7	2～5	2～5
12	增稠剂	1.0～3.0	1.0～3.0	1.0～3.0

（2）溶剂型漆

① 溶剂型漆的组成。由丙烯酸树脂、改性树脂（过氯乙烯树脂、硝酸纤维素、醋酸纤维素）、颜料、溶剂和增塑剂等组成。常用的溶剂有酮、酯、芳烃和醇的混合溶剂。增塑剂主要为邻苯二甲酸酯类。

② 溶剂型漆存在的问题。一般来说，分子量大的树脂物理和化学性能好，但高分子量的树脂在溶剂中的溶解性较小、黏度高，喷涂施工中易出现"拉丝"现象，所以涂料用丙烯酸树脂的分子量不能太大，一般在 7.5 万～12 万之间，这样的分子量为了保证良好的施工性能，施工时涂料的固含量仅能在 10%～20% 之间。因此，热塑性丙烯酸树脂涂料存在以下缺点：附着力、柔韧性、抗冲击性、耐热性和耐腐蚀性等不如热固性丙烯酸树脂涂料；固体含量偏低，致使漆膜的厚度及丰满度较差，且耗溶剂量大；固体分稍高时黏度偏高，喷涂时易出现"拉丝"现象，不易施工，流平性差，对温度敏感；玻璃化温度稍高，低温下易脆，玻璃化温度稍低，则遇热易发黏，溶剂释放性差；涂漆时易流挂，表干尚可，但不易干透；耐溶剂性差；丙烯酸树脂混溶性窄，与很多树脂不易拼用；对颜料润湿分散性不佳，制成的色漆常常容易浮色及发花。

③ 改进措施。可以采用如下措施改善热塑性丙烯酸树脂涂料的性能：

a. 和其它树脂拼用。硝酸纤维素：加入少量硝酸纤维素就能明显地改善涂膜的流平性、溶剂释放性及热敏感性，也能改善涂膜的打磨抛光性能，但涂膜的光泽、柔软性、耐候性和保光保色性均可能下降。醋酸丁酸纤维素：很多效果与硝酸纤维素相似，但其耐光性大大优于后者。过氯乙烯树脂：能改善流平性、溶剂稀释性和施工性能，但不如纤维素好。能改善热敏性。其最大的特点是对丙烯酸树脂的户外耐久性影响很小。

b. 采用含—COOH 的单体不仅可提高附着力，也可提高对颜料的润湿性。

c. 采用恰当的制漆工艺。用固体的丙烯酸树脂或纤维素及过氯乙烯树脂来扎制颜料色片可改善颜料的分散性，从而大大提高涂膜的光泽，并防止产生浮色和发花。采用有效的分散剂可改善颜料的分散，从而大大提高涂膜的光泽，并防止产生浮色和发花。拼用了醋酸丁酸纤维素的丙烯酸涂料共融温度较低，因而可采用再流平的施工工艺来弥补涂膜欠丰满及光泽较差的缺点。

（3）热塑性丙烯酸树脂涂料的应用

尽管热塑性丙烯酸树脂涂料在某些性能上略逊于热固性品种，但其耐大气老化的主要性能仍十分优越，所以较广泛用于耐大气老化性能要求高又无法烘烤的领域，如外墙、大桥栏杆、电视塔和汽车修补等。

3.5.2.2　热固性丙烯酸树脂涂料

热固性丙烯酸树脂涂料主要由丙烯酸树脂、交联剂、溶剂、增塑剂和颜料等组成。和热塑性丙烯酸树脂涂料相比，热固性丙烯酸树脂涂料的物理性能、防腐蚀性及耐化学药品性更好。此外，由于涂料树脂未固化前的分子量小得多，可以在不太高的黏度下制成高固体组分涂料，从而改进了涂膜的丰满度，缩减施工道数，达到理想的漆膜厚度。热固性树脂的分子量常在30000以下，一般为10000～20000之间。

（1）氨基丙烯酸树脂漆

氨基丙烯酸树脂漆由羟基丙烯酸树脂、烷氧基甲基三聚氰胺树脂、酸性催化剂（常用对甲苯磺酸）、颜料及溶剂组成，为烘烤型漆。该漆具有较好的硬度、耐候性、保光保色性、附着力、挠曲性和耐水性，故应用面最广，产量最大，约占各类热固性丙烯酸涂料总产量的70％以上，是氨基醇酸漆的替代产品，用于轿车及家用电器。典型的氨基丙烯酸树脂轿车漆的配方见表3-5。

表3-5　氨基丙烯酸树脂轿车漆配方

原料名称	所占份数	作用
羟基丙烯酸树脂(50％)	55	主成膜树脂
低醚化丁氧基三聚氰胺树脂(60％)	19	固化剂,成膜树脂
钛白粉及配色颜料	15	颜料
硅油(1％)	0.2	消泡剂
二甲苯＋环己酮	4.8＋6.0	溶剂
分散剂	少许	分散颜料

（2）丙烯酸聚氨酯漆

丙烯酸聚氨酯漆由羟基丙烯酸树脂、多异氰酸酯的加成物、溶剂、颜料及各种助剂组成。为常温固化的双组分漆。漆膜具有优越的丰满度、光泽、耐磨、耐划伤、耐水、耐溶剂及耐化学腐蚀性。采用芳香族异氰酸酯加成物的固化剂，涂膜的耐候、保光保色性较差；而采用脂肪族多异氰酸酯加成物的固化剂时，耐候性、保光保色性很好。主要用在耐候性要求高而又不能烘烤的场所，如轿车修补。典型的丙烯酸聚氨酯汽车罩光漆的配方见表3-6。

表3-6　丙烯酸聚氨酯汽车罩光漆配方

组分	原料名称	所占份数	作用
组分1	羟基丙烯酸树脂(50％)	100	主成膜树脂
	消泡剂	0.6	消泡
	二月桂酸二丁基锡(10％)	0.1	催化剂
组分2	75％(缩二脲,HDI与水的反应产物)	20	固化剂,成膜树脂
	PU稀释剂	30	溶剂

3.6 环氧树脂胶黏剂和涂料

环氧树脂胶黏剂和涂料是由环氧树脂和固化剂配制而成的，属热固性，它们对金属和非金属都具有良好的黏附力。

3.6.1 环氧树脂

环氧树脂是指分子中至少含有两个环氧基团的高分子化合物。用作胶黏剂和涂料的主要品种为双酚 A 缩水甘油醚型环氧树脂（占环氧树脂总产量的 90%）。它是由双酚 A（二酚基丙烷）和环氧氯丙烷在碱的作用下生成的，其反应方程式为：

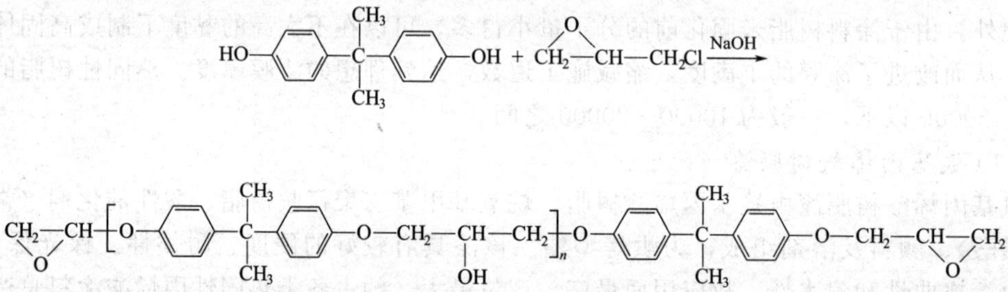

其聚合度 $n=0\sim20$。$n=0$ 时，分子量为 340，外观为黏稠液体；$n\geqslant2$ 时，在室温下是固态的。n 增大，环氧值减少，黏附力下降，固化后柔性较好。一般用作胶黏剂的环氧树脂的平均分子量小于 700，而用于涂料的大于 700，与固化剂的类型有关。一般而言，以环氧基为交联基团时，分子量要小，否则交联密度低，耐热和机械性能差；以羟基和环氧基为交联基团，分子量可达几千。

3.6.2 环氧树脂的固化

环氧树脂本身是热塑性化合物，且分子量小，不能直接用作胶黏剂和涂料，必须加入固化剂并在一定条件下进行固化交联反应。因此，固化剂是环氧树脂胶黏剂和涂料中必不可少的组分。固化剂的种类很多，选择何种固化剂及采用什么样的固化条件将对胶黏剂和涂料的性能产生重大影响。

3.6.2.1 胺类固化剂

胺类固化剂是环氧树脂最常用的，包括多元脂肪族胺、多元芳香族胺、多元胺的加成物及含多个氨基的小分子量聚酰胺。它们是通过 N 原子上的"活泼氢"与环氧基反应而产生固化的，而 N 上的另一个 H 可以和环氧树脂继续反应。固化反应的过程为：

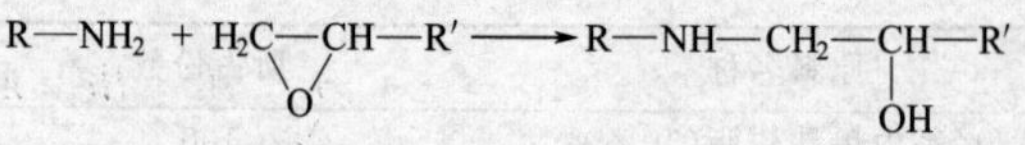

常用的脂肪族胺有乙二胺、己二胺、二乙烯三胺和三乙烯四胺等。它们在常温下就能使环氧树脂固化，且固化速度快。缺点是固化时放热量大，固化树脂的耐热性较差（热变形温度低于 150℃）。

常用的芳香族胺有苯二胺、二氨基二苯甲烷和二氨基二苯醚等。它们在常温下固化速度慢，一般要在 150℃ 左右固化。固化树脂有较好的耐热性（热变形温度高于 150℃）与电性能。

常用的多元胺加成物有丁基缩水甘油醚二乙烯三胺加成物、环氧树脂-乙二胺加成物和聚酰胺。

常用的聚酰胺是由植物油的不饱和脂肪酸的二聚体或三聚体和多元胺缩聚而成的。由二聚亚油酸和乙二胺制得的聚酰胺是环氧树脂涂料常用的固化剂。其化学结构式为：

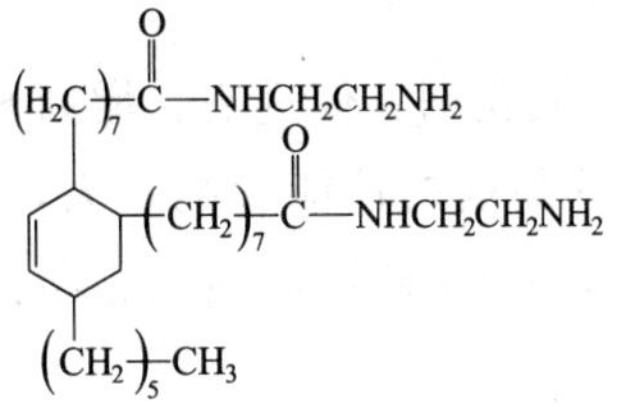

3.6.2.2 酸酐类固化剂

酸酐的固化首先是将酸酐的环打开，生成羧基，继而与环氧基加成生成酯基，如与邻苯二甲酸酐的反应过程为：

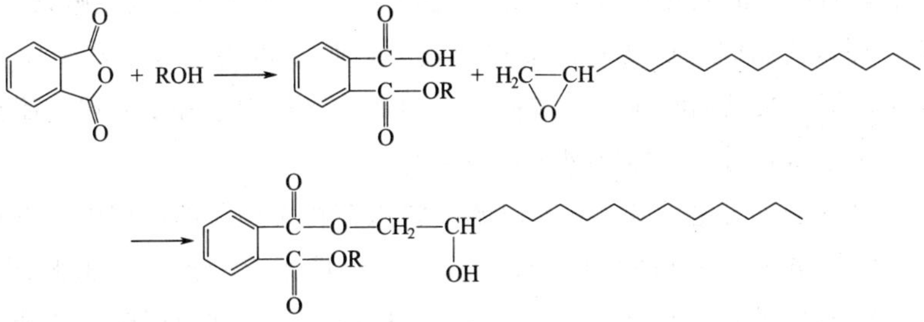

此酯化反应生成的—OH 可进一步使酸酐开环，另外，它还可以在高温下与羧基发生酯化反应。常用的酸酐有苯酐、顺酐和四氢苯酐等。和胺类固化剂相比，用酸酐固化后的环氧树脂有更高的机械强度，更好的耐热性和耐磨性，但一般需加热且引入了酯基，导致水解稳定性差。

3.6.2.3 树脂类固化剂

在烘烤的条件下，许多合成树脂，如酚醛树脂、脲醛树脂、三聚氰胺甲醛树脂、含羟基和羧基的醇酸树脂、端羧基聚酯等可以固化环氧树脂。固化后的树脂兼有两种树脂的特性，一般都具有良好的耐化学性、耐热性和机械性能。

酚醛树脂中所含酚基，醇酸树脂中的—OH、—COOH 和酸性聚酯中的—COOH 在酸性催化剂存在的条件下发生交联反应。直接加入酸性催化剂将会大大缩短胶黏剂和涂料的贮存时间。因此，多用潜催化剂在高温分解时起催化作用，如使用对甲苯磺酸的吗啉盐。使用催化剂后固化温度一般可由 200℃ 下降至 150℃ 左右。

3.6.2.4 多异氰酸酯固化剂

多异氰酸酯可于室温下固化环氧树脂，固化后的树脂具有优越的耐水性、耐溶剂性、耐化学品性和柔韧性。其反应方程式为：

$$\text{HC—OH} + \text{RNCO} \longrightarrow \text{HC—O—C—NHR}$$

3.6.3　环氧树脂胶黏剂

3.6.3.1　环氧树脂胶黏剂的组成

环氧树脂胶黏剂由环氧树脂、固化剂、促进剂、增韧剂、稀释剂和填料组成。

a. 固化剂：固化剂的用量对胶黏剂的性能影响很大，用量不足，交联密度小；用量过多，游离的低分子残存于胶层中，均影响胶接强度、耐热性和耐水性。其用量可按公式计算。

b. 促进剂：促进剂是加速固化的添加剂。采用胺类固化剂时可用叔胺、咪唑类及硼化物等作固化剂。常用的叔胺有苄基二甲胺、二甲基氨苯酚及 2,3,5-三（二甲氨基甲基）苯酚（DMP-30）等，它们既可作为胺类固化剂的促进剂，也可作为酸酐类固化剂的促进剂，且可单独作用（使环氧基打开而产生均聚）。酸性物质可作为三醛树脂（脲醛树脂、酚醛树脂、三聚氰胺甲醛树脂）的固化促进剂，如 H_3PO_4、对甲苯磺酸及其吗啉盐。

c. 增韧剂：环氧树脂固化后变脆，柔软性较差，胶接接头很容易产生应力集中，造成接头破坏。因此，配制胶黏剂时应加入增韧剂。但加入增韧剂会降低胶层的耐热性和耐介质性能。增韧剂分活性和非活性（即增塑剂）两大类。

非活性增韧剂不参与固化反应，只是以游离状态存在于固化的胶层中，有从胶层中迁移出来的倾向，一般用量为环氧树脂的 10%～20%，用量太大会严重降低胶层的各种性能。常用的非活性增韧剂有邻苯二甲酸二丁酯、邻苯二甲酸二辛酯和亚磷酸三苯酯。

活性增韧剂参与固化反应，增韧效果比非活性的显著，不能从固化的胶层中迁移出来，用量可大些，对胶层的各种性能的影响较小。常用的有低分子聚硫、液体丁腈和羧基丁腈等橡胶，聚氨酯和低分子聚酰胺等树脂。

d. 稀释剂：环氧树脂胶黏剂所用稀释剂有非活性稀释剂和活性稀释剂两大类。非活性稀释剂有丙酮、乙酸乙酯和甲苯等溶剂，它们不参与固化反应，在固化过程中大部分逸出，少部分残留在胶层中，严重影响胶黏剂的性能，一般很少采用。活性稀释剂一般是含有一个或两个环氧基的低分子化合物，它们参与固化反应，用量一般不超过环氧树脂的 20%，用量太大也影响胶黏剂的性能。常用的有环氧丙烷丁基醚（501♯）、环氧丙烷苯基醚（690♯）、二缩水甘油醚（600♯）、乙二醇二缩水甘油醚（669♯）和甘油环氧树脂（662♯）等。

e. 填料：环氧树脂胶黏剂的耐热性能除了与体系的基础聚合物、交联剂等组分的类型、品种和分子结构有关外，还与体系所选用的耐热性填料有密切关系。配方中合适地引入耐热性填料往往会使体系的耐热性获得明显的改进。

3.6.3.2　环氧树脂胶黏剂的品种

采用不同的配方，可制出许多品种的环氧树脂胶黏剂，其品种可分类为：

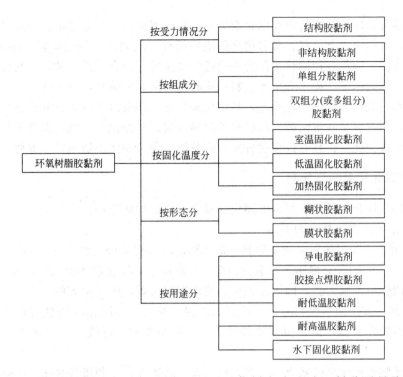

其中，室温固化胶黏剂一般为双组分，所用固化剂有脂肪胺、低分子量聚酰胺、多硫醇、三氟化硼和叔胺等，剪切强度一般为 15MPa～20MPa。低温固化胶黏剂常在高于常温且低于 80℃ 的环境下使用。加热固化胶黏剂既可制成双组分，又可制成单组分，所用固化剂为芳香胺、潜固化剂和咪唑类，剪切强度可达 30MPa～40MPa；加热固化又分为中温固化（80～120℃）和高温固化（＞150℃）。糊状胶黏剂施胶方便、成本低，但剥离强度低。膜状胶黏剂具有更好的韧性、剥离强度和疲劳寿命，一般是通过加热固化的，它由较高分子量的线型聚合物（如聚酰胺、羧基丁腈橡胶）、高分子量环氧树脂和高官能度环氧树脂及固化剂（如双氰胺、促进剂）等组成，多用于航空及航天飞行器的制造中。

3.6.3.3 环氧树脂胶黏剂的用途

环氧树脂胶黏剂具有胶接强度高、黏接范围广的优点，常用于黏接钢、铝和铜等金属材料，也用于黏接陶瓷、玻璃和硬塑料等非金属材料，并可用于金属与非金属材料之间的黏接。膜状结构胶黏剂广泛用于航空航天工业，有"万能胶"之称。其缺点是韧性较差，耐潮湿性不好。

3.6.4 环氧树脂涂料

3.6.4.1 环氧树脂涂料的特性

环氧树脂的优点为：对金属（钢、铝等）、陶瓷、玻璃、混凝土和木材等极性材料均有优良的附着力。其原因是：含有许多—OH、—O—和活泼的环氧基；固化时体积收缩率低（仅 2% 左右），不易产生强的内应力；抗化学品性能优良，适用于防腐要求高的场合；仅有—OH 和—O—，不含酯基，故耐碱性尤其突出；固化后呈三维网状结构，故耐油及耐水性极好；与热固性酚醛涂料相比，环氧树脂涂料不仅硬度高，而且还具有一定的韧性；对湿面有一定的润湿力，用聚酰胺树脂作固化剂更是如此，因而可以在除锈不充分或较低潮湿的钢铁表面施工，可制成水下涂料；具有优良的电绝缘性，配制的电绝缘涂料，用于浸渍电机、电气设备的线圈；能与各种固化剂配合制造低污染涂料，符合环保要求；因其分子量低，易制造无溶剂、高固体分、粉末和水性涂料；涂料品种多，可满足不同的要求。

环氧树脂的缺点为：光老化性差，易粉化和失光。环氧树脂中含有芳香醚键，漆膜经日光（紫外线）照射后易降解断裂，所以户外耐候性差，易粉化和变色，但缩水甘油酯环氧树脂户外耐久性极为优良；且有许多品种是双组分的，制造和使用均不是很方便。

3.6.4.2　胺固化环氧树脂涂料

胺固化环氧树脂涂料是一类常温固化的双组分环氧树脂涂料。

（1）胺固化环氧树脂涂料的组成

a. 环氧树脂。胺固化环氧树脂涂料一般选用的环氧树脂分子量为 900（E-20）的环氧树脂。分子量＞1400 的环氧树脂，环氧值较低，交联度小，固化后漆膜太软；分子量＜500 的环氧树脂，固化后漆膜太脆，因固化太快，使用期限太短，施工不方便。

b. 固化剂。常用的多元胺有己二胺和二乙烯三胺。前者固化的漆膜柔韧性较好；后者固化的涂膜柔韧性较差，但抗溶剂性较好。乙二胺易挥发，毒性大，固化的涂膜太脆，很少用。

使用多元胺作固化剂的缺点为：多元胺有毒，易挥发，有刺激性臭味，影响有关人员的健康；配制时要求很严格，如果配制不当会使涂膜性能下降；在气温较低或空气湿度较大时施工，由于固化剂吸水，使涂膜泛白，附着力下降。采用多元胺加成物基本上可克服以上缺点，最常用的是环氧树脂-乙二胺加成物，是环氧树脂和过量的乙二胺反应制得的。

采用聚酰胺固化的环氧树脂涂料与多元胺固化有以下特点：涂膜的弹性好，因而可用于涂装金属薄板、塑料薄膜和橡胶制品等；耐候性较好，户外使用时不易失光和粉化；固化较慢，施工时限较长，施工方便；不易产生橘皮和泛白病态，毒性小；对湿面有更好的润湿能力，但采用聚酰胺固化的环氧树脂涂料与多元胺固化后涂膜的耐化学品性能有所下降。

c. 溶剂。环氧组分可用醇、芳烃、酮或醇和芳烃的混合溶剂。固化剂组分常用醇和芳烃的混合溶剂，不能使用酯类溶剂，因为它们之间会发生反应。

d. 流平剂。采用多元醇和胺的加成物，施工时涂膜容易产生橘皮及缩边等弊病，所以要加流平剂，其用量为环氧树脂的 5% 左右。

e. 煤焦沥青（胺固化环氧沥青涂料）。煤焦沥青和环氧树脂有良好的混溶性，胺固化环氧树脂涂料中加入沥青后不仅可以提高涂膜的耐水性，还可以大大降低成本，适宜水下施工工程。胺固化环氧沥青涂料耐水性得到改善，但不能耐高浓度的酸和苯类溶剂，不能做浅色涂料，涂膜受日光长期照射时，会失光、龟裂，故不能涂装受日光照射的表面。

一般将环氧树脂、沥青和颜料作为一组分，固化剂为另一组分。也有将沥青与固化剂作为一组分，这样可克服煤焦沥青成分复杂（往往含有胺、酚等）、可与环氧树脂发生反应的缺点。

环氧树脂与沥青的比例以 1∶1 较好，若增大沥青的用量，性能有所下降，但成本低，且较能适应除锈不彻底的表面，适用于防腐要求不高的场合。

f. 颜料、填料。

（2）胺固化环氧树脂涂料的用途

胺固化环氧树脂涂料是一类防腐蚀涂料，适用于既要求防腐蚀又不能烘烤的大型设备，如油罐、贮槽内壁、地下管道、石油化工厂设备、海上采油设备、水下设施和船舶等。

3.6.4.3 合成树脂固化的环氧树脂涂料

（1）合成树脂固化的环氧树脂涂料的组成

a. 环氧树脂。采用三醛树脂（脲醛、酚醛和三聚氰胺甲醛树脂）固化，宜选用高分子量（2900～4000）的环氧树脂。因这类树脂含有较多的羟基，与三醛树脂的羟甲基或烷氧基反应时固化快。另外，它具有较长的分子链，可提高涂膜的弹性。若采用不干性油短油度醇酸树脂和氨基树脂固化，宜选用分子量为900的环氧树脂，因醇酸树脂的柔韧性较好。

b. 固化剂。制备合成树脂固化的环氧树脂涂料，常用到的固化剂有酚醛树脂、氨基树脂和醇酸树脂等。

酚醛树脂：采用酚醛树脂作固化剂制得的涂料，涂膜具有优良的耐酸碱性、耐溶剂性和耐热性，但颜色较深，不能做浅色漆。主要用于涂装罐听、包装桶、管道的内壁、化工设备和电磁线等。

氨基树脂：采用丁醇醚化的脲醛树脂相容性好，而采用丁醇醚化的三聚氰胺甲醛树脂相容性较差，但涂膜的光泽度和硬度更好。当环氧树脂与氨基树脂的配比（质量比）为70∶30时涂膜的性能最好，前者的比例增加，涂膜的柔软性和附着力提高；增加后者，涂膜的硬度和抗溶剂性提高。当氨基树脂的比例小于30%时，则烘烤温度需提高很多。采用氨基树脂固化，涂膜的颜色浅，柔韧性很好，耐化学品性能也较好，但差于环氧-酚醛涂料，适用于医疗器械、仪器设备、金属和塑料表面罩光等。

醇酸树脂：主要采用不干性油短油度醇酸树脂和氨基树脂拼用，一般环氧树脂∶醇酸树脂∶氨基树脂＝30∶45∶25（质量比）。醇酸树脂的用量增加，柔性提高，但附着力和耐化学品下降。这种涂料较醇酸涂料和氨基醇酸涂料有更好的附着力，坚韧性和耐化学品性，可作为底漆和一般防腐蚀漆。

c. 流平剂。制备合成树脂固化的环氧树脂涂料，常用到的流平剂有氨基树脂（2%～3%）、硅油（1%）和聚乙烯醇缩丁醛（1%）。

d. 催化剂。制备合成树脂固化的环氧树脂涂料，常用到的催化剂有 H_3PO_4、对甲苯磺酸及其吗啉盐。

e. 溶剂、颜料及填料。

（2）合成树脂固化的环氧树脂涂料的用途

合成树脂固化的环氧树脂涂料广泛用于涂装各种工业品，但由于必须经高温烘烤（约150～200℃），因此难用于大型物件。

3.6.4.4 多异氰酸酯固化涂料

多异氰酸酯固化涂料为常温固化的双组分涂料。环氧树脂、溶剂和颜料为一个组分，多异氰酸酯为另一个组分。固化剂一般用二异氰酸酯和多元醇的加成物。如果使用封闭型的多异氰酸酯为固化剂，就可以得到贮存稳定性好的单组分烘烤型涂料。这种涂料不得使用醇类和醇醚类溶剂，所用溶剂不能含水和氨（NH_3），配漆时 NCO∶OH 约为 0.7～1.1。

多异氰酸酯固化涂料具有优越的耐水性、耐溶剂性、耐化学品性和柔软性，常用于涂装水下设备和化工设备，属于环氧聚氨酯漆。

3.6.4.5 酯化型环氧树脂涂料

酯化型环氧树脂是由不饱和脂肪酸与环氧树脂经酯化而得，由该树脂制得的涂料称为酯化型环氧树脂涂料，简称环氧酯漆。

酯化型环氧树脂的优点为：单组分，贮存稳定性好；既可烘干，也可常温干燥，烘干温度较低（约120℃），因而施工方便；环氧酯可溶于价廉的烃类溶剂，因而成本低；采用不同的脂肪酸和不同的配比，易于制出不同性能的涂料；与其它树脂混溶性较好，也有利于制出性能各异的品种。如：用聚苯乙烯或硝化棉改性，可制成快干漆，2～4h即可干燥，加入氨基树脂可增加涂膜的光泽，改善流平性，但提高了烘烤温度。加入醇酸树脂可增加涂膜的柔软性，易于打磨。加入酚醛树脂可改善涂膜的耐水性和防腐性能。

酯化型环氧树脂的缺点为：含有酯基，故耐碱性不好，但优于醇酸树脂涂料。

酯化型环氧树脂的应用：可以制成清漆、磁漆、底漆和腻子等，是目前我国环氧树脂涂料中产量较大的一种。环氧酯底漆对铁、铝金属有很好的附着力，涂膜坚韧，耐腐蚀性较强，大量用于汽车、拖拉机和其它设备打底，也可制作电器绝缘漆、化工厂室外设备防腐蚀漆等。我国水稀释性环氧酯底漆已大量应用于阳极电泳涂漆工艺。

3.7 聚氨酯胶黏剂和涂料

聚氨酯胶黏剂和涂料是指固化后胶层和涂膜中含有相当量氨基甲酸酯（简称聚氨酯）基的胶黏剂和涂料，属热固性胶黏剂和涂料。它们通常由多异氰酸酯与多元醇反应制得，因为氨基甲酸不稳定，所以不能由氨基甲酸酯化而得，其反应方程式为：

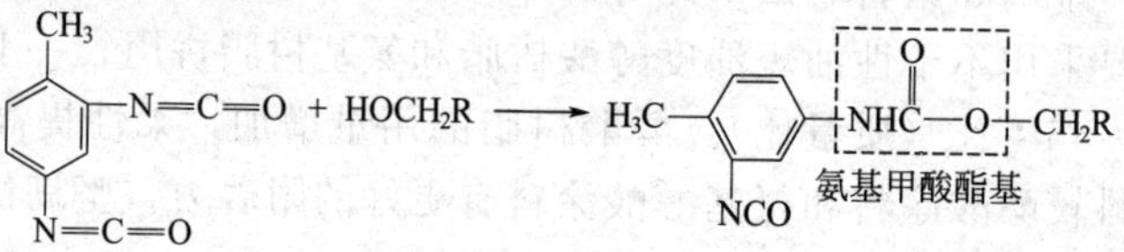

3.7.1 常用的多异氰酸酯

（1）甲苯二异氰酸酯（TDI）

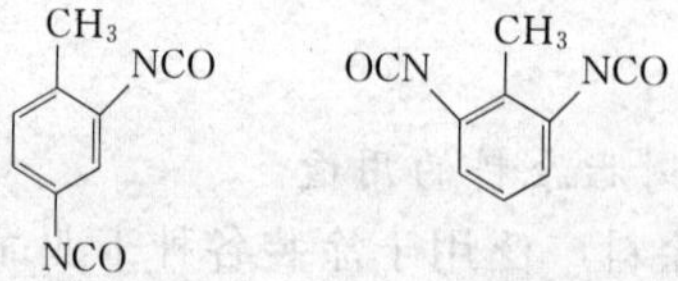

甲基对位的异氰酸酯基反应活性大于邻位的，但当温度大于100℃，二者反应活性等同，主要用于涂料和胶黏剂，易黄变。

（2）4,4'-二苯基甲烷二异氰酸酯（MDI）

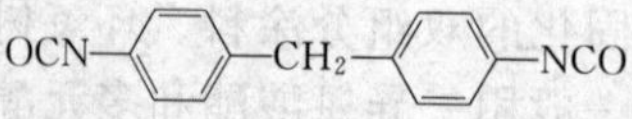

4,4'-二苯基甲烷二异氰酸酯的刺激性比甲苯二异氰酸酯小，用于制备皮革涂饰剂和聚氨酯材料。

（3）1,6-六亚甲基二异氰酸酯（HDI）

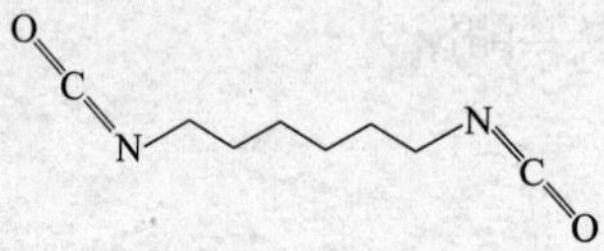

1,6-六亚甲基二异氰酸酯比甲苯二异氰酸酯和 4,4′-二苯基甲烷二异氰酸酯的活性低，但与 TDI 相比，有较好的抗变色性、耐水解性和耐热裂解性，但毒性较大。

（4）多亚甲基苯基多异氰酸酯（PAPI）亦称列克纳

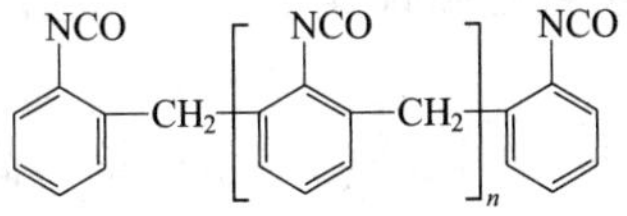

因为多亚甲基苯基多异氰酸酯分子量较高，可直接用作氯丁橡胶胶黏剂的促进剂。

（5）4,4′,4″-三苯基甲烷三异氰酸酯（TTI）

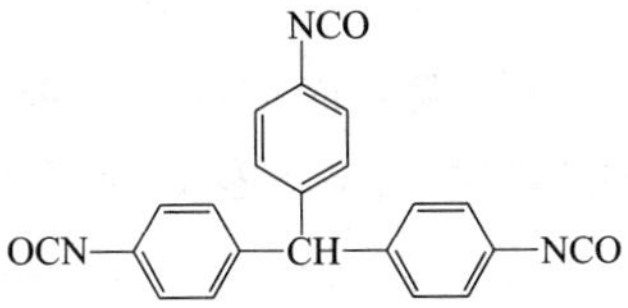

4,4′,4″-三苯基甲烷三异氰酸酯是一种较早的异氰酸酯。

（6）四甲基苯二甲基二异氰酸酯（TMXDI）

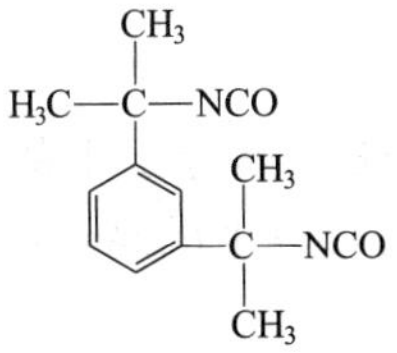

四甲基苯二甲基二异氰酸酯是美国氰胺公司研制的产品，用于制备水性漆。它的特点为：活性低，因而由它制备的水性漆具有较长的施工寿命（9h）；形成的涂膜具有较高的抗拉强度、延伸率、韧性、耐候性和保光性；由它制得的聚氨酯水溶液具有良好的成膜性能，黏度较低，不需加助溶剂。

3.7.2　多异氰酸酯的交联反应

异氰酸酯基团（—NCO）是极活泼的基团，极易与含活泼氢基团反应。因此，许多含活泼氢基团的化合物均可作为含异氰酸酯基团的化合物的交联剂，它们包括：

a. 多羟基化合物。异氰酸酯和多羟基化合物（如甘油、三羟基丙烷和多羟基的低聚物等）反应形成氨基甲酸酯基而交联，此反应可在室温下进行，其反应方程式为：

$$R—NCO+R'OH \longrightarrow RNH—\overset{\overset{\displaystyle O}{\|}}{C}—OR' \quad （亲核反应）$$

b. 多元胺和 H_2O。异氰酸酯和胺或水反应形成脲键而交联，该反应在常温下就能很快进行，反应方程式为：

$$R—NCO+R'NH_2 \longrightarrow RNH—\overset{\overset{\displaystyle O}{\|}}{C}—NHR'$$

$$R—NCO+H_2O \longrightarrow RNH—\overset{\overset{\displaystyle O}{\|}}{C}—OH \longrightarrow RNH_2+CO_2\uparrow$$

$$R-NCO + RNH_2 \longrightarrow RNH-\overset{\overset{\displaystyle O}{\|}}{C}-NHR$$

异氰酸酯容易和水反应，对空气中的湿度也很敏感，因此，制备胶黏剂和涂料时应避免异氰酸酯与湿气的接触，采用的物料必须预先干燥。不过，利用该反应可制备湿气固化的胶黏剂和涂料。

利用二元胺（如 3,3'-二氯-4,4'-二氨基二苯基甲烷，简称 MOCA）作为端异氰酸酯聚氨酯预聚体的交联剂，可配成高性能的聚氨酯胶黏剂。

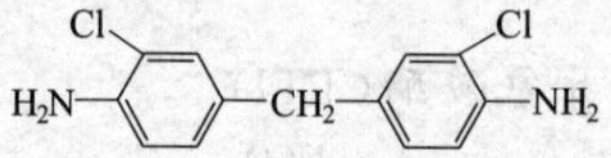

$$H_2N-\overset{Cl}{\underset{}{\bigcirc}}-CH_2-\overset{Cl}{\underset{}{\bigcirc}}-NH_2$$

c. 脲。异氰酸酯和脲反应形成缩二脲基而交联，按此固化的聚合物具有较大的抗蠕变性能和较好的耐热性能，异氰酸酯和脲的反应方程式为：

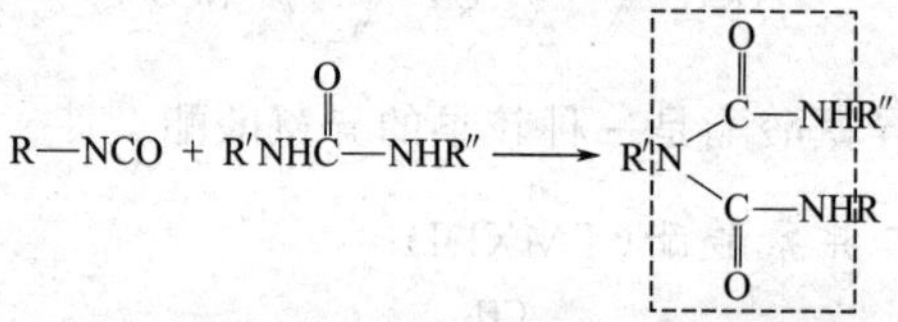

$$R-NCO + R'NHC-NHR'' \longrightarrow R'N \begin{array}{c} O \\ \| \\ C-NHR'' \\ | \\ C-NHR \\ \| \\ O \end{array}$$

缩二脲基

d. 氨基甲酸酯类。异氰酸酯基和聚氨酯分子中的氨基甲酸酯反应生成脲基甲酸酯基而交联。此反应速度相当缓慢，需在 140℃ 以上的高温时才能完成，其反应方程式为：

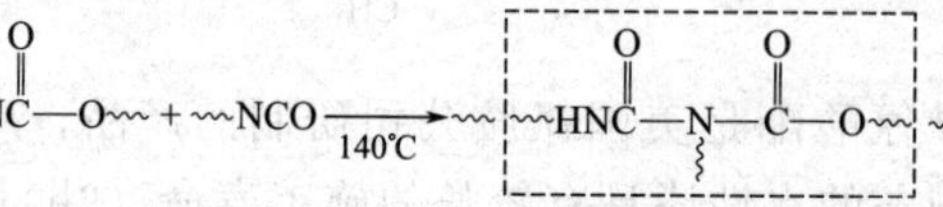

$$\sim\!\!HNC-O\!\!\sim + \sim\!\!NCO \xrightarrow{140℃} \sim\!\!HNC-N-C-O\!\!\sim$$

脲基甲酸酯基

e. 酰氨基类。异氰酸酯基也可与聚氨酯分子的酰胺基反应生成酰脲基而交联，其反应方程式为：

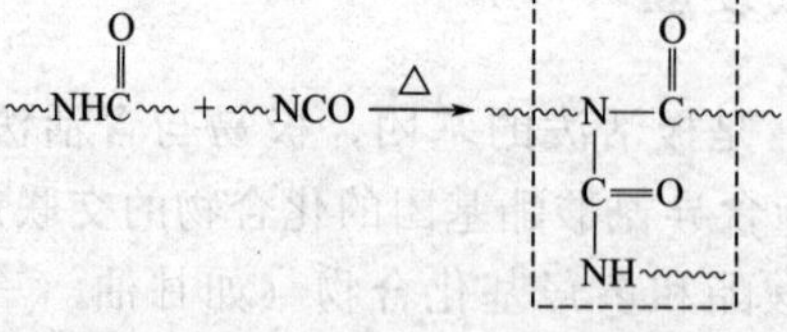

$$\sim\!\!NHC\!\!\sim + \sim\!\!NCO \xrightarrow{\triangle} \sim\!\!N-C\!\!\sim \atop C-O\!\!\sim \atop NH\!\!\sim$$

酰脲基

3.7.3 聚氨酯胶黏剂

（1）聚氨酯胶黏剂的分类

按化学特性可将聚氨酯胶黏剂分为多异氰酸酯胶黏剂、预聚体类聚氨酯胶黏剂和封闭型聚氨酯胶黏剂三大类型。

① 多异氰酸酯胶黏剂 多异氰酸酯胶黏剂是指直接用多异氰酸酯作胶黏剂，属于非结构型胶黏剂。

② 预聚体类聚氨酯胶黏剂

a. 预聚体的形成。预聚体类聚氨酯类胶黏剂是聚氨酯胶黏剂中最重要的一种，它由多异氰酸酯和多羟基化合物反应生成端羟基或端异氰酸酯基预聚体，其反应方程式为：

$$nHO-R'-OH + (n+1)OCN-R''-NCO \longrightarrow OCN \left(R''NHC-OR'O-C-NH \right)_n R''NCO$$

端异氰酸酯基预聚体

$$(n+1)HO-R'-OH + n\,OCN-R''-NCO \longrightarrow HO \left(R'OC-HNR''NHC-O \right)_n R'OH$$

端羟基预聚体

b. 多羟基化合物。多羟基化合物一般指多羟基聚酯或聚醚。前者是由过量多元醇与多元酸反应生成的，要求分子量不要太高，"酸值"和水分尽量低；后者一般由环氧化合物在适当的催化剂下聚合而得。如以丙二醇为引发剂，在碱催化下，环氧丙烷进行加成反应，可生成聚氧丙烷二醇。采用多羟基聚酯合成的预聚体胶黏剂具有较好的耐热性和较高的硬度，而采用多羟基聚醚制备的预聚体胶黏剂一般具有较好的耐水性、冲击韧性和耐温性。

胶黏剂中采用得较多的为端异氰酸酯基预聚体，可制成单组分湿气固化胶黏剂。而预聚体类胶黏剂既可以制成单组分的，又可以制成双组分，其特点是起始黏接强度大。

c. 固化剂种类。为了提高黏接强度，可使用其它交联剂固化，所有多官能活泼氢化合物都可作交联剂，常用的有多元醇和多元胺。为了加速固化反应，还可以添加一定量的催化剂，如叔胺类化合物、有机金属化合物（如二月桂酸二丁基锡）和有机磷等。

d. 配制。双组分预聚体胶黏剂，一个组分为多羟基聚酯或聚醚（或称聚酯或聚醚多元醇），另一组分为端异氰酸酯基预聚体或多异氰酸酯本身。这两个组分按一定的比例混合，即可使用。固化剂的量应与异氰酸酯基的量相配比。

③ 封闭型聚氨酯胶黏剂。封闭型胶黏系将聚氨酯胶黏剂中的端异氰酸酯基用酚类、醇类、β-二酮类及己内酰胺等反应生成氨基甲酸酯结构，使异氰酸酯基暂时失去活性，在加热或加催化剂的情况下，被封闭的异氰酸酯基可重新分解出来而起到胶接作用。

其中，起封闭作用的化合物称为封闭剂。以苯酚为例，其封闭反应方程式为：

$$\sim NCO + \bigcirc\!\!\!-OH \rightleftharpoons \sim NHC-O-\bigcirc$$

使封闭剂分解出来的温度一般大于 150℃，如 HDI 用苯酚封闭后的分解温度为 160℃。

封闭型聚氨酯胶黏剂是单组分的，可制成水溶液型或乳液型。采用封闭的目的是为了提高胶黏剂的贮存稳定性以及制备水性的聚氨酯胶黏剂。

（2）聚氨酯胶黏剂的特性

聚氨酯胶黏剂的特性可概括为：

a. 聚氨酯胶黏剂的黏接力强，适应范围广。聚氨酯胶黏剂分子链中的异氰酸酯基（—NCO）和氨基甲酸酯基（—NHCOO—）具有高度的极性和活泼性。特别是—NCO 可以和多种含活泼氢的官能团反应，形成界面化学结合；分子间能形成氢键，有较高的内聚力。因此对木材、金属、皮革、塑料、橡胶和纤维等各种物质，甚至对能被它溶解的非极性材料（如苯乙烯等）均有很好的黏接力。

b. 采用不同配比，可配制从柔软到坚硬的一系列不同硬度的胶黏剂，以满足黏接不同被黏物的要求。

c. 可在常温下固化。

d. 突出的耐低温性能。一般的高分子材料在极低的温度下都转化为玻璃态而变脆，因而在－100℃以下已不能使用，而聚氨酯胶黏剂甚至在－250℃以下仍能保持较高的剥离强度。

聚氨酯胶黏剂的缺点有：多异氰酸酯单体毒性大；易水解，施工时要求环境湿度小；耐热性不好；内聚强度不太高，多用作非结构胶黏剂。

（3）聚氨酯胶黏剂的用途

聚氨酯胶黏剂对各种鞋用材料均能进行很好的黏接，在鞋类制造业方面的应用非常成功。由于其工艺简便，耐油性好，具有优良的柔韧性及结构强度，是汽车工业理想的胶黏剂。常应用于塑料加工、包装业、建筑业和低温工程等。

3.7.4 聚氨酯涂料

按照美国 ASTM16-82 对于聚氨酯涂料的定义，涂料的不挥发成分中至少含有10％结合的二异氰酯组分，低于此值，则不属于聚氨酯涂料。

3.7.4.1 聚氨酯涂料的特性及应用

聚氨酯涂料有许多突出的优点，可概括为：

a. 涂膜坚硬耐磨，是各类涂料中最突出的，因而常用来制船舶甲板、地板、超音速飞机等表面用漆，漆膜可承受高速气流冲刷。

b. 兼具保护和装饰性，可用于高级木器、钢琴和大型客机等的涂装。环氧树脂、氯化橡胶保护功能好而装饰性差，硝基漆等则装饰性好而保护功能差。

c. 涂膜的附着力强，对多种物面，如金属、木材、橡胶、混凝土和某些塑料等，均有优良的附着力。对某些金属表面，聚氨酯涂料的附着力稍逊于环氧树脂涂料，但对于橡胶则优于环氧树脂涂料。

d. 涂膜的弹性可根据需要而调节，从极坚硬到极柔韧，而一般涂料，如环氧树脂涂料、不饱和树脂涂料等只能制成刚性涂层，难以赋予高弹性。

e. 涂膜具有优良的耐化学药品性，耐酸、碱、盐、石油产品、溶剂和水介质等。因而可作钻井平台、船舶和化工厂的维护涂料，石油贮罐及管道的内衬等。

f. 既能高温烘干，又能低温固化，可在0℃正常固化。

典型的常温固化涂料：环氧树脂、聚氨酯和不饱和聚酯3类中，环氧及不饱和聚酯在10℃以下就难以固化。因为它在常温能迅速固化，所以对大型工程，如大型油罐、大型飞机等可以常温施工而获得优于普通烘烤漆的效果。

g. 既可制成耐－40℃低温的品种，也可制成耐高温涂料，其耐热性仅次于有机硅。

h. 可与许多树脂混容，因而可根据不同的要求制成许多品种。

由于具有上述优良性能，聚氨酯涂料在国防、基建、化工防腐、车辆、飞机、木器和电气绝缘等各方面都得到广泛的应用。

聚氨酯涂料的缺点为：保光保色性差，不耐日光；使用的异氰酸酯，特别是芳香族异氰酸酯的毒性更大；稳定性差，异氰酸酯活泼、对水分和潮气敏感，易吸潮，遇水则贮存不稳定；有些品种是多包装的，因而施工时较麻烦，制漆工艺复杂。

3.7.4.2 羟基固化型聚氨酯涂料

该涂料一般为双组分：一个组分是带有羟基的聚酯、聚醚、环氧树脂、羟基丙烯酸树脂和醇酸树脂等；另一组分带有异氰酸基的加成物或预聚物（固化剂）。使用时将两组分按一定比例混合，由—NCO 和—OH 反应固化成膜。

（1）多异氰酸酯的选择

直接采用挥发性的二异氰酸酯，如甲苯二异氰酸酯、六亚甲基二异氰酸酯配制涂料，这些物质挥发到空气中危害工人健康，而且固化慢，所以常把它们加工成低挥发性的均聚物，这些均聚物包括：

a. 二异氰酸酯与多元醇的加成物。如三羟甲基丙烷与甲苯二异氰酸酯的加成物，这类加成物是常用的多异氰酸酯，广泛用作木器漆、耐腐蚀漆及地板漆等，产量大，用途广。三羟甲基丙烷与 TDI 的加成反应的过程为：

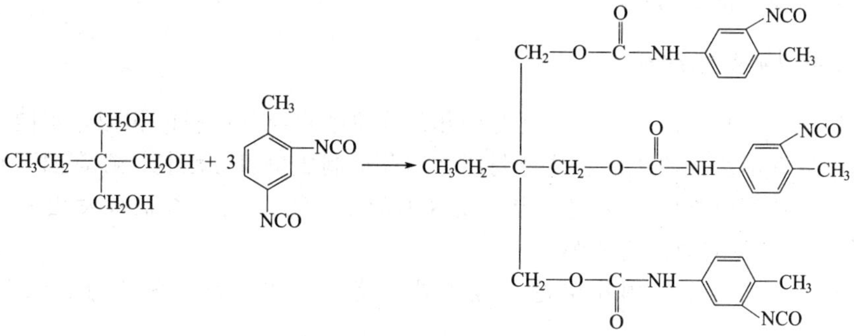

b. 二异氰酸酯与水等反应生成缩二脲型多异氰酸酯。其化学方程式为：

$$OCN(CH_2)_6NCO \xrightarrow{+H_2O} OCN(CH_2)_6NHCOOH \longrightarrow OCN(CH_2)_6NH_2 + CO_2\uparrow$$

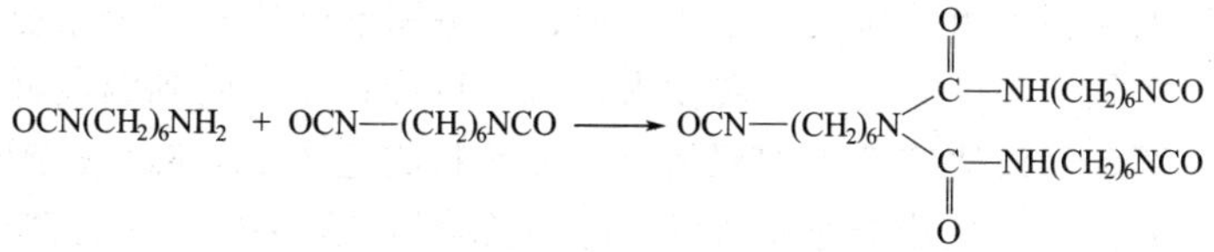

此多异氰酸酯不会泛黄，耐候性很好，可以与聚酯或聚丙烯酸酯配套，制造常温固化户外用漆，如飞机漆、火车漆和大型容器漆等，以及用于建筑外墙、海上平台上层漆等。

c. 二异氰酸酯的三聚体（又称异氰脲酸酯）。采用二异氰酸酯三聚体，其泛黄性比加成物好些，其特点是干燥迅速，主要用作木材清漆、色漆等。

（2）多羟基树脂的选择

小分子的多元醇（例如三羟甲基丙烷）不能直接作为双组分漆中的成分，这是因为：它是水溶性物质，与含异氰酸酯的组分不能混合；分子量太小，结膜时间太长，即使结膜，内应力也大（因体积收缩大）；吸水性大，成膜过程中要吸潮，涂膜泛白。所以必须将这些多元醇预先转化成分子量较大而疏水的树脂。作为双组分涂料用的多羟基树脂一般有：

a. 多羟基聚酯。是二元酸（常用己二酸、苯酐、间苯二甲酸和对苯二甲酸等）与过量的多元醇（三羟甲基丙烷、新戊二醇和一缩乙二醇等）酯化，按不同配比制得的一系列的含羟基树脂。与其它羟基组分相比，聚酯形成的涂膜耐候性好、不泛黄、耐溶剂和耐热性好。

b. 多羟基丙烯酸树脂。含羟基的丙烯酸树脂与脂肪族多异氰酸酯配合，可制得性能优良的聚氨酯漆，大量用作汽车的修补漆及高级外墙漆等。

c. 端羟基聚醚。使用端羟基聚醚制得的羟基固化型聚氨酯涂料，其耐碱性、耐寒性、柔软性优良，但不耐户外曝晒（含醚键）。

d. 环氧树脂。环氧树脂具有羟基和环氧基。用其作为含羟基组分，则涂膜的附着力、抗碱性等均有提高，适宜作耐化学品、耐盐水的涂料。但是，由于环氧树脂中的醚键在紫外线照射下易氧化成为过氧化物而导致漆膜降解、粉化，因而不耐户外曝晒。

（3）配漆

先根据要求选择多异氰酸酯和多羟基树脂，两者的比例保证—NCO：—OH 的物质的量之比为 1.05～1.10。

多异氰酸酯和多羟基树脂的分子量往往不高，极性高，涂膜固化慢，对微量油污敏感，因而易引起缩孔，须加入防缩孔剂。如醋酸丁酸纤维素，有机硅等。

脂肪族聚氨酯清漆大量应用于汽车的金属闪光、罩光清漆，受太阳紫外线照射容易老化开裂剥落，必须加光稳定剂。

3.7.4.3 封闭型聚氨酯涂料

封闭型聚氨酯涂料的成膜物质与羟基固化的聚氨酯双组分涂料的相似，不同的是多异氰酸酯已被苯酚等含活泼氢原子的物质所封闭，因此可制成单组分涂料，在常温下它具有极好的贮存稳定性。使用时涂膜烘烤到一定温度（苯酚 150℃），封闭剂被挥发出来，使游离出的—NCO 与—OH 反应而固化成膜。

封闭型聚氨酯涂料主要用作电绝缘漆，具有优良的绝缘性、耐水性、耐溶剂性和耐磨性。

3.7.4.4 湿固化型聚氨酯涂料

湿固化型聚氨酯涂料是含—NCO 端基的预聚物，通过与潮湿空气中的水反应生成脲基而固化成膜，其优点为：单组分包装、施工方便；机械耐磨性比双组分聚氨酯涂料好。其缺点为：干燥速度受空气中湿度影响大，湿度太低就干得慢；冬季受到温度低和绝对湿度低的双重影响，因此对寒冬气候适应性不如双组分；加颜料制色漆更为麻烦；施工时每道涂层之间的间隔时间不可太长，以免影响层间附着力；成膜时形成脲基，同时产生 CO_2，所以漆膜不宜太厚，否则不利于 CO_2 的逸出。

制造湿固化型聚氨酯涂料所用预聚物分子量要足够大，不需再加入其它配伍剂就能单独迅速干燥，并有较好的机械性能。这是该涂料与前述双组分涂料的差异。

该涂料可用于原子反应堆邻界区域的地面、墙壁和机械设备，也可作为核辐射保护涂层，可制成清漆和色漆。

可采用催化剂使预聚物的—NCO 基与空气中水分子快速反应而固化成膜。采用催化剂的称催化固化型聚氨酯涂料，催化剂单独包装，施工时加入。典型的催化剂是甲基二乙醇胺，其两个羟基均能与—NCO 基交联，而叔氮原子又有催化作用。催化固化型聚氨酯涂料可用于木材、混凝土表面，多为清漆。

3.7.4.5 氨酯油涂料

氨酯油涂料又称聚氨酯改性油漆，主要用于室内、木材及水泥表面的涂装。氨酯油是先将干性油与多元醇进行酯交换，再与二异氰酸酯反应而成的。氨酯油涂料的干燥是在钴、铅、锰等催化剂的作用下，油酯的不饱和双键与空气中的氧发生反应而进行的。主要用于室内、木材和水泥的表面涂装。

氨酯油涂料综合了聚氨酯涂料和醇酸树脂涂料的性能，其性能介于二者之间，具体地说，其优点为：和醇酸树脂涂料相比，干燥快、硬度高、耐磨性好、抗水和抗弱碱性好；和聚氨酯涂料比，因不含异氰酸酯基，所以可以制成单组分，贮存稳定性良好的产品，且具有施工时限长、制造色漆的工艺简单、施工使用方便、价格较低和毒性小等特性；可常温固化。氨酯油涂料的缺点为：性能不及含—NCO的双组分或单组分湿固化型聚氨酯涂料，用芳香族二异氰酸酯制得的氨酯油涂料比醇酸涂料容易泛黄，用脂肪族二异氰酸酯制得的氨酯油涂料与醇酸涂料的泛黄性接近；润湿性低于醇酸涂料，因而流平性等较差；色漆易粉化。

3.8 胶黏剂和涂料的发展趋势

涂料和胶黏剂的发展趋势可概括为开发高性能品种和环保型品种两方面。

3.8.1 开发高性能胶黏剂和涂料

① 就胶黏剂而言，目前我国需开发的高性能胶黏剂品种主要有：

a. 聚氨酯胶黏剂。广泛用于制鞋、包装、建筑和汽车等领域。在发达国家，制鞋用胶全部是聚氨酯胶黏剂，建筑密封胶主要采用有机硅胶黏剂和聚氨酯胶黏剂，包装用复合薄膜全部采用聚氨酯胶黏剂，另外磁带等专用胶黏剂也采用聚氨酯胶黏剂。聚氨酯胶黏剂由于其性能优良而被认为是最有发展潜力的胶黏剂之一。

b. 有机硅胶黏剂。在发达国家，建筑密封胶主要使用有机硅密封胶，近年来，有机硅密封胶也正逐渐成为我国建筑密封胶的主要品种之一。

c. 高性能环氧胶黏剂。电子工业用环氧胶黏剂及建筑业用环氧结构胶技术难度大，国内产品质量差，目前主要依靠进口。我国对高性能环氧胶的需求量较大。

d. 热熔胶黏剂。热熔胶黏剂主要用于服装、包装及印刷领域，国内产量较少，部分依靠进口。

e. 安全玻璃用"聚乙烯醇缩丁醛胶黏剂"。此类胶黏剂主要用于汽车及建筑工业。

② 就涂料而言，目前我国需要开发的高性能涂料的品种主要有：

a. 耐温、耐磨等高性能涂料。目前应用涂料最广泛的航空、造船、车辆、机械和电子工业等领域发展迅速，对涂料产品不断提出新的更高的要求。如航空工业要求涂料工业提供适应超音速飞行，具有高度耐磨性、耐高温性和耐骤冷性的涂料品种；空间技术要求提供耐几千摄氏度高温，耐宇宙射线辐射的涂料；电子工业要求提供耐高温的绝缘材料；汽车工业要求提供适应在提高行驶速度和在各种气候环境下都具有优良保护、装饰性能的涂料。

b. 重防腐涂料。开发重防腐涂料以满足化工设备、集装箱、海洋船只及海上钻井平台等腐蚀严重的设备的涂装。

主要的品种有氯化橡胶、环氧树脂和聚氨酯，从防锈颜料的角度来讲，主要是富锌涂料、鳞片玻璃涂料和各种磷酸盐涂料等。

聚脲涂料是一种新型防护涂料，其涂层致密、无接缝、防护性能十分出色，已在京津、京沪高铁上得到应用。仅京津高速铁路聚脲涂料的涂护面积就达到 95 万 m^2，聚脲涂料用量超过 2000t。

c. 功能性涂料。开发功能性涂料如纳米功能涂料、陶瓷硅氧烷涂料、相转移保温涂料和光触酶功能净化涂料。

3.8.2 开发环保型胶黏剂和涂料

（1）发展和扩大不含或少含有机挥发物的胶黏剂和涂料的应用

有机挥发物（Volatile Organic Compounds，简称 VOC）是大气污染物中最主要的污染物之一，自身毒性强而且直接导致光化学烟雾和雾霾，是我国近年来大气区域性复合型污染（一般来讲，大气复合污染是指来自不同排放源的各种污染物在大气中发生多种界面之间的理化过程并彼此耦合而形成的复杂大气污染体系）的重要前体物和参与物。因此，VOC 已经成为我国大气污染防治的重点。2013 年颁布的《大气污染防治行动计划》提出，要积极推动将挥发性有机物纳入排污费征收范围。

为了便于生产和使用，传统的胶黏剂和涂料往往使用 VOC 为溶剂。因此，胶黏剂和涂料的生产和使用是大气 VOC 污染物的主要来源之一，特别是涂料。据统计，涂料与涂装行业 VOC 排放量占我国整个工业源的 21.6%，占整个 VOC 来源的 12%。因此，国家在 VOC 治理过程中，将涂料涂装行业列为重点治理行业。

为减轻或消除 VOC 对大气污染的影响，不含或少含 VOC 的胶黏剂和涂料一直是涂料和胶黏剂领域研究的热点。

不含或少含 VOC 的胶黏剂主要有：水性胶黏剂（包括水溶型、乳液型）；热熔胶（不使用溶剂）；反应性胶黏剂（单体型）。

不含或少含 VOC 的涂料主要有：水性涂料、粉末涂料、辐射固化涂料和高固体分涂料。

a. 水性涂料：水性涂料是用水全部或部分代替有机溶剂的涂料，包括水溶性涂料（或称水溶胶涂料）和乳液型涂料。乳胶漆是应用最广的乳液型涂料，主要作为建筑涂料。各种水溶性涂料，如水性环氧树脂涂料、水性醇酸树脂涂料、水性氨基涂料、水性环氧酯涂料及水性聚氨酯涂料等正在获得愈来愈广泛的应用。但为了调节黏度或增加树脂的水溶性，常常需要加一定量的助溶剂，如异丙醇、乙二醇单丁醚等，因此，也存在一定环境污染。

b. 粉末涂料：粉末涂料是由树脂、固化剂（在热固性粉末涂料中）、颜料、填料和各种助剂（包括流平剂、稳定剂等）混合后粉碎加工而成的，和一般的涂料差不多，就是不含溶剂。因为不含溶剂，在制造方法上，和一般涂料就有较大差别，在某种程度上有些类似于塑料加工。粉末涂料的成膜与液体涂料不同，它在喷涂后固体粒子依靠静电力或熔融附着力附着在被涂物表面，然后要通过后烘烤，经热融、润湿流平后固化成膜。涂装方法主要有粉末熔融涂装法和静电粉末涂装法两种。

早在 20 世纪 30 年代后期，人们就采用火焰喷涂把聚乙烯以熔融状态涂覆在金属表面以提高金属表面的耐化学品性能，这标志着粉末涂料的开始。从 1952 年德国克纳斯帕克公司发明流化床浸涂施工法（Fluidzed Bed System）以后，热塑性粉末涂料有了较快的发展，主要用于管道防腐和电绝缘。1962 年法国萨姆斯公司发明了静电粉末喷涂设备，从此，粉末涂料在世界上引起了极大关注。1964 年出现了热固性环氧树脂涂料。从 1966 年美国颁布了限制涂料溶剂对空气污染的"66 法规"以后，粉末涂料的呼声骤然提高。1973 年世界第一次石油危机后，从节省资源、有效利用资源的方面考虑，开始注意发展粉末涂料。1979 年在世界石油危机的再次冲击下，世界各国对粉末涂料更加重视，之后粉末涂料的研究和应用取得了很大进展。例如，粉末涂料从厚涂层向薄涂层发展，从热塑性涂料向热固性涂料发展，并相继出现了热固性的聚酯和丙烯酸粉末涂料等品种。在应用方面，从以防腐蚀为主转移到以装饰为主。进入 80 年代以后，粉末涂料的发展更快，在品种、制造设备、涂装设备和应用范围等方面都有了新的突破。目前我国已成为仅次于美国的第二大世界粉末涂料生产国。

粉末涂料的优点为：不使用溶剂，消除了溶剂的危害；粉末涂料是 100％ 的固体体系，可以采用闭路循环体系，喷溢的粉末涂料可以回收再用，涂料的利用率可达 95％ 以上；粉末涂料用树脂的分子量比溶剂型涂料的大，因此涂膜的性能和耐久性比溶剂型涂料有很大改进；粉末涂料在涂装时，涂膜厚度可以控制，一次涂装可达到 $30\sim500\mu m$ 厚度，相当于溶剂型涂料几道至几十道涂装的厚度，减少了施工的道数，既利于节能，又提高了生产效率；在施工时，不需要随季节变化调节黏度，施工方便，不易产生流挂等涂料弊端，容易实现自动化流水线生产。

粉末涂料也存在一些缺点：制造工艺和涂装设备比一般涂料复杂，制造成本高；粉末涂料用树脂的软化点一般要求在 $80℃$ 以上，用熔融法制造粉末涂料时，熔融混合温度要高于树脂软化点，而施工时的烘烤温度又要比制造时的温度高，这样，粉末涂料的烘烤温度比一般涂料高得多。由于烘烤温度高，不能用于涂装木材、塑料、焊锡件等；粉末涂料厚涂比较容易，但很难薄涂到 $15\sim30\mu m$，造成功能过剩，浪费了资源；更换颜色、品种比一般涂料麻烦。

为了克服粉末涂料的一些缺点，粉末涂料的研究仍受到国内外重视，并已成功地研究出一些固化温度低（低于 $120℃$）、涂层薄的粉末涂料。另外还发展了水悬浮粉末涂料、紫外光固化粉末涂料和功能性粉末涂料。粉末涂料的制造涂装技术也得到了很大的发展，如超临界流体技术也被用于制造粉末涂料。随着全球环保意识的加强及粉末涂料性能的不断完善，粉末涂料正逐渐取代传统的溶剂型涂料，在金属防护和装饰等方面得到愈来愈广泛的应用。

c. 辐射固化涂料：辐射固化技术，包括光固化技术（一般是指紫外光固化技术）和电子束固化技术，是应用领域很广的一门技术。辐射固化涂料是辐射固化技术中最重要的部分，而目前辐射固化涂料中又以光固化涂料发展最为迅速。自 20 世纪 90 年代以来光固化涂料在国内有很大发展。

光固化涂料是由光敏引发体系、光固化树脂、活性稀释剂和各种助剂（如润湿剂、流平剂和稳定剂等）等组成的无溶剂涂料。光固化涂料和一般热固化涂料相同，涂布后都有一个反应成膜的过程，前者是在光照的作用下完成的，而后者是加热的结果。根据涂料成膜物即光固化树脂的不同，光固化涂料可分为两大类：自由基光固化涂料和阳离子光固化涂料。其中自由基光固化涂料发展最早，目前发展较快，用量最大。

光固化树脂是具有 2 个以上反应性功能基的低聚物或称齐聚物，主要有线型不饱和聚酯和丙烯酸酯化的低聚物（主要是丙烯酸酯化的环氧树脂、聚酯和聚氨酯）。活性稀释剂则是不易挥发的活性单体，实际上也是成膜物的组成部分，常用的有苯乙烯、丙烯酸酯、甲基丙烯酸酯或含烯丙基结构的单体等，如三羟甲基三丙烯酸酯、季戊四醇三丙烯酸酯、季戊四醇四丙烯酸酯、己二醇二丙烯酸酯、新戊二醇二丙烯酸酯和各种缩乙二醇的丙烯酸酯等。光引发剂在光照下产生活性种，如自由基或阳离子，它们可引发相应的齐聚物和单体进行自由基或阳离子聚合反应，从而形成交联的固化膜。

和一般涂料相比，其最大特点为：

(a) 由于溶剂（或稀释剂）实际上也是成膜物的组成部分，成膜过程中无溶剂挥发到大气中，对环境基本上没有污染，是一种环境友好型涂料。

(b) 光固化涂料在灯光下固化，通常只需 1s 左右，可以进行快速的连续化涂装，大大提高了生产效率，特别适合于自动化流水线涂装。

（c）光固化涂料不需要烘烤，省去了热固化涂料需要的烘道，不仅节省空间和设备投资，而且节省大量能量。

（d）光固化涂料不需要高温，因此可以用于热敏性材料的涂装，如塑料、纸张和木材等的涂装。

光固化涂料也有一些缺点：

（a）光固化是一种光化学反应，只有光能照到的地方才能使涂料固化，因此光固化涂料适用于平板和筒状物的涂装，不适合涂装形状不规则的物件。

（b）涂料中的颜料可以妨碍光固化，光固化的色漆比较难制备，例如加有钛白粉的白色光固化涂料，一般涂层只能是 $15\mu m$ 左右，这对于涂料来说是太薄了，而加有炭黑的黑色光固化涂料，一般涂层厚只有 $5\mu m$ 左右，因此只能用作油墨。

（c）活性稀释剂有刺激性，且渗入木材、水泥和纸张等多孔底材的孔隙中的稀释剂不易受到光照，不能固化，因此会慢慢地从孔隙中扩散出来，使被涂物长期有异味。光引发剂的分解物和残留物有异味或有害，小分子可迁移至表面，对人体健康不利，不宜用于与食品直接接触的材料。

（d）大量活性稀释剂的使用会导致固化过程中涂膜的体积收缩，而影响涂膜的附着力。

为了充分发挥光固化涂料的优点，克服其缺点，国内外开展了大量工作，一些新技术、新产品不断出现。

光固化涂料的应用范围很广，可用于涂装木器、金属制品、塑料制品、纺织品和纸张等，但一般不用于形状复杂的物品。目前光固化涂料在各种涂料中的增长速率最快，年平均增长速率为 $15\%\sim20\%$，其应用范围逐渐扩大，在卷材、汽车等应用领域开始崭露头角，如巴斯夫和杜邦在汽车上采用混杂固化（紫外线固化和热固化），可使汽车车身清漆固化时间比现有涂料缩短 50%，使 $140m$ 的烘道缩短到 $7.5m$。

d. 高固体分涂料（High Solid Coat，简称 HSC）：随着环境保护法的进一步强化和涂料制造技术的提高，高固体分涂料应运而生。一般固体分在 $65\%\sim85\%$ 的涂料均可称为 HSC。HSC 发展到极点就是无溶剂涂料。

高固体分涂料主要应用于汽车工业，特别是作为轿车的面漆和中涂层使用占有较大的比例。美国已有固体分 90% 的涂料用作汽车中涂层，日本也逐渐接近美国的水平。目前，高固体分涂料的主要品种为氨基丙烯酸、氨基聚酯及自干型醇酸漆。另外，石油化工储罐及海洋和海岸设施等重防腐工程等也在采用。

HSC 的核心问题是设法降低传统成膜物质的相对分子质量，降低黏度，提高溶解性，在成膜过程中靠有效的交联反应，保证完美的涂层质量达到热固性溶剂型涂料的水平甚至更高。合成高固体分涂料的技巧主要是通过合成低聚物或齐聚物可大幅度地降低成膜物的相对分子质量，降低树脂黏度，而每个低分子本身尚须含有均匀的官能团，使其在漆膜形成过程中靠交联作用获得优良的涂层，从而达到传统涂层的性能。另外需选用溶解力强的溶剂，更有效地降低黏度。

目前，我国溶剂型涂料产量占比高，产品 VOC 含量高。2012 年我国涂料产量约 1272 万 t，其中溶剂型涂料占 60% 左右，其余才是水性、粉末、光固化等低污染型涂料，水性涂料主要作为建筑涂料，而同期美国溶剂型仅占 40% 左右、日本占 $35\%\sim40\%$，德国仅占 30%。中国涂料 VOC 含量限值远远高于发达国家，欧美国家的溶剂型涂料 VOC 限值较我国低 $10\%\sim20\%$。随着我国对环境保护的重视，近几年我国水性、粉末和光固化等低污染型涂料发展加快。

（2）选择无毒、无害的"绿色"基料及助剂

环氧树脂胶黏剂和涂料是性能优良，相对环保的胶黏剂品种。然而，近年来环氧树脂被怀疑为环境荷尔蒙物质，影响人体的内分泌。其原料双酚 A 也被认定为危险物质；另外其固化剂胺系化合物具有致敏作用。

据统计，国内木材胶黏剂的使用数量占合成胶黏剂总产量的 40% 以上，主要以"三醛"胶为主，占整个木材及人造板用胶量的 80% 以上。这类含甲醛的合成胶黏剂在使用过程中不断地释放出游离态甲醛，对人的眼和呼吸道有刺激作用，还会诱发气管炎、皮炎、肝脏病变、癌症及恶性肿瘤等疾病。因此，要开发其替代品。

严格地讲，环保型涂料和胶黏剂的基料或成膜物质还应具有良好的生物降解性，最好所用原料来源于可再生物质。

海洋中的贻贝通过分泌具有快速凝固和超强的防水黏附力的黏附蛋白质黏液，使其能够牢固地黏附在金属、玻璃、聚合物和矿物等各种基材表面，并具有良好的细胞相容性、生物兼容性、生物降解性和无毒等特点。这给高性能绿色胶黏剂和涂料的研究提供了新思路，由此，仿生胶黏剂和涂料已引起国内外的重视。

（3）降低产品中有害物质的含量

聚醋酸乙烯乳液胶黏剂的产量仅次于"三醛"树脂胶黏剂。该胶黏剂起始黏接强度好、使用方便、价格低廉、相容性好，深受用户喜欢。但它可能含有少量未聚合的醋酸乙烯，后者对人体具有潜在的致癌性。聚氨酯胶黏剂中残留的异氰酸酯的释放对人体和环境造成的伤害也引起了人们的普遍关注。

思考题

① 涂料和胶黏剂的共同点和异同点是什么？

② 结合我国涂料和胶黏剂目前的状况，谈谈你对发展我国涂料和胶黏剂的一些想法。

作业题

① 举例说明均聚物、共聚物、热塑性树脂和热固性树脂。

② 举例说明涂料的作用。

③ 简述颜料在涂料中的作用，按其作用，颜料可分为哪几类？

④ 按其作用，涂料中所用的溶剂可分为哪几类？选择溶剂时应注意哪几点？

⑤ 什么是黏附力？黏附力来源于哪几个方面？并简述它们的特点。

⑥ 黏接的前提条件是什么？胶接强度决定于哪两个方面？

⑦ 什么是弱界面？简述其产生的原因。

⑧ 什么是内应力？简述其产生的原因及消除方法。

⑨ 简述聚合物分子量对胶黏剂和涂料性能的影响。

⑩ 金属制品刷涂料前先要除油除锈，为什么？

⑪ 简述粗糙度对黏附的影响。

⑫ 简述胶黏剂和涂料溶液的黏度对其润湿性能的影响。

⑬ 简述交联对涂料和胶黏剂性能的影响，为什么说交联必须在基材被完全

润湿后才能进行?

⑭ 什么是内聚力?简述聚合物结构与其内聚力的关系。

⑮ 举例说明反应型丙烯酸酯胶黏剂、氰基丙烯酸酯胶黏剂及厌氧胶的组成及各组成的作用。

⑯ 简述丙烯酸树脂涂料、环氧树脂涂料和聚氨酯涂料的特点。

⑰ 简述环氧树脂的固化机理及特点。

⑱ 简述多异氰酸酯的交联机理。

⑲ 简述粉末涂料及光固化涂料的优缺点。

◆ **参考文献** ◆

[1] 潘祖仁. 高分子化学 [M]. 第5版. 北京:化学工业出版社,2011.

[2] 刘登良. 涂料工艺 [M]. 第4版. 北京:化学工业出版社,2010.

[3] 洪萧吟,冯汉保. 涂料化学 [M]. 第2版. 北京:科学出版社,2018.

[4] 张军营,展西兵,程珏. 胶黏剂 [M]. 第6版. 北京:化学工业出版社,2016.

[5] 程时远,李盛彪,黄世强. 胶黏剂 [M]. 北京:化学工业出版社,2000.

[6] 南仁植. 粉末涂料与涂装技术 [M]. 北京:化学工业出版社,2000.

[7] 王保金,周家华,刘永,等. 粉末涂料及其发展趋势 [J]. 广州化工,2003,31(1):7-10.

[8] 王正岩. 我国粉末涂料市场现状及发展趋势 [J]. 现代化工,2003,25(8):54-56.

[9] 魏杰,金养智. 光固化涂料 [M]. 北京:化学工业出版社,2005.

[10] 王娟娟,马晓燕,晁小练. 辐射固化技术研究进展 [M]. 材料保护,2005,38(1):44-47.

第 4 章

农 药

4.1 概述

4.1.1 农药的定义

农药可简单地定义为防治农作物虫害、病害和草害及促进农作物生长的药剂。

农药在防治农作物虫害、病害和草害，消灭卫生害虫（苍蝇、蚊子等），改善人类生存环境，控制疾病，提高农作物产量和质量方面均发挥着重要作用。现今的农业生产已离不开农药。有人估计，如果没有农药，全世界因病害、虫害及草害造成粮食的损失可达 50% 左右。使用农药可挽回损失约 15%，但仍有 35% 损失于病害、虫害及草害。

我国为农药生产大国，2014 年我国农药生产总量为 374.5 万吨，出口 116.5 万吨，进口 9.2 万吨，实现主营业收入 3008.41 亿元，实现利润 225.92 亿元。

4.1.2 农药的分类

农药的分类多种多样，按作用对象可分为：杀虫剂（含杀螨剂）、杀菌剂、除草剂、植物生长调节剂、杀软体动物剂、杀鼠剂。

4.1.3 农药的基本要求

a. 良好的选择性，即只对有害生物有效，对人畜及作物无害，使用安全。

b. 单位面积药用量少，能减轻对环境的污染并且经济实用。

c. 在环境（土壤、水、空气）及农产品中的残留物能迅速分解。

d. 为了便于使用，应制备适应各种环境的剂型。

4.1.4 农药的毒性及代谢

（1）农药的毒性

农药的毒性常分为急性毒性和慢性毒性两种。

急性毒性是指农药一次进入体内后短时间内引起的中毒现象。急性毒性常用半数致死剂量（LD_{50}）或用半数致死浓度来表示。它们是指随机选取一批指定的实验动物，用特定的实验方法，在确定的实验条件下，杀死一半实验动物时所需的药剂的量或浓度，通常以 $mg \cdot kg^{-1}$（体重）表示或 $mg \cdot m^{-3}$ 表示。

慢性毒性是指药剂长期反复作用于有机体后，引起药剂在体内的蓄积，或造成体内机能损害的累积而引起的中毒现象。

（2）农药的代谢

农药代谢是指作为外源化合物的农药进入生物体后，通过多种酶对这些外源化合物产生的化学作用，这类作用也称为生物转化。通常，代谢产物比原化合物具有较小毒性，较大极性，更易溶于水，从而容易从体内排除，过程中酶起催化作用。

所有生物体都具有防御机制，以保护自己免受各种外源化合物的毒害。如果有毒物质进入有机体的速度大于排除速度，那么毒性物质将在体内积累，直至作用部位达到中毒浓度。组织学、生理学及生物化学的各种因素决定了药剂单位时间的吸入量、药剂在体内的分布状况以及代谢途径和排除机制。

农药的代谢具有重要意义，具体表现为农药在害虫、益虫和温血动物体内代谢活性不同，这对选择对人畜低毒安全，而对病害高效的农药起决定作用。如高效低毒农药马拉硫磷和敌百虫在昆虫和温血动物体内的转变是不一样的（见图 4-1）。

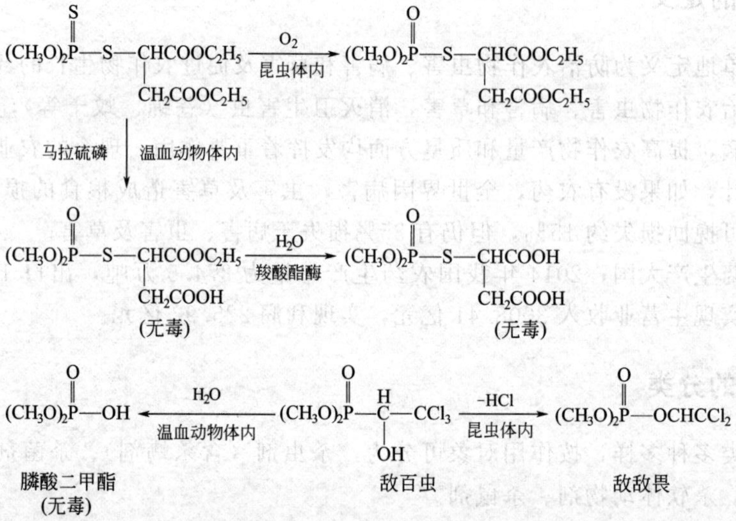

图 4-1 马拉硫磷和敌百虫的代谢途径

农药在环境中代谢愈快，程度愈高，对环境的污染愈小。农药在环境中的降解有以下途径：在空气中在阳光的照射下分解；在水中分解；生物降解。

代谢作用往往与害虫抗药性有关。这是由于抗药性较大的害虫体内具有使农药失活作用的酶。

生物体对外源化合物的初级代谢反应起作用的大多是水解酶和氧化酶。许多农药含有酯、酰胺和磷酸酯等基团，它们或多或少易被水解酶（如酯酶和酰胺酶）作用而分解。

4.1.5 农药的危害

农药是科技进步的结晶，农药的广泛应用，有效地控制了农作物病虫害，显著提高了作物产量，对农业生产贡献巨大，但它给人类生存环境和身体健康乃至整个生态系统造成了不良影响，以至于消费者经常"谈药色变"。

（1）农药对环境的污染

a. 农药对水的污染。农药对水的污染来自以下四个方面：喷洒农药时，部分农药微粒随风飘移降落至水中；未被利用的农药随着灌溉或雨水冲刷流入江河湖泊；农药厂排出的废水、废渣直接进入水域；将废弃的农药包装物扔入水中或在池塘、河流中洗刷施药器具等对水体造成污染。

农药对水体的污染会不同程度地毒害水中生物，使淡水渔业水域和海洋近岸水域的水质受到破坏，有的影响鱼卵胚胎发育，使孵化后的鱼苗生长缓慢、畸变或死亡，有的在成鱼体内积累，使之不能食用，还可能导致繁殖衰退。同时还可能污染饮用水，威胁人体健康。

b. 农药对土壤的污染。直接向土壤或植物表面喷洒农药是使用农药最常用的一种方式，也是造成土壤污染的重要原因。在田间施用的农药，除少部分落于作物或靶标生物外，部分农药直接进入土壤，如果是进行土壤处理，则全部施于土壤中，这样便会造成土壤的直接污染。另外，空气中的粉尘和降水也是土壤中农药的残留来源之一。大气中的残留农药和叶片上的农药经雨水淋洗落入土中，从而影响土质的腐熟（指茎、叶、秆等难分解有机物经发酵腐烂成有效肥分和腐殖质的过程）和透气性，破坏土壤结构和土壤肥力，抑制植物生长发育。土壤中残留的农药，不仅容易转入农作物籽实中，还会对土壤中的有益微生物造成危害。

c. 农药对大气的污染。大气中农药的污染主要来自田间施药时药剂的挥发或农药厂生产时排出的废气。施过药的作物或土壤以及被污染的水面也会通过挥发使残留的农药进入大气中。大气中的农药还可能随着气流漂移，扩散到附近地区或更远的地方。空气中除草剂浓度较高时，还会对敏感作物造成药害。

（2）农药对生态环境的污染

大规模使用农药，在杀死害虫的同时，也杀伤了害虫的天敌，使自然界天敌群落遭受破坏，害虫与天敌间失去平衡，造成害虫猖獗，破坏了自然界的生态平衡。同时，长期使用农药易使害虫产生抗药性，害虫产生抗药性后，使得防治效果降低，需要不断增加用药次数、用药浓度和用药量等，或者应用新的活性更强的杀虫剂，这样必然加剧对生态环境的污染和对生态系统的破坏，进而形成滥用农药的恶性循环。

（3）农药对农作物及农产品的污染

a. 农药对果树的污染。农药施用后，一部分残留于农作物枝叶、果实表面，一部分渗透到角质层或组织内部，在植物体内传导，造成药害。如不溶于水的药剂在植物叶面上经化学作用变为可溶于水的物质，渗透于植物组织。碱性药剂侵蚀叶面表皮而造成药害。农药对农作物的污染，轻者造成农作物光合作用减弱，果实成熟延迟，重者可致叶片黄化、失绿、卷叶、落叶，果实发生果斑、褐果、落果或畸形，植株矮化，种子发芽率低等，甚至植株死亡。

b. 农药对农产品的污染。应用化学农药防治病虫害，不仅寄主植物本身吸附大量农药，而且农药通过渗透进入植物内部。若收获时还未分解完毕，就随之进入各种农产品中，造成农药残留。

农药残留安全评价是指农药在使用前对其在农作物可食部分的残留对人类健康可能存在的风险进行评价。只有残留农药对人类健康不存在风险的农药才可以被登记。

农药残留限量标准是根据农药的毒性、农产品中农药的残留量、人们的食物消费结构等，利用风险评估技术计算得出的安全值，因此标准是十分严格的。所以，农产品中的农药残留只要在国家标准范围内就是安全的。

此外，农药残留限量标准除了保障食品安全和保护消费者健康外，也起到检验生产者在农产品和食品生产过程是否严格执行良好农业规范的作用。同时，农药残留限量标准也是各国设置贸易壁垒的技术手段，同一个农药在同一种农产品中，农产品的出口国与进口国制定的农药残留限量标准经常会不同。因此，我们不要把农产品农药残留"检出"等同于"超标"，也不要把"超标"等同于"有毒"。

（4）农药对人类的影响

残留在生态环境中的农药，通过生物之间由取食所构成的链锁形式进行转移和传递，逐级浓缩，人类处在食物链的顶端，最易受到农药残毒生物富集后的危害。农药对人类健康的危害可分为急性中毒和慢性中毒。急性中毒时，出现呕吐、抽搐、痉挛、呼吸困难和大小便失禁等。慢性中毒往往要经过较长时间的积累才显现症状，况且它又是通过食物链的富集作用最后才进入人体的，不易及时发现，因而往往被人们所忽视，这种间接污染所带来的危害尤为可怕。慢性中毒时，引起人畜内脏机能受损，正常生理代谢受阻，甚至有些农药残留物能致癌、致畸或致突变，并且影响遗传和生殖力。

4.1.6 农药的发展方向

从终端消费者的角度出发，农药最好不用，但从农业种植者稳产、增产及国家保证农业丰收的角度考虑，农药却是不得不用。关键在于减小农药的负面影响。为此，近些年来，国际上通过实施《鹿特丹公约》《斯德哥尔摩公约》《巴塞尔公约》和《蒙特利尔议定书》等国际公约，严格管控高毒、高风险农药的生产、使用和国际贸易。2014年4月29日，我国工业和信息化部组织编写的《高风险污染物削减行动计划》正式出台，提出支持农药企业研发高效、安全、环境友好的新品种，对12个高毒农药产品实施替代。于2015年10月1日实施的《中华人民共和国食品安全法》明确规定，为加强食品安全，国家鼓励和支持使用高效、低毒、低残留农药，推动剧毒、高毒农药替代产品的研发和应用，加快淘汰剧毒、高毒农药。同时增加规定剧毒、高毒农药不得用于蔬菜、瓜果、茶叶和中草药材。

因此，农药的发展方向是高效、低毒、环境友好、经济适用，并要求采用绿色清洁生产工艺和环保型制剂。

目前，把对防治细菌、害虫和杂草高效，而对人畜、害虫天敌和农作物安全，在环境中易分解，在农作物中低残留或无残留，且采用绿色生产工艺生产的农药称为绿色农药，又叫环境无公害农药或环境友好农药。其发展方向主要有：

（1）生物农药

生物农药是指应用生物活体及其代谢产物制成的防治作物病害、虫害、杂草的制剂，也包括保护生物活体的保护剂、辅助剂和增效剂，以及模拟某些杀虫毒素和抗生素的人工合成的制剂。生物农药是绿色农药的首选品种之一。

生物农药主要有微生物农药、植物源农药、动物源农药、天敌动物和基因工程农药等。

a. 微生物农药。微生物农药指以细菌、真菌、病毒、原生动物、基因修饰的微生物等活体或其次级代谢产物（初级代谢产物指生物通过代谢活动所产生的自身生长和繁殖所必需的物质，如氨基酸、核苷酸和多糖等，初级代谢在生物生长过程中一直进行着；次级代谢产物是指生物生长到一定阶段后通过次级代谢合成的分子结构十分复杂、对该生物无明显生理功能，或并非该生物生长和繁殖所必需的小分子物质，如抗生素、毒素、激素和色素等）为有效成分。具有防治病、虫、草和鼠等有害生物作用的农药。包括昆虫病原线虫、昆虫病原原生动物、昆虫病原真菌、昆虫病原细菌、昆虫病原立克次体、昆虫病原病毒、农用抗生素（指由微生物，包括细菌、真菌和放线菌属，或高等动植物在生活过程中所产生的具有抗病原体或其它活性的一类次级代谢产物，能干扰其它生活细胞发育功能的化学物质）及由人工模拟合成的代谢产物等。

微生物农药的发展十分引人注目，并逐渐作为农药产业的主体，与化学农药相比，有着诸多方面的优点：研发的选择余地大，开发利用途径多；对人畜无害，使用安全，无残留，安全环保；特异性强，不杀伤害虫天敌及有益生物，维持生态平衡；不易产生抗药性；环境相容性好；生产工艺简单。

井冈霉素、阿维菌素、赤霉素和苏云金杆菌 4 个品种已成为我国微生物农药产业中的拳头产品和领军品种，而农用链霉素、农抗 120、苦参碱、多抗霉素和中生菌素等产业化品种已成为我国微生物农药产业的中坚力量。目前我国已成为世界上最大的井冈霉素、阿维菌素和赤霉素的生产国。井冈霉素、阿维菌素也已成为我国农药杀菌剂和杀虫剂销售和使用量名列前茅的品种。这些品种现有的市场规模已占到生物农药的 90% 左右，它们的发展趋势代表着我国微生物农药产业市场的发展方向。

b. 植物源农药。植物源农药利用具有杀虫、杀菌、除草及植物生长调节等活性的植物中的某些部分，或提取物加工而成的药剂。植物源农药以其低毒、不破坏环境、残留少、选择性强、不杀伤天敌、可利用时间长、用量少、使用成本低等优点越来越受到人们的重视与青睐。

近年来，人们发现一些植物次生物质在光照条件下对害虫的毒效可提高几倍、几十倍甚至上千倍，显示出光活化特性，该植物农药称为光活化农药。自花椒毒素的光活化性质被首次发现以来，陆续发现的植物源光活化毒素已经有十多类。光活化农药不仅用于杀虫，也用于杀病毒、病菌和线虫等。与一般化学农药相比，光活化农药具有高效、低毒、低残留、对环境友好、选择性强和对人畜安全等优点，作为一类新型无公害农药有巨大的潜力。

c. 动物源农药。动物源农药是指利用动物体的代谢物或其体内所含有的具有特殊功能的生物活性物质，如昆虫所产生的各种内、外激素调节昆虫的各种生理过程，以此来除虫。主要包括动物毒素、昆虫内激素、昆虫信息素及天敌动物。目前国内应用最多的是激素和信息素。

动物毒素是节肢动物（包括昆虫）产生的用于保卫自身、抵御敌人、攻击猎物的天然产物，如蚕毒素、斑蝥素、蜂毒、蜘蛛毒素和蝎毒等。最著名的例子是从异足索沙蚕中分离的沙蚕毒素，以此为先导化合物，开发出如杀螟丹、杀虫双、杀虫单和巴丹等一系列沙蚕毒素类商品化杀虫剂。动物毒素研究主要集中在天然的蛇毒、蜂毒、蝎毒、蜘蛛毒、芋螺毒和水母毒等的研究。

昆虫内激素是由昆虫体内的内分泌器官或细胞分泌的在体内起调控作用的一类激素。昆虫的个体发育主要是由脑激素、蜕皮激素和保幼激素共同协调控制的。而到了幼体发育的后期，由另外两种激素——羽化激素和鞣化激素进行调节。在正常情况下，激素分泌出正常的量才能维持昆虫正常的生长与发育。缺少任一种内激素都会影响其正常的发育。

昆虫信息素是指生物间的化学联系及其相互作用的活性物质，又称昆虫外激素，是昆虫产生的作为种内或种间个体间传递信息的微量活性物质，具有高度专一性，可引起其它个体的某种行为反应，具有引诱、刺激、抑制、控制昆虫摄食或集合、报警、交配产卵等功能。目前利用昆虫信息素防治害虫的方法大致可分成三种：大量诱捕法、交配干扰法和其它生物农药组合使用技术。

利用昆虫的性信息素防治害虫是近年来发展起来的一种治虫新技术。由于它具有高效、无毒、不伤害益虫和不污染环境等优点，国内外对这一方向的研究和应用都很重视。许多昆虫发育成熟以后，会向体外释放具有特殊气味的微量化学物质，以引诱同种异性昆虫前去交配。这种在昆虫交配过程中起通讯联络作用的化学物质叫昆虫性信息素，或性外激素。用人工合成的性信息素或类似物防治害虫时通常叫昆虫性引诱剂，简称性诱剂。全世界已经鉴定和合成的昆虫性信息素及其类似物达 2000 多种，我国研制成功的农、林、果、蔬等重要害虫的性信息素也有几十种。

目前，性信息素的使用除了监测虫情外，还用于大量诱捕，干扰交配，在农林防护实践上都取得了明显的效果。此外，将性信息素与化学不育剂、病毒、细菌等配合使用也是很有意义的。用性信息素引诱害虫，使其与不育剂、病毒、细菌等接触，然后飞走去和其它昆虫接触、交配，这样对其种群造成的损害要比当场杀死大得多。此外还可用昆虫性信息素制作诱捕器，用于虫害的早期发现，监察虫群趋势，有助于决定是否要施用杀虫剂和施用时间。

有些植物当受到食植性昆虫危害时会释放出一些引诱害虫天敌的化学信号。这些化学信号是一些挥发性萜类混合物，天敌昆虫就以此来区分受害和未受害植株。

d. 天敌动物。在自然界，生物与生物之间相互制约，对天敌资源的保护和利用，是害虫生物防治的基本途径和方法。实践中可利用赤眼蜂、棉铃虫齿唇姬蜂、胡蜂、龟纹瓢虫、草蛉、食虫蝽和蜘蛛等来防治棉铃虫。

e. 基因工程农药。通过遗传操作，把 DNA 重组技术应用于农药的研究中，培育和种植具有防病、防虫作用的转基因作物，研制出具有高效杀虫作用的基因工程农药。世界上第一个商品化的遗传工程杀菌剂为 Nogall。

随着人们生活水平的提高以及对绿色食品的呼唤，生物农药在当前农药市场中备受青睐，权威人士预测 21 世纪将是生物农药的世纪。可是相比于化学农药，生物农药存在速效性较差、稳定性差、对病虫害各生长阶段有差异、价格偏高等缺点。

（2）半合成生物农药

生物和化学方法的结合形成了半合成的生物农药，既包括对微生物农药有效成分的化学修饰，也包括对植物源农药有效成分的改性、修饰。

现今的半合成方法主要用来对抗生素进行修饰，以达到提高抗生素的活性、降低对人畜及寄主植物的毒性、提高抗生素的稳定性及减轻害虫灾害的作用。

（3）绿色化学农药

虽然目前生物农药的呼声高、前景好，但因很多原因不能实现大规模生产，并且进行大面积虫害快速防治时效果不理想，很难在近期内成为农药的主力军。而化学合成农药由于具备成本低、起效快、可大规模生产等优点，仍是农药的主体。因此，绿色化学农药将是未来农药的重要发展方向。

仿生农药将成为农药开发、应用的热点。由于化学合成农药开发难度越来越高，为了提高新农药研发效率，从天然物质中寻找新农药的先导物并进行"仿生"合成，已成为当前新农药开发的热点。仿生农药具有低毒、与环境相容性好、广谱、高效等特点，是未来农药市场的主体产品之一。

当农药的化学结构选用了自然界存在的物质结构，由于自然界原有物质一般都有相应分解它们的微生物群，这类农药易被分解，不易造成残留污染。一些植物（已知有 400 多种）含有天然抗拒昆虫进攻的物质且具有很低的温血动物毒性，如除虫菊酯、印楝素等，模拟其活性结构进行全合成或半合成，就可以得到高效、低毒、无污染的绿色化学农药。所以设计化学农药分子应首选具有生物活性的天然产物或与其相似的合成化合物。

从结构上讲，含氟农药、含杂环农药和手性农药等是未来绿色农药的代表性品种。

（4）开发新剂型

传统的农药剂型有乳油、粉剂、可湿性粉剂和颗粒剂。这些剂型农药施用后大部分残留在环境中，造成污染。残留的主要原因是农药制剂的物理化学性质不良。现在以水基化、超微化、无尘化和控制释放为基本研究方向，开发出了微乳剂、水乳剂、新型乳油、水胶囊悬浮剂和泡腾片剂等新剂型，大大提高了农药使用的安全性。目前，国内外农药新剂型研究的热点主要是水基性制剂，如悬浮剂、水乳剂、微乳剂等，逐步替代有机溶剂用量大的传统乳油剂。其中，农药微乳剂是近年发展起来的一种较安全、绿色环保的新农药剂型，成为新绿色农药发展的方向。该剂型提高了农药有效成分在乳剂中的分散度，增强了农药有效成分对动植物的通透能力，不仅提高了药效，而且减低了毒害残留，具有安全高效、经济环保等特点，因而具有巨大的发展潜力，值得表面活性剂和农药研究人员深入研发。

（5）加强管理及正确用药

农药是把"双刃剑"。为了趋利避害，世界上绝大多数国家都对农药实行了严格的管理，普遍建立了农药登记和淘汰退出制度，以最大限度发挥好农药对农业生产的保障作用。农药在投放市场前，必须取得农药登记。申请登记的农药产品，只有经农药登记部门科学评价，证明其具有预期的效果，对人畜健康或环境无不可接受的风险后，方可取得登记；已使用的农药，经风险监测和再评价，发现风险增大时，由农药登记部门作出禁用或限用规定。

农民往往凭自身经验和用药习惯进行病虫害防治，缺乏科学使用技术，不合理用药现象较为普遍，增加了农药的危害。要改变农民用药现状，应采取如下措施：

a. 要大力发展病虫害专业化统防统治。

b. 农业科技人员要搞好对农民的指导和培训，指导农民科学、合理使用农药，提高农民安全用药水平。好药配上好技术，才能发挥它的最大功效。

c. 农药生产经营单位要坚持服务至上。无论是农药生产企业还是农药经营单位，都要增强社会责任，不坑农，不害农，大力推进连锁经营，搞好配送服务，方便农民及时购买优质农药产品。

d. 提高农民安全用药意识。要到正规门店选药购买，要按照标签所推荐的剂量、防治对象、施药次数来用药，切不能擅自加大用药量、次数，还要做到轮换用药、混合用药。

e. 坚决打击制假售假行为。现在制售假农药现象较多，影响了真正低毒、高效、绿色农药的推广和效益，此现象不打击、不杜绝，保障农产品安全就是一句空话，发展绿色农药就无从谈起。

4.2　杀虫剂

杀虫剂指能把有害昆虫杀死的药剂。

4.2.1　杀虫剂的分类

（1）按作用方式分类

胃毒剂：昆虫摄食带药作物之后，通过消化器官将药剂吸收而显示毒杀的作用。

触杀剂：接触到虫体，通过昆虫体表进入体内而产生毒效。

熏蒸剂：以气体状态分散于空气中，通过昆虫的呼吸道进入虫体而死。

驱避剂：将昆虫驱避开来，使作物免受其害。

诱致剂：将昆虫诱集到一起，以便捕杀。

拒食剂：昆虫受药剂作用后拒绝摄食，饥饿而死。

不育剂：在药剂作用下昆虫失去生育能力，从而降低虫口密度。

内吸剂：药剂能被植物吸收，在植物体内传导，分布到全身，当害虫侵害作物时就能中毒死亡。

（2）按组成或来源分类

植物杀虫剂：某些植物的根或花中含有杀虫活性物质，将其提取并加工成一定剂型，用作杀虫剂，如除虫菊酯和鱼藤酮等。

矿物杀虫剂：石油、煤焦油等的蒸馏产物对害虫具有窒息作用。

无机杀虫剂：砒霜、砷酸铝和铝硅酸钠等均具有杀虫效果。

有机杀虫剂：具有杀虫作用的合成有机化合物，根据结构特征可分为：有机氯杀虫剂、有机磷杀虫剂、有机氮杀虫剂、拟除虫菊酯杀虫剂和新烟碱杀虫剂等。

生物杀虫剂：一般分为直接利用生物和利用源于生物的生理活性物质。其中直接利用生物杀虫剂含天敌昆虫、捕食螨、放食不育昆虫、微生物；利用源于生物的生物活性物质包括性信息素、摄食抑制剂、保幼激素、抗生素。

4.2.2 有机磷杀虫剂

具有杀虫作用的含磷有机化合物叫有机磷杀虫剂。

从 20 世纪 30 年代发现有机磷化合物有生物活性，50 年代有机磷杀虫剂进入工业应用，60 年代得到迅速发展。我国 2016 年杀虫剂的需求量为 30.48 万 t，同比增加 6.18%，其中有机磷类需求 7.19 万吨，同比减少 6.29%。

（1）有机磷杀虫剂的特点

a. 品种多。有机磷杀虫剂主要是磷酸酯衍生物。这类化合物的分子可以改变的基团很多，因此只要变换基团就可合成和筛选出有效的有机磷杀虫剂。品种多，性能广泛，就能满足农、林、牧各方面的要求，用药的选择性大，在防止虫害时可以经常更换品种，避免害虫的抗药性。

b. 性能高。如有机磷杀虫剂是迄今为止药效最高的一类杀虫剂。

c. 无积累中毒，易被植物体分解，而且分解产物又是植物所需的肥料。

d. 有些品种兼有杀菌和除草作用。

（2）有机磷杀虫剂的作用机理

研究发现有机磷杀虫剂对昆虫和哺乳动物的毒效作用是它能抑制虫体内的胆碱酯酶。胆碱酯酶的正常生理作用是使乙酰胆碱水解。乙酰胆碱是昆虫体内中枢神经系统的传递介质。在正常的生理过程中，当乙酰胆碱传递了神经冲动后，在胆碱酯酶的作用下水解，否则，会造成积累而死亡。使用有机磷杀虫剂后，胆碱酯酶被抑制，其分解乙酰胆碱的能力将降低，甚至丧失，从而使乙酰胆碱大量积累，导致神经处于过度兴奋状态，最后可转入抑制和衰竭，使昆虫死亡。

胆碱酯酶是一种特殊的蛋白质，其结构很复杂，现在仅知道其活性中心由两部分组成：一部分为阴离子部位，另一部分为酯动部位。胆碱酯酶和有机磷发生磷酰化反应，生成磷酰酶而产生抑制作用：

$$EH + \underset{RO}{\overset{RO}{P}}\!\!\overset{O}{\underset{X}{P}} \rightleftharpoons E\cdot\underset{RO}{\overset{RO}{P}}\!\!\overset{O}{\underset{X}{P}} \longrightarrow E\text{-}\overset{O}{\underset{OR}{P}}\text{-}OR + HX$$

磷酰酶水解生成酶和无毒的磷酸酯类，被抑制的酶得到复活：

$$E\text{-}\overset{O}{\underset{OH}{P}}\text{-}OR + HOH \longrightarrow EH + HO\text{-}\overset{O}{\underset{OR}{P}}\text{-}OR$$

如果磷酰酶的水解速度很快，那么酶很快就复活，酶不能被抑制，如果水解速度很慢，即磷酰酶比较稳定，则胆碱酯酶被有效抑制而产生杀虫作用。

（3）有机磷杀虫剂结构与生物活性的关系

有机磷杀虫剂可用下列通式表示，各取代基对生物活性的影响规律如下：

$$
\begin{array}{c}
RO \diagdown \quad \diagup O(S) \\
P \\
RO \diagup \quad \diagdown X
\end{array}
$$

a. R基团的影响。R基团供电性越小，越易进行磷酰化反应，磷酰化的顺序为：甲基＞乙基＞异丙基；而磷酰化的稳定性顺序正好相反：异丙基＞乙基＞甲基。

综合考虑，乙基是最合适的。大多数有机磷杀虫剂为乙基或甲基磷酰化产物。对高级动物而言，甲氧基的毒性小于乙氧基。把烷氧基换成胺基或烷硫基时，由于它们供电性较强，不易发生磷酰化反应，生物活性有所下降。

b. X基团的影响。—X和胆碱酯酶发生反应时，P—X键断裂，X被酶分子取代。X基的吸电子性越强，反应愈易进行，因而抑制胆碱酯酶的能力越强。

c. P＝S和P＝O结构的影响。氧的电负性大于硫，因此P＝O抑制胆碱酯酶的活性比P＝S强。含有P＝S键的化合物在生物体内容易转变为P＝O键化合物，显示出较强的毒性。直接合成的P＝O键化合物，对哺乳动物的毒性较高，人畜容易中毒。而P＝S键的化合物进入哺乳动物体内氧化成P＝O键化合物需要一定时间，给哺乳动物体内的解毒系统留有解毒时间，使其毒性减小或消失，而在昆虫体内，P＝S键的化合物容易氧化成的P＝O键化合物，且解毒作用进行得很慢。因此P＝S键是高效低毒的一个重要结构。

（4）典型的有机磷杀虫剂

有机磷杀虫剂的品种很多，需求量较大的品种有敌敌畏、毒死蜱、敌百虫、辛硫磷、氧乐果和乙酰甲胺磷。下面介绍几个国内的主要品种。

a. 敌百虫。敌百虫的化学机构式为：

$$
\begin{array}{c}
H_3CO \diagdown \quad \diagup O \\
P \\
H_3CO \diagup \quad \diagdown CHCCl_3 \\
\quad\quad\quad | \\
\quad\quad\quad OH
\end{array}
$$

敌百虫是有机磷杀虫剂中较重要的一种广谱杀虫剂，具有低毒、高效、使用范围广等特点。以胃毒作用为主兼有触杀作用。除对蔬菜、果树、松林等中的多种害虫有良好的防治效果外，对防治苍蝇、蟑螂、臭虫等卫生害虫也有效。

b. 敌敌畏。敌敌畏的化学结构式为：

$$
\begin{array}{c}
H_3CO \diagdown \quad \diagup O \\
P \\
H_3CO \diagup \quad \diagdown OCHCCl_2
\end{array}
$$

敌敌畏是一种广谱性有机磷杀虫剂，具有速效、低毒、低残留和无臭味等优点。敌敌畏的水解速度很快，在碱性条件下，温度为100℃时，经1h可以完全水解，常温下1d就能完全水解，在酸性条件下比较稳定。敌敌畏在作物上喷洒后，因挥发和水解，残效很短，一般2～3d就失去药效。敌敌畏的毒性比敌百虫高10倍。它具有胃毒、触杀和熏蒸作用。

由于敌敌畏优点很多，所以它的使用范围非常广泛，可用于棉花、果树、蔬菜、烟草、茶叶和桑树等作物防治蚜虫、红蜘蛛、棉花红铃虫、苹果卷叶蛾、菜青虫等。敌敌畏用于杀卫生害虫也有特效，用于家庭、宿舍、食堂和会议室等公共场所杀卫生害虫都有极好的效果，而且没有不愉快的气味和残留的痕迹。

c. 氧乐果。氧乐果的化学结构式为：

$$\text{H}_3\text{CO} \diagdown \underset{\text{H}_3\text{CO}}{\overset{\text{O}}{\underset{|}{\text{P}}}} \diagup \text{SCH}_2\text{C} \overset{\text{O}}{\underset{|}{\text{C}}} \text{—NHCH}_3$$

氧乐果属高毒有机磷杀虫、杀螨剂，可防除棉花、水稻、小麦、果树、松树和鲜花等作物上的虫害。氧乐果仍是目前国内大吨位杀虫剂品种。

d. 毒死蜱。毒死蜱的化学结构式为：

$$\text{结构式}$$

毒死蜱是目前全世界生产和销售量最大，世界卫生组织许可的有机磷杀虫剂品种之一。毒死蜱对害虫具有触杀、胃毒和熏蒸作用，可用于水稻、麦类、玉米、大豆、花生、棉花、果树、茶树、甘蔗、蔬菜和花卉等众多大田作物和经济作物，可防治水稻螟虫、稻纵卷叶螟、小麦黏虫、叶蝉、棉铃虫、蚜虫和红蜘蛛等百余种害虫，对地下害虫、家畜寄生虫亦有较好的防治效果。

毒死蜱具有广谱、高效、低残留和毒性相对较低等优点，对地上、地下害虫同样高效，是防治粮食、果树、蔬菜和其它经济作物的理想杀虫剂，已经成为农民普遍接受和市场认同的主流农药。

我国从 2007 年 1 月 1 日起禁止销售和使用甲胺磷、对硫磷、甲基对硫磷、久效磷、磷胺五种高毒有机磷杀虫剂（曾经生产量为最大的品种），于 2009 年 10 月 1 日停止销售和使用含氟虫腈农药制剂（毒死蜱杀虫剂的主要竞争者）。随着其它高毒农药的彻底禁用，毒死蜱农药迎来了前所未有的发展机遇。

4.2.3 有机氮杀虫剂

在有机氮杀虫剂中，首先发展起来并且已投入生产的许多品种是氨基甲酸酯类。由于有机氯杀虫剂的残留问题以及有机磷杀虫剂的抗药性问题的出现，氨基甲酸酯类杀虫剂的地位显得更为重要，虽然其杀虫范围不及有机氯杀虫剂和有机磷杀虫剂那么广泛，但在棉花、水稻、玉米、大豆、花生、果树和蔬菜等作物上都有一定的使用价值。

（1）氨基甲酸酯类杀虫剂的特点

氨基甲酸酯类杀虫剂是模仿毒扁豆碱的化学结构而合成的，其化学结构为：

$$\text{X—R}'\text{—O—}\underset{\overset{\|}{\text{O}}}{\text{C}}\text{—NH—R}$$

其中 R 为甲基或乙基，R' 为芳基、杂环或肟酯等。氨基甲酸酯类杀虫剂具有如下特点：

a. 选择性强。对咀嚼式害虫，如棉红铃虫等具有特效。

b. 杀虫谱广。如甲萘威和克百威均能防治上百种害虫。

c. 可采用增效剂提高药效。如氯化胡椒等丁醚的使用可使甲萘威对家蝇的毒力提高 15 倍。国外还发现增效剂 UC-76220 能使甲萘威对灰翅夜蛾的药效提高 27 倍。

d. 对人畜和鱼类低毒。氨基甲酸酯类杀虫剂的母体化合物毒性较高，但它们在温血动物和昆虫体内的代谢途径不同，在前者体内易水解，而在后者仍保持母体化合物的毒性。

e. 化合物结构简单，易于合成。氨基甲酸酯类化合物的结构简单，易于合成，一种中间体或一套设备可生产多种产品。如甲基异氰酸酯可至少作为 30 种氨基甲酸酯类农药的中间体。生产设备也具有通用性。

（2）氨基甲酸酯类杀虫剂的作用机制

通常认为，氨基甲酸酯类杀虫剂与有机磷杀虫剂具有相同的作用机制，即抑制乙酰胆碱酯酶。不同的是有机磷使乙酰胆碱酯酶发生磷酰化，而氨基甲酸酯使乙酰胆碱酯酶发生氨基酰化。

（3）氨基甲酸酯类杀虫剂的结构与活性

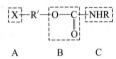

a. A 结构对活性的影响。A 部位的取代基 X 的种类及位置对氨基甲酸酯类药剂的药效有影响。一般来讲，X 基对水解越稳定，其活性就越强，例如：—R，—RO，—RS＞—X＞—NO₂。

当 X 为卤素时，I＞Br＞Cl＞F，取代基的位置是：邻位＞间位＞对位。当 X 为烷基时，异丙基和叔丁基活性最高，取代基的位置是：间位＞对位和邻位。当 X 为烷氧基时，也是异丙氧基和叔丁氧基活性最高，而取代基的位置是：邻位＞间位和对位。当 X 为烷硫基时，丁硫基活性最高，取代基的位置是：邻位＞间位＞对位。

b. B 结构对活性的影响。将 B 结构加以改造，可得硫赶形（—S—C＝O）、硫逐形（—O—C＝S）、硫代形（—S—C＝S）。已知这些化合物均有杀虫活性，但抗乙酰胆碱酯酶的活性较低，这可能是由于它们中羰基碳的亲电子性降低。

c. C 结构对活性的影响。C 结构中 N—H 可改为 N—OH 和 N—O—CH₃ 等，但氨基甲酸酯会失去活性。早期的氨基甲酸酯以 *N*,*N*-二甲基形式出现，后来才发现还是 *N*-甲基形式抑制胆碱酯酶的能力及杀虫活性较强。

（4）有机氮杀虫剂的主要品种

我国 2012 年氨基甲酸酯类杀虫剂需求 0.60 万 t（4.7％），同比减少 13.84％。需求量较大的品种有西维因、灭多威和抗蚜威等。

a. 西维因。西维因的化学结构式为：

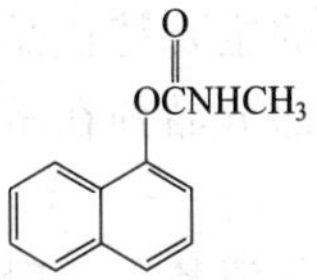

西维因是氨基甲酸酯类杀虫剂的第一个品种，国外从 1959 年投入大规模生产。西维因是广效性杀虫剂，具有触杀、胃毒和微弱的内吸作用，药效持久，对人畜毒性低。西维因用途极为广泛。对棉花、粮食、果树和蔬菜等作物的 150 多种害虫有很好的防治效果，特别是对棉铃虫的防治效果突出。

b. 灭多威。灭多威的化学结构式为：

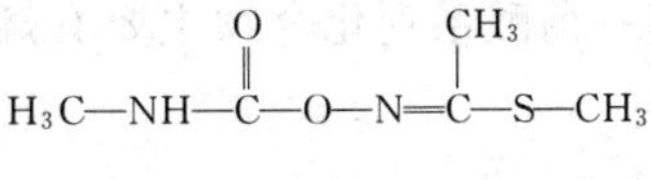

灭多威是内吸广谱杀虫及杀线虫剂，具有触杀及胃毒作用，残效期短。1966 年由美国杜邦公司首批推荐作为杀虫、杀线虫剂，适用于棉花、烟草、果树、蔬菜防治蚜虫、蛾和地老虎等害虫，是目前防治抗药性棉蚜虫良好的替换品种。主要用于防治二化螟、飞虱类和斜纹夜蛾等害虫。

c. 抗蚜威。抗蚜威的化学结构式为：

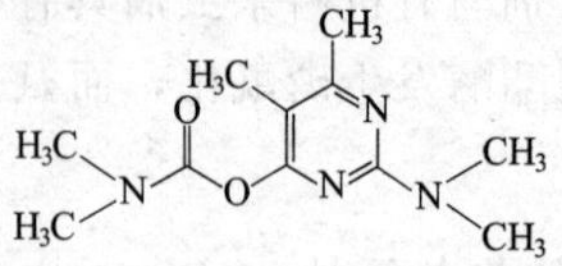

具有触杀、熏蒸和叶面渗透作用，是选择性强的杀蚜虫剂，能有效防治除棉蚜虫以外的所有蚜虫，对有机磷产生抗性的蚜虫亦有效。杀虫迅速，但残效期短，对作物安全，不伤天敌，是综合防治的理想药剂。

4.2.4　拟除虫菊酯类杀虫剂

大约在 15 世纪，人们发现除虫菊的花有除虫作用。除虫菊花中的杀虫成分总称除虫菊酯，其化学结构式为：

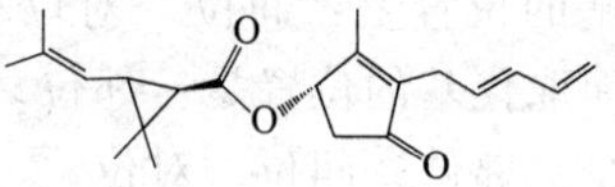

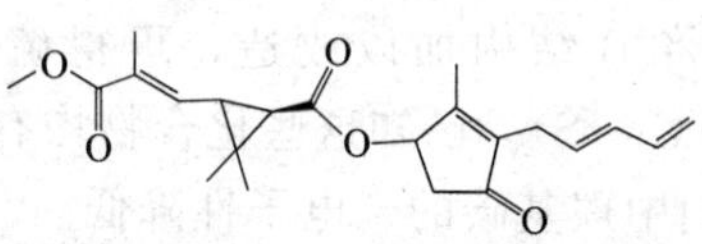

除虫菊酯在除虫菊花中的含量一般为 $0.5\% \sim 3\%$。虽然除虫菊酯具有优良的药效，但除虫菊花受到土壤、气候等栽培条件（一般生长在靠赤道附近的高地上）的影响，供应量受到限制。因此许多国家进行了除虫菊酯及类似化合物的人工合成及药剂筛选实验。把这种与除虫菊酯结构类似的合成杀虫剂统称为拟除虫菊酯。其对害虫的击倒和杀伤作用以及对人畜的安全性都可以与天然除虫菊酯相媲美，有的比天然的要好得多。

在农田里使用剧毒农药，造成残留和环境污染，影响人体健康。因此，世界各国都在寻找高效低毒的农药品种。拟除虫菊酯具有高效、安全、对人畜无害、低残留、环境友好和杀虫谱广等特点，曾被国家列于高毒农药的主要替代品。但它比较容易产生抗性，多数品种杀螨效果差，对蜜蜂和水生物毒性大，大部分品种在碱性条件下易分解，对光不稳定，易被氧化成无效体。

除虫菊酯对昆虫的作用方式尚不十分清楚。一般认为其抑制了昆虫神经的传导，首先引起运动神经的麻痹，使之击倒，最后死亡。在浓度较低时，被击倒的昆虫过一段时间又能恢复活力，这是由于昆虫体内微粒氧化酶促进除虫菊酯解毒的结果。人们发现，有些物质能抑制微粒氧化酶的解毒作用，把这些物质加到除虫菊酯中能提高药效很多倍。这些物质本身无毒，但能提高杀虫剂的药效，故称为增效剂。

拟除虫菊酯类杀虫剂品种很多，主要有：

a. 第一菊酸系列化合物。第一菊酸系列化合物主要有烯丙菊酯、胺菊酯和苯醚菊酯等。其中，苯醚菊酯的化学结构式为：

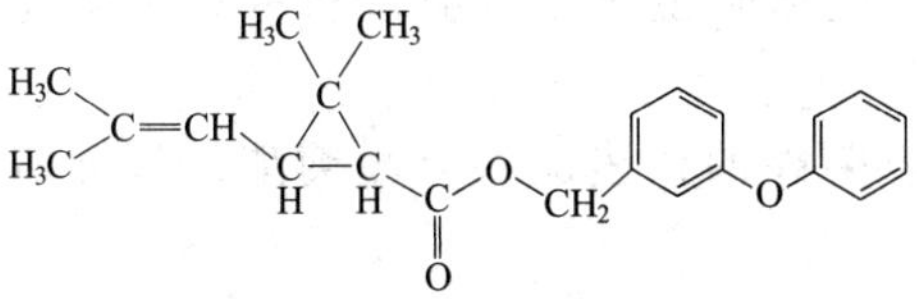

苯醚菊酯对卫生害虫的杀灭活性比天然除虫菊高。

b. 二卤代菊酸系列化合物。二卤代菊酸系列化合物是最重要的一类拟除虫菊酯，其重要的品种有：氟氯氰菊酯、氯氟氰菊酯、高效氯氰菊酯。

氟氯氰菊酯由德国拜耳公司开发研制，化学结构式为：

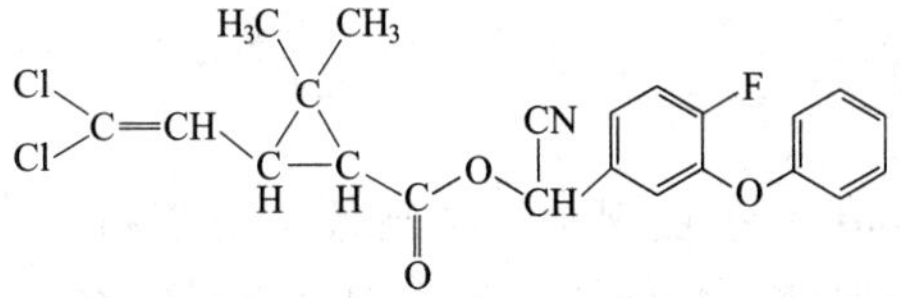

本品具有很强的触杀和胃毒作用，杀虫谱广，持效期长，能有效地防治粮油作物（如玉米、小麦、花生和大豆等）和经济作物（如果树、烟草和蔬菜等）上的鞘翅目、半翅目、同翅目和鳞翅目害虫，如棉铃虫、棉红铃虫、烟蚜夜蛾、棉铃象甲、苜蓿叶象甲、菜青虫、小菜蛾、马铃薯甲虫、蚜虫、玉米螟、桃小食心虫和地老虎等。

氯氟氰菊酯的化学结构式为：

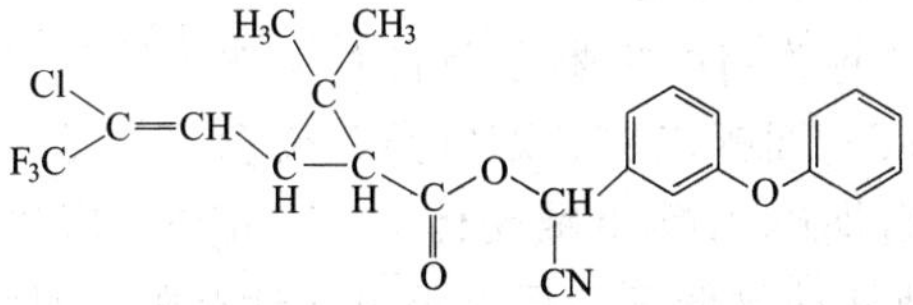

氯氟氰菊酯又叫三氟氯氰菊酯或氯氟氰菊，属拟除虫菊酯类仿生物农药，具有杀虫广谱、高效、速度快、持效期长的特点。氯氟氰菊酯能有效地防治棉花、果树、蔬菜和大豆等作物上的多种害虫，也能防治动物体上的寄生虫。

高效氯氰菊酯的化学结构式为：

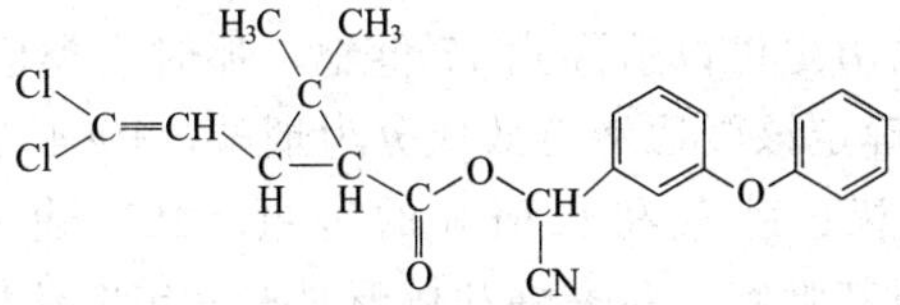

高效氯氰菊酯是相对于氯氰菊酯中的活性成分提高而言的，是氯氰菊酯的高效异构体。对昆虫有很高的胃毒和触杀作用，具有杀卵活性、杀虫谱广、无内吸和熏蒸作用，对禾谷类粮食作物玉米、大豆、棉花、蔬菜、果树、茶树、烟草和花卉等植物上的鳞翅目、半翅目、双翅目、同翅目、鞘翅目农林害虫以及蚊蝇、蟑螂、跳蚤、臭虫和蚂蚁等卫生害虫有极高的杀灭效果。常用于气雾杀虫剂及农药复配。

c. 非环丙烷羧酸化合物。非环丙烷羧酸化合物的代表性品种为杀灭菊酯（戊氰菊酯），其化学结构式为：

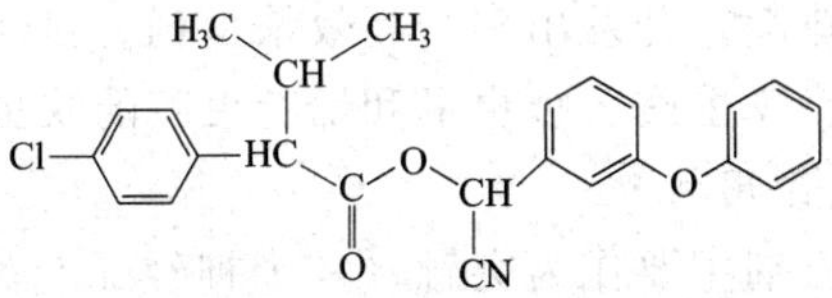

戊氰菊酯是一种高效、广谱杀虫剂，以触杀和胃毒作用为主，对鱼、蜜蜂的毒性均很大。

d. 非酯类菊酯。非酯类菊酯的代表品种有醚菊酯、肟醚菊酯等。醚菊酯的化学结构式为：

新型内吸广谱杀虫剂具有触杀及胃毒作用，鱼毒性低。

4.2.5 新烟碱类杀虫剂

新烟碱类（Neonicotinoids）杀虫剂是一类高效、安全和高选择性的新型杀虫剂，它的发现被认为是农药发展的里程碑。与传统的杀虫剂（有机磷类、氨基甲酸酯类、拟除虫菊酯类和有机氯类）相比没有交互抗性，具有显著的杀虫活性，并因其对非靶标生物和环境的较低风险而迅速发展。

随着国家对粮食安全的日益重视、对食品安全关注度的提高、对生存环境质量的日益关切，构效关系研究的逐步深入、结构的不断优化升级以及使用范围的不断拓宽和使用方法的不断改进，新烟碱类杀虫剂得到了快速发展。

I. Yamamoto 等在 1993 年为将吡虫啉等源自对天然生物碱结构优化得到的杀虫剂区别于以前的烟碱类（Nicotinoid）而提出"新烟碱类"概念。新烟碱类和烟碱类杀虫剂都是作为激动剂作用于神经后突出烟碱乙酰胆碱受体（nAChR），区别在于两者的选择毒性差异大，前者杀虫活性高、对哺乳动物低毒，后者杀虫活性有限、对哺乳动物毒性高。

近年来，该类化合物在环境中被不断检出，并通过饮用水和食物等方式进入食物链，给人类健康带来极大的安全隐患。因此，世界上一些国家开始禁止使用一些新烟碱类杀虫剂品种。

（1）新烟碱类杀虫剂的发展历程

烟碱作为杀虫剂使用的历史可以追溯到 17 世纪，那时人类已经使用烟草浸取液作为杀虫剂。研究人员于 1828 年确定该浸取液有效成分为烟碱，1904 年成功合成出烟碱。烟碱作为杀虫剂主要用于防治果树、蔬菜和水稻等的害虫。1970 年壳牌公司发现化合物 SD-031588（2-二溴硝甲基-3-甲基吡啶）对家蝇和桃蚜具有一定的活性，优化其结构发现了对家蝇、桃蚜和玉米螟具有较好活性的 SD-033420、SD-035347、SD-035651（即 Nithiazine）和噻虫醛等。SD-035651 较易水解、光稳定性较差，研究者发现其药效团为硝基胺、硝基胍，基于 SD-035651 的结构，以防治水稻黑尾叶蝉（日本水稻的主要半翅目害虫）的生物活性为依据，进一步的结构改进和优化后，出现了化合物 NTN-32692，其防治水稻黑尾叶蝉的活性超过 SD-035651 100 倍，但其在日光下迅速分解。继续进行结构优化，在 2000 个新化合物中发现了 NTN-33893（吡虫啉），其防治水稻黑尾叶蝉的活性为 SD-035651 的 125 倍；发色团以氰亚胺基替代后，发现了噻虫啉。噻虫啉超高的杀虫活性一出现，立即引起全球范围内类似结构化合物的研发热潮，开发出多个高效杀虫剂。目前已经商品化的国外品种主要有吡虫啉、啶虫脒、噻虫嗪、噻虫胺、噻虫啉和烯啶虫胺的呋虫胺等。

（2）新烟碱类杀虫剂的作用机理

在昆虫中，新烟碱类杀虫剂主要作为突触（一个神经元与另一个神经元相接触的部位，突触是神经元之间在功能上发生联系的部位，也是信息传递的关键部位）后膜的 nAChR 的激动剂。乙酰胆碱是昆虫神经系统的内生激动剂，能够刺激神经传递质。新烟碱类杀虫剂与 nAChR 结合，干扰昆虫正常神经系统传导，引起神经通道的阻塞，造成乙酰胆碱的大量积累，使昆虫异常兴奋，全身痉挛麻痹而死。它还具有较强的内吸、胃毒和触杀作用。

具有杀虫活性的烟碱类如烟碱、降烟碱和天虫碱在生理学条件下都有一个氮原子质子化，电离化的烟碱不易穿透中枢神经系统周围的离子屏障，而新烟碱类杀虫剂由于它们的疏水性，能够克服离子屏障与靶标位点结合。与烟碱相比，新烟碱类杀虫剂与作用位点有更强的亲和性。现有的研究表明，高亲和性的结合位点存在于桃蚜、豇豆蚜、粉虱、美洲大蠊、蝗虫、烟草天蛾、果蝇和蜜蜂等昆虫中。

新烟碱类杀虫剂对昆虫的选择作用在一定程度上源于其对昆虫 nAChR 的选择性，而新烟碱类杀虫剂引起的昆虫 nAChR 反应的差异性则与新烟碱本身结构的差异性和昆虫 nAChR 亚基组成的不同有关。研究证明，新烟碱类杀虫剂的选择活性主要依赖于电荷的分布情况。新烟碱类杀虫剂在昆虫和哺乳动物之间产生选择活性的主要原因是其强电负性药效基团可以选择性地与昆虫 nAChR 的一个阳离子位点（可能是赖氨酸、精氨酸或组氨酸）结合相互作用，而不与哺乳动物的 a4β2nAChR 作用。这些电负性基团包括硝基亚胺基、亚硝基亚胺基、三氟乙酰基等。此外，带有强电负性药效基团的亚胺基平面与相连的杂环平面之间的共面性也非常重要，这一共面体系使得共轭性得到加强，使负电荷进一步流向强电负性基团的末端，从而提高其与阳离子亚型之间的相互作用。

对昆虫而言，新烟碱类的吡虫啉亲水性较低，对昆虫表皮的穿透作用不强，但极易被植物吸收并传导到植株的其它部位，可作为植物内吸剂使用，昆虫在刺吸植物汁液时摄入药剂而被毒杀。因此，新烟碱类杀虫剂的主要防治对象是同翅目、半翅目、缨翅目等一些刺吸式口器的害虫，而对鳞翅目的取食性害虫防效差。

（3）新烟碱类杀虫剂的主要品种

a. 吡虫啉。吡虫啉是由德国拜耳公司和日本特殊农药公司联合开发出的第一个新烟碱类杀虫剂，其化学结构式为：

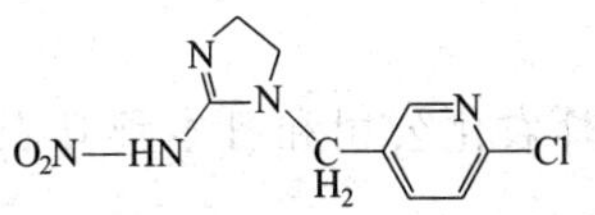

吡虫啉是通过与烟碱型的乙酰胆碱受体结合，使昆虫异常兴奋，全身痉挛麻痹而死。吡虫啉还具有良好的根部内吸活性、胃毒和触杀作用，对同翅目（刺吸式口器害虫）效果明显，对鞘翅目、双翅目和鳞翅目也有效。可用于防治禾谷类作物、蔬菜、水果和棉花上的蚜虫、叶蝉、蓟马、粉虱及其抗性品种。

国内外的监测结果显示，同翅目昆虫烟粉虱、银叶粉虱、灰飞虱、桃蚜、烟蚜和马铃薯甲虫等的田间种群对吡虫啉已经产生了不同程度的抗药性。吡虫啉还比较广泛地用于保护建筑物免受白蚁侵害。

b. 噻虫嗪。噻虫嗪是瑞士先正达公司开发的第二代新烟碱类杀虫剂，化学结构式为：

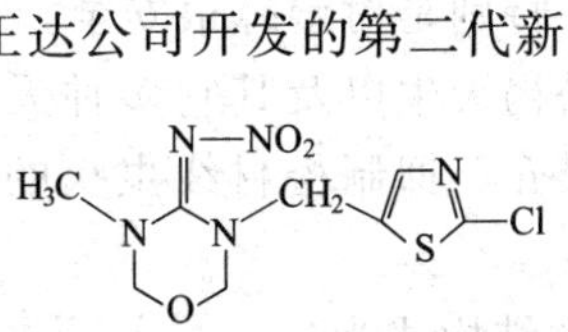

噻虫嗪作用方式是模仿乙酰胆碱，刺激受体蛋白，而这种模仿的乙酰胆碱又不会被乙酰胆碱酯酶所降解，使昆虫一直处于高度兴奋状态，直至死亡。

噻虫嗪的作用途径多种多样，具有良好的胃毒、触杀活性，强内吸传导性和渗透性。叶片吸收后迅速传导到各部位，害虫吸食后迅速抑制活动，停止取食，并逐渐死亡。由于其卓越的内吸和传导性能，可以出色地完成地下、地上害虫一起防治的任务。

噻虫嗪属高效低毒产品，对多数害虫的防效优于吡虫啉和啶虫脒等其它新烟碱类杀虫剂，与吡虫啉、啶虫脒和烯啶虫胺等无交互抗性，是毒性高、残留时间长的有机磷、氨基甲酸酯类和有机氯类杀虫剂的理想替代品。噻虫嗪持效期长，耐雨水冲洗，一般药效可达14~35d。

噻虫嗪对多种蚜虫、飞虱、叶蝉、蓟马和粉虱等多种刺吸式口器和咀嚼式口器害虫有特效，可用于多种蔬菜、玉米和马铃薯等。田间烟粉虱和马铃薯甲虫等害虫种群对噻虫嗪已经产生一定的抗药性。

c. 啶虫脒。啶虫脒是由日本曹达公司于 20 世纪 90 年代初公开的一个品种，其化学结构式为：

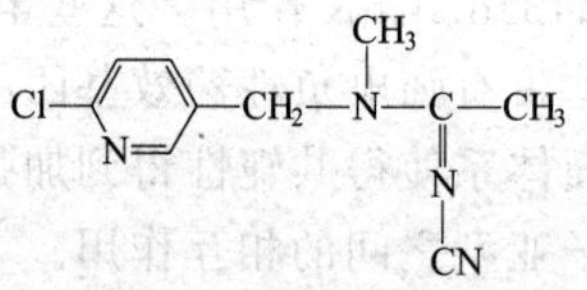

$$Cl-\underset{N}{\bigcirc}-CH_2-N-\underset{\underset{CN}{\parallel}}{C}-CH_3 \quad (CH_3)$$

啶虫脒主要作用于昆虫神经结合部后膜，通过与烟碱型的乙酰胆碱受体结合，使昆虫异常兴奋，全身痉挛麻痹而死。

啶虫脒具有内吸性强、用量少、速效好、活性高、持效期长、杀虫谱广、与常规农药无交互抗性等特点。主要用于棉花、水稻、小麦、蔬菜和果树等作物防治同翅目害虫（如蚜虫、叶蝉、粉虱和蚧等）、鳞翅目害虫（如菜蛾和小食心虫等）、鞘翅目害虫（如天牛）和缨翅目害虫（如蓟马）等。啶虫脒是我国防治稻褐飞虱的主打药剂之一，对有机磷、氨基甲酸酯类和拟虫菊酯类农药产生抗性的害虫有特效。日本 1999 年报道，主要蔬菜产区的小菜蛾种群对啶虫脒产生明显抗性。

d. 噻虫啉。噻虫啉由德国拜耳农化公司和日本拜耳农化公司合作开发的，其化学结构式为：

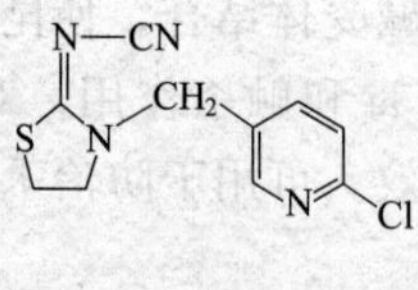

噻虫啉主要作用于昆虫神经结合部后膜，通过与烟碱型的乙酰胆碱受体结合，干扰昆虫正常神经系统传导，引起神经通道的阻塞，造成乙酰胆碱的大量积累，使昆虫异常兴奋，全身痉挛麻痹而死。噻虫啉具有较强的内吸、胃毒和触杀作用，对刺吸口器害虫有良好的杀灭效果，对有益昆虫的影响非常小，特别是对蜜蜂很安全，在果树和作物花期也可以使用。

对于一般杀虫剂难以防治的松褐天牛以及其它多种天牛，噻虫啉具有快速的杀灭效果，可有效切断松材线虫的主要传播媒介，抑制松材线虫病的发生，同时还可用于棉花、水稻、蔬菜和水果等作物。

e. 烯啶虫胺。烯啶虫胺的化学结构式为：

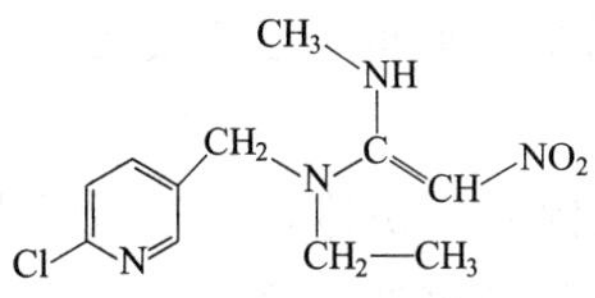

烯啶虫胺作用于昆虫神经，对昆虫的突触受体具有神经阻断作用，在自发放电后扩大隔膜电位差，并最后使突触隔膜刺激下降，结果导致神经的轴突触隔膜电位通道刺激殆失。

烯啶虫胺具有卓越的内吸和渗透作用，低毒、高效、残效期长等特点，主要用于防治水稻、蔬菜、果树、大棚中的蚜虫、叶蝉、蓟马和半翅目等害虫。防治水稻褐飞虱速效性好。烯啶虫胺是国内新推广的替代高毒农药品种，近几年来产销均保持良好的增长势头。

f. 氯噻啉。由我国南通江山农药化工股份有限公司自主创新，拥有知识产权，独家生产，被国家工业和信息化部列为"十一五"高毒农药转产和替代项目，以取代被禁止生产、销售和使用的甲胺磷等 5 种高效农药。氯噻啉的化学结构为：

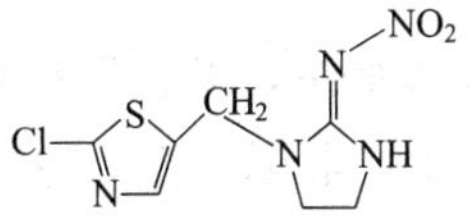

氯噻啉具有毒性低、内吸性强、活性高等特点。它不受温度高低限制，无交互抗性，可用在多种作物上防治水稻叶蝉、飞虱、蓟马，还对鞘翅目、双翅目和鳞翅目等害虫有效，尤其对水稻二化螟和三化螟毒力很高。

4.2.6 微生物杀虫剂

（1）细菌杀虫剂

细菌杀虫剂（Bacterial Insecticide）是利用对某些昆虫有致病或致死作用的细菌及其所含有的活性成分制成，用于防治和杀死目标害虫的生物杀虫制剂。细菌杀虫剂的作用机制是胃毒作用，昆虫摄入病原细菌制剂后，通过肠细胞吸收，进入体腔和血液，使之得败血症导致全身中毒死亡。如苏云金芽孢杆菌（Bt）、青虫菌、杀螟杆菌、松毛虫杆菌、7216 杆菌和球形芽孢杆菌等。

苏云金芽孢杆菌杀虫剂是目前世界上用途最广、产量最大、应用最成功的微生物杀虫剂，占微生物杀虫剂总量的 95％以上，广泛应用于防治农业、林业和贮藏的害虫。它的主要活性成分是一种或数种杀虫晶体蛋白，又称 δ-内毒素，对鳞翅目、鞘翅目、双翅目、膜翅目、同翅目等昆虫以及动植物线虫、蜱螨等节肢动物都有特异性的毒杀活性，而对非目标生物安全。因此，苏云金芽孢杆菌杀虫剂具有专一、高效和对人畜安全等优点。苏云金芽孢杆菌制剂在生产防治中也显示出某些局限性，如速效性差、对高龄幼虫不敏感、田间持效期短以及重组工程菌株遗传性状不稳定等都已成为影响苏云金芽孢杆菌进一步成功推广使用的制约因素。因此，为了提高苏云金芽孢杆菌制剂的杀虫效果，对其增效途径的研究已成为世界性的研究热点，主要包括：筛选增效菌株；利用化学添加剂、植物他感素、几丁质酶等作为增效物质；昆虫病原微生物间的互作增效等。

（2）真菌杀虫剂

真菌杀虫剂以分生孢子附着于昆虫的皮肤，分生孢子吸水后萌发而长出芽管或形成附着孢，侵入昆虫体内，菌丝体在虫体内不断繁殖，造成病理变化和物理损害，最后导致昆虫死亡。已发现的杀虫真菌约有 100 多属 800 余种，其中以白僵菌、绿僵菌和拟青霉的应用最多。在防治松毛虫、蝗虫和线虫等方面取得了显著成效。

（3）病毒杀虫剂

昆虫病毒是一类没有细胞结构的生物体，主要成分是核酸和蛋白质。病毒侵入昆虫后，核酸在宿主细胞内进行病毒颗粒复制，产生大量的病毒粒子，促使宿主细胞破裂，导致昆虫死亡。病毒杀虫剂宿主特异性强，能在害虫群内传播，形成流行病，也能潜伏于虫卵，传播给后代。其中研究最多、应用最广的是核形多角体病毒、质形多角体病毒和颗粒体病毒。

（4）微孢子杀虫剂

微孢子虫为原生动物，它是经宿主口、卵或皮肤感染，并在其中增殖，使宿主死亡。当前用于农林防治的微孢子杀虫剂有3种，即行军虫微孢子、云杉卷叶蛾微孢子虫和蝗虫微孢子虫。

（5）线虫杀虫剂

线虫通常从口腔、气孔、嗉囊进入宿主，发育后在血淋巴中迅速繁殖，宿主因组织遭到破坏而死亡。线虫是目前国际上新型的生物杀虫剂，它具有寄主范围广，对寄主主动搜索能力强，对人畜、环境安全，并能大量培养的优点。但在人工培养基上进行活体外大量培养难的问题还未能解决，大量生产及应用受到限制。目前研究最广、应用最有效的为索科线虫和斯氏线虫。

（6）抗生素杀虫剂

a. 阿维菌素（Avermectins）。它是由日本北里大学大村智等和美国默克公司首先开发的一类具有杀虫、杀螨和杀线虫活性的十六元大环内酯化合物，由链霉菌中灰色链霉菌发酵产生。

阿维菌素是一种高效、广谱的抗生素类杀虫杀螨剂，具有结构新颖、农畜两用的特点。它是由一组大环内酯类化合物组成，活性物质为阿维菌素，对螨类和昆虫具有胃毒和触杀作用并有微弱的熏蒸作用，无内吸作用，但它对叶片有很强的渗透作用，可杀死表皮下的害虫，渗入植物薄壁组织内的活性成分可较长时间存在于组织中并具有传导作用，对害螨和植物组织内取食危害的昆虫有长残效性。其作用机制与一般杀虫剂不同的是它干扰神经生理活动，刺激释放 γ-氨基丁酸，而 γ-氨基丁酸对节肢动物的神经传导有抑制作用，螨类成虫、若螨和昆虫及幼虫与药剂接触后即出现麻痹症状，不活动、不取食，2～4d后死亡。因不引起昆虫迅速脱水，所以它的致死作用较慢。对捕食性和寄生性天敌虽有直接杀伤作用，但因植物表面残留少，因此对益虫的损伤小。对根节线虫作用明显。

阿维菌素主要用于家禽、家畜体内外寄生虫和农作物害虫，如寄生红虫、双翅目、鞘翅目、鳞翅目和有害螨等。阿维菌素是当前生物农药市场中最受欢迎和具激烈竞争性的新产品。阿维菌素农药在我国的害虫防治体系中占有较重要地位。2007年以来，水稻上阿维菌素的大量推广，给阿维菌素产品带来了无限潜力。阿维菌素在防治水稻螟虫和稻纵卷叶螟方面的优异表现，已成为替代甲胺磷等剧毒农药的理想药剂之一。

b. 浏阳霉素。浏阳霉素是上海市农药研究所从湖南浏阳地区采集的土壤中发现的具有杀螨活性的大环内酯类抗生素。它是一种高效、低毒、对环境安全、对天敌无影响的杀螨农用抗生素，可用于棉花、茄子、番茄、豆类、玉米、瓜类和果树等作物防治各种螨类。

浏阳霉素与有机磷类、氨基甲酸酯类等农药混配则有良好的增效作用。

4.3 杀菌剂

4.3.1 杀菌剂的定义

当前农业生产中病害（或菌害）比虫害要严重得多。经济作物的病害比粮食作物更严重。因此，防治农作物病害是十分重要的。

杀菌剂是对病原菌起抑制或灭杀作用而起防治农作物病害的化学物质。杀菌剂不仅用于农业，也可用于工业，如多菌灵用于纺织工业中防止棉纱发霉。

4.3.2 杀菌剂的分类

（1）按对细菌的作用分类

杀菌剂按对细菌的作用分类，可分为抑菌剂、杀菌剂和增抗剂。

抑菌剂：指用药后细菌不再继续繁殖，但继续生长，或用药后细菌不再生长和繁殖，但药物从细菌体上去掉后，细菌又继续生长和繁殖。

杀菌剂：能直接杀死细菌，使其不能再生长和繁殖的杀菌剂。

增抗剂：指药物渗透到作物体内后，能改变作物的生长代谢，使作物对细菌产生抗性，达到不被病菌侵害或减轻侵害的目的。

（2）按化学成分分类

杀菌剂按化学成分分类，可分为无机杀菌剂、有机杀菌剂和生物杀菌剂。

无机杀菌剂：硫黄、石灰、石硫合剂、硫酸铜、波尔多液（硫酸铜＋生石灰）。

有机杀菌剂：多菌灵、甲基硫菌灵、代森类、百菌清、三环唑、三唑酮。

生物杀菌剂：井冈霉素，农抗 120 等。

（3）按作用方式分类

杀菌剂按作用方式分类，可分为化学保护剂和化学治疗剂。

化学保护剂：指药剂以保护性的覆盖方式施用于作物的种子、茎、叶或果实上，防止病菌的侵入。

化学治疗剂：指能够进入植物体内，既可杀死侵害植物的细菌，并能增强植物抗病能力的化学药剂。化学治疗剂是继保护性杀菌剂之后发展起来的一大类杀菌剂，这是杀菌剂发展史上的重要突破。它又可分为非内吸性杀菌剂和内吸性杀菌剂。

a. 非内吸性杀菌剂。一般不能渗透到植物体内，即使有的能渗透到植物体内，但也不能在植物体内传导，即不能从施药部位传到植物的各个部位。

b. 内吸性杀菌剂。能渗透到植物体内，并能在植物体内传导，使侵入植物体内的菌全部被杀死。该类杀菌剂具有如下特点：可以防治侵入作物体内的病害；由于它能内吸到作物体内，并传导到作物其它部位，因而受自然环境、气候的影响较小，可以充分发挥药剂的作用，使用时不需要喷洒得很均匀。用药量一般较小，一般对病害的选择性较强，疗效也较高。

4.3.3 杀菌剂的作用原理

（1）破坏细菌的蛋白质的合成

蛋白质是组成细胞的主要成分。当使用杀菌剂后，蛋白质的合成被破坏，组成细菌的细胞生长发育受到影响，甚至变形死亡。

（2）破坏细胞壁的合成

细菌的细胞壁主要成分是肽聚糖（Peptidoglycan），又称黏肽（Mucopeptide）。细胞壁的机械强度有赖于肽聚糖的存在。细菌细胞壁坚韧而富有弹性，保护细菌抵抗低渗环境，承受所在环境内的 $5\sim25Pa$ 的渗透压，并使细菌在低渗的环境下细胞不易破裂；细胞壁对维持细菌的固有形态起重要作用；可允许水分及直径小于 1nm 的可溶性小分子自由通过，与物质交换；细胞壁上带有多种抗原决定簇，决定了细菌菌体的抗原性。当使用杀菌剂后，细胞壁的合成被破坏，组成细菌的细胞的生长发育受到影响，甚至变形死亡。

（3）破坏细菌的能量代谢

细菌为了合成体内的各种成分，以维持生长和保持体温，需要不断地消耗能量，这些能量来源于体内产生的各种化学反应，生物酶对这些反应起催化作用。生物酶主要由蛋白质组成，这些蛋白质中有巯基（—SH）、氨基（—NH$_2$）和金属离子等。如果这些含巯基、氨基和金属离子的酶被破坏，那么靠这些酶催化的反应就不能进行。因此，能量的代谢作用就受到破坏。

（4）破坏核酸的代谢作用

核酸是菌类细胞不可缺少的重要化学成分，是生物体遗传的物质基础，并能储存、复制和传递庞大的遗传信息。因此，破坏了核酸的正常生长就等于破坏了产生酶的物质基础，进而破坏菌体本身的生长和繁殖。

（5）改变植物的生长代谢

一些病菌侵入植物体后，由于植物具有细菌生长、繁殖的条件和环境，因而细菌可以在植物体内生长、繁殖而使植物染病。一些内吸性杀菌剂进入植物体内后，可以改变植物的新陈代谢，能增强对病菌的抵抗力。

4.3.4 杀菌剂的化学结构与生物活性的关系

杀菌剂的化学结构与生物活性的关系是十分复杂的，迄今尚在探索研究。通常认为，具有活性的化合物，其分子结构中必须具有活性基和成型基。活性基又称作毒性基团；成型基是对生物活性有影响的取代基，又称助长发毒基团，它的引入改变了杀菌剂的亲脂性，因而使杀菌剂容易进入细菌体内。

（1）杀菌剂的活性基团

现有杀菌剂分子结构中，通常认为以下基团具有生物活性：

a. 不饱和双键和三键，如—S—C≡S、—N＝C＝S 等，它们可与生物体中蛋白质的—SH、—NH$_2$ 等发生加成作用。

b. 二硫代氨基甲酸酯基 [—N—C（S）—S—] 等，它们可与生物体中蛋白质的金属离子发生螯合作用。

c. —S—CCl$_3$、—S—CHCl$_2$ 和—O—CCl$_3$ 等基团能使生物体中蛋白质的—SH 钝化或反应。

d. 具有与核酸中的碱基腺嘌呤、鸟嘌呤、胞嘧啶等相似结构的基团，它们能抑制或破坏核酸的合成。

（2）杀菌剂的成型基

活性基团对病菌产生活性的条件是能进入菌体内。一个杀菌剂要进入细胞体内，先要通过菌体的外层结构细胞壁，细胞壁是油性的。成型基通常是亲油基团，它的结构对杀菌剂进入细胞里的能力（即穿透力）有显著影响。脂肪基是一种能促进透过细胞防御屏障的成型基。另外，脂肪基的形状应和菌类细胞壁上的脂肪基形状具有一定的相似性。不同菌的细胞壁上的脂肪基结构是不相同的。一般认为，直链的烃基比带有侧链的烃基穿透能力强；低级烃基的穿透能力强；对卤素原子而言，原子半径小的穿透能力强，即 F＞Cl＞Br＞I。

对同一类杀菌剂，其分子结构中含有什么样的成型基穿透能力最好，杀菌活性最高，主要通过各种实验而得，还不能完全根据化合物的结构来判断它的杀菌性。

4.3.5 主要的杀菌剂

我国需求量较大的杀菌剂品种有硫酸铜、多菌灵、甲基硫菌灵、代森类、井冈霉素、百菌清、三环唑和三唑酮等。

甲氧基丙烯酸酯类（又称 Strobilurin 类）杀菌剂是继苯并咪唑和三唑类杀菌剂之后的具有里程碑式意义的一类农用杀菌剂，是基于天然抗生素 Strobilurin A 为先导化合物开发的新型杀菌剂，是能量生成抑制剂。经过 20 多年的发展，已在世界杀菌剂市场中占据重要地位。2009 年甲氧基丙烯酸酯类杀菌剂销售额就达 26.28 亿美元，占全球杀菌剂市场的 25.3%，其中嘧菌酯、吡唑醚菌酯、肟菌酯、氟嘧菌酯、啶氧菌酯和醚菌酯 6 个品种的销售额均超过 1 亿美元。甲氧基丙烯酸酯类杀菌剂已经取代了统治市场 15～20 年的三唑类杀菌剂的霸主地位，目前已发展成为欧洲谷物市场的主要杀菌剂品种。但甲氧基丙烯酸酯类杀菌剂的作用位点单一和抗性日益严重的问题已开始制约这类杀菌剂的进一步发展。

三唑类杀菌剂仍将继续成为杀菌剂体系中的主角。由于甲氧基丙烯酸酯类杀菌剂的抗性已开始制约这类杀菌剂的进一步发展，目前国外农药大公司通过复配来解决甲氧基丙烯酸酯类杀菌剂的抗性问题，从而使得三唑类杀菌剂仍将继续成为杀菌剂喷雾体系中的主角。如拜耳公司已推出肟菌酯与丙环唑的复配品种用于防治果树和水稻病害如霜霉病、锈病和稻瘟病等，并在英国市场开发肟菌酯＋环唑醇产品。陶氏公司的氟环唑＋苯氧喹啉＋醚菌酯注册用于防治谷物病害。巴斯夫公司首次登记二甲苯氧菌胺与氟环唑的复配制剂用于冬小麦。

从长远看，由于硫制剂、铜制剂、代森锰锌和百菌清等非内吸性杀菌剂具有成本低、广谱和不易产生抗性的特点，它们在市场上仍将经久不衰，并占据较大份额。此外，在病害防治中，内吸和非内吸杀菌剂的混用制剂将会占据主导位置，生物活化剂的使用量亦将上升。

（1）甲基硫菌灵

甲基硫菌灵最初是由日本曹达株式会社研制开发出来的。化学名称为 1,2-二（3-甲氧碳基-2-硫脲基）苯，化学结构式为：

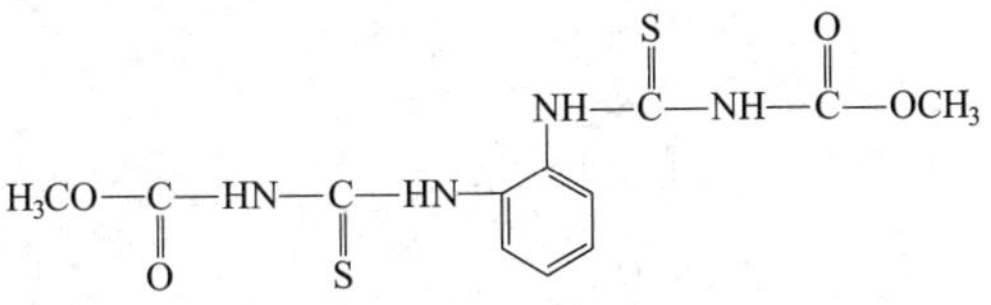

甲基硫菌灵是一种广谱性内吸低毒杀菌剂，具有内吸、预防和治疗作用，能够有效防治多种作物的病害。特点：广谱杀菌剂，具有向顶性传导功能，对多种病害有预防和治疗作用，对叶螨和病原线虫有抑制作用。对禾谷类、蔬菜类和果树上的多种病害有较好的防治作用。

（2）代森锌

代森锌化学名称为亚乙基双二硫代氨基甲酸锌，化学结构式为：

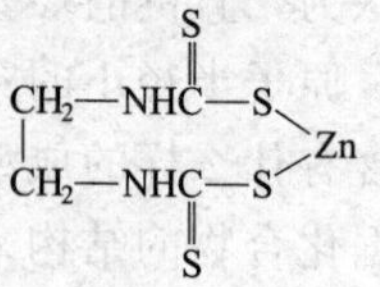

代森锌为保护性有机硫杀菌剂，主要用于防治麦类、蔬菜、葡萄、果树和烟草等作物的多种真菌病害，如白菜、黄瓜的霜霉病，番茄炭疽病，马铃薯晚疫病，葡萄白腐病和黑斑病，苹果及梨的黑星病等。代森类杀菌剂还有代森锰、代森锌锰等。

（3）百菌清

百菌清的化学名称为 2,4,5,6-四氯-1,3-二氰基苯，化学结构式为：

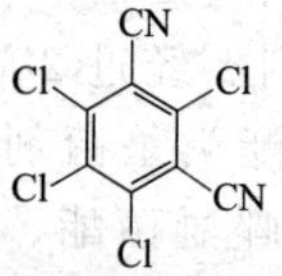

百菌清是一种广谱、高效、低毒、低残留的农林用杀菌剂，可防治多种农作物的真菌病害。它具有保护和治疗双重作用，并可用于工业防霉、杀菌、水果保鲜等，主要用于果树、蔬菜上锈病、炭疽病、白粉病和霜霉病的防治。

百菌清的作用机理是能与真菌细胞中的三磷酸甘油醛脱氢酶发生作用，与该酶中含有半胱氨酸的蛋白质相结合，从而破坏该酶活性，使真菌细胞的新陈代谢受破坏而失去生命力。百菌清没有内吸传导作用，但喷到植物体上之后，能在体表上有良好的黏着性，不易被雨水冲刷掉，因此药效期长。

（4）三环唑

三环唑的英文通用名称为 Tricyclazole，中文别名为克瘟灵、克瘟唑，化学结构式为：

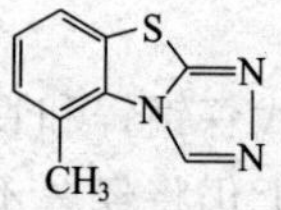

三环唑是具有较强内吸性的保护性杀菌剂，具有中等毒性，能迅速被水稻各部位吸收，持效期长，药效稳定，用量低并且抗雨水冲刷，主要用于稻瘟病的防治。

（5）三唑酮

三唑酮的英文名称为 Triadimefon，化学结构式为：

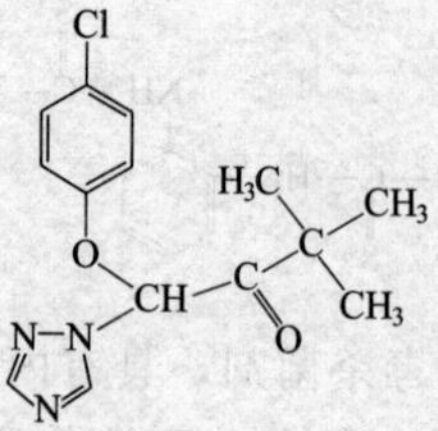

三唑酮是一种高效、低毒、低残留、持效期长和内吸性强的三唑类杀菌剂。被植物的各

部分吸收后，能在植物体内传导。对锈病和白粉病具有预防、铲除、治疗和熏蒸等作用。对多种作物的病害如玉米圆斑病、麦类云纹病、小麦叶枯病、凤梨黑腐病、玉米丝黑穗病等均有效。对鱼类及鸟类较安全，对蜜蜂和天敌无害。

三唑酮的杀菌机制极为复杂，主要是抑制菌体麦角甾醇的生物合成，因而抑制或干扰菌体附着孢及吸器的发育，菌丝的生长和孢子的形成。三唑酮对某些病菌在活体中活性很强，但离体效果很差，对菌丝的活性比对孢子强，三唑酮可以与许多杀菌剂、杀虫剂和除草剂等现混现用。

（6）多菌灵

多菌灵又称苯并咪唑 44♯，化学名称为 N-（2-苯并咪唑基）氨基甲酸甲酯，化学结构式为：

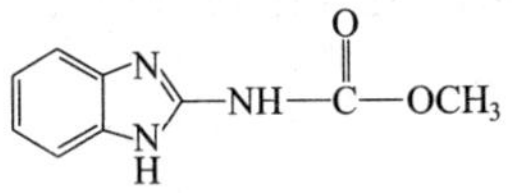

多菌灵是一种高效、广谱、低残留的内吸杀菌剂。对防治三麦赤霉病、水稻纹枯病、稻瘟病、油菜的菌核病、棉花的苗期病及苹果腐烂病等都有效。

（7）醚菌酯

醚菌酯的英文名称为 Kresoxim-methyl，化学名称为（E）-2-甲氧亚氨基-[2-（邻甲基苯氧基甲基）苯基] 乙酸甲酯，化学结构式为：

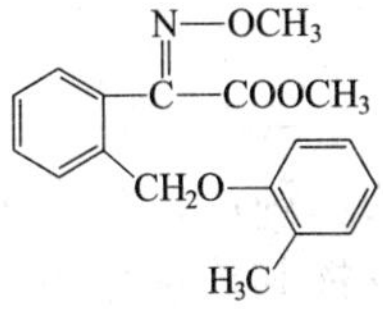

醚菌酯不仅具有广谱的杀菌活性，同时兼具有良好的保护和治疗作用，与其它常用的杀菌剂无交互抗性，比常规杀菌剂持效期长，具有高度的选择性，对作物、人畜及有益生物安全，对环境基本无污染。

醚菌酯用于谷物，可有效防治谷物白粉病、锈病、斑枯病，通过混剂可扩大杀菌谱、延缓抗性产生，也可防治水稻上的稻瘟病、纹枯病及葡萄和蔬菜上的霜霉病。

（8）嘧菌酯

嘧菌酯的英文名称为 Azoxystrobin，化学名称为：（E）-2-{2-[6-（2-氰基苯氧基）嘧啶-4-基氧]苯基}-3-甲氧基丙烯酸甲酯，化学结构式为：

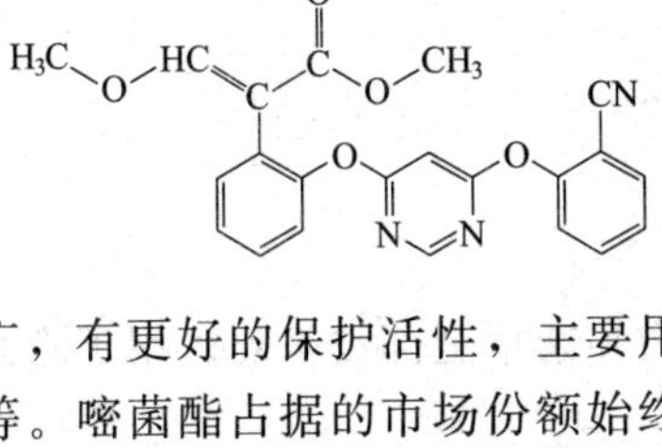

嘧菌酯比醚菌酯的杀菌谱广，有更好的保护活性，主要用于谷物，防治谷物白粉病、锈病、颖枯病、叶斑病和网斑病等。嘧菌酯占据的市场份额始终排在前十位。

（9）肟菌酯

肟菌酯的英文名称为 Trifloxystrobin，中文别名为肟草酯三氟敏；肟草酯；肟菌酯，三氟敏。化学名称为（$2Z$）-2-甲基亚氨基-2- [2-[[1-[3-（三氟甲基）苯基]亚乙基氨基]氧甲基]苯基]乙酸甲酯。化学结构式为：

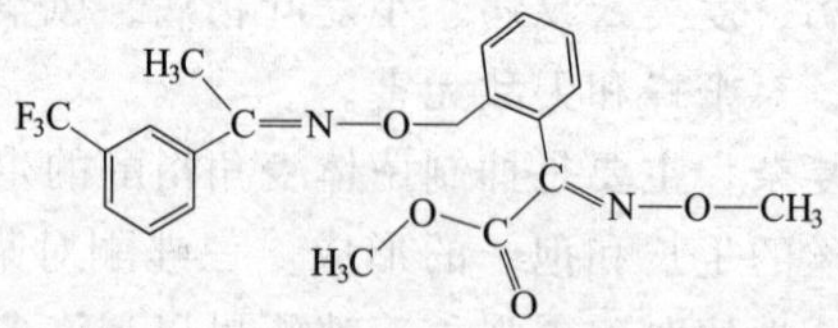

肟菌酯是一类含氟杀菌剂，不仅杀菌谱广，而且具有保护、治疗、渗透、铲除和杰出的横向传输特性，无内吸活性，具有耐雨水冲刷和表面蒸发再分配的性能，是广谱的叶面杀菌剂。肟菌酯的高效性及良好的作物选择性使其可有效防治温带、亚热带作物上的病害，不会对非靶标组织造成不良影响，并在土壤和地下水中分解很快。防治白粉病和叶斑病有特效，也能有效防治锈病、霜霉病、立枯病。适宜作物为葡萄、苹果、小麦、花生、香蕉、蔬菜和水稻等。

（10）井冈霉素

井冈霉素是目前用量最大的农用抗生素，它是 1973 年由上海市农药研究所在江西井冈山地区的土壤中发现的。其产生菌为吸水链霉菌井冈变种，是通过微生物发酵生产的一种多元混合物，其有效成分为井冈霉素 A，是至今为止中国最廉价且使用面积最广的一种农用抗生素。

井冈霉素对水稻纹枯病有预防和治疗作用，对水稻紫杆病和小粒菌核病有兼治作用，还可用于防治小麦纹枯病和棉花、蔬菜、豆类、人参和柑橘苗木的立枯病等，已成为我国农用抗生素产品的当家品种。

（11）农抗 120

由中国农业科学研究院开发成功的一种广谱抗真菌的农用抗生素，其兼具预防和治疗作用，通过抑制病原菌的蛋白质合成而发挥其杀菌作用。

农抗 120 主要用于瓜类、烟草、苹果、葡萄、大白菜、小麦、花卉、番茄、水稻、玉米和西瓜等作物，防治白粉病、炭疽病、纹枯病等病害，并且对小麦锈病、柑橘疮痂病和苹果腐烂病也有效。而且，农抗 120 对作物还有明显的刺激生长作用。

4.4 除草剂及植物生长调节剂

杂草是农业生产的大敌，它同作物争夺阳光、水分、肥料和空间等生长条件，而且是传播病虫害的媒介。全世界每年草害造成农作物减产 10%～15%，其中谷类作物减产 1.5 亿吨。因此，开发和生产除草剂是发展农药的重要内容。除草剂又叫除莠剂，即除草的化学药剂。

4.4.1 除草剂的分类

（1）按作用范围分类

非选择性除草剂：不分作物和杂草全部被杀死。用于除去非耕地的杂草，如公路、铁路和操场等。

选择性除草剂：能杀死杂草而不伤害作物。

（2）按作用方式分类

触杀型除草剂：不能被植物体内运输传导。

内吸性除草剂：能被植物体内运输传导。

4.4.2　除草剂的选择性

不同植物用同一种药剂是否被杀死，其原因比较复杂，简单地说有以下情况：

（1）药剂接触或黏附在植物体上的机会不同

例如煤油是一种能杀死各种植物的灭生性药剂，但如果用在洋葱田里则可杀死杂草，而洋葱很安全，原因是洋葱的叶子是圆锥状直立的，外面有一层蜡质，因此，喷洒煤油时油滴在洋葱叶子上根本粘不住。一般说狭小叶子比宽阔叶子受药机会少，竖立叶子比横展的叶子受药机会少。

（2）药品被植物吸收的能力不同

各种植物的表皮都具有不同的保护组织，施药后，药物能否进入体内、进入多少，与植物保护组织的构造有关。如果表层有厚蜡质，则药物不易渗透入植物体内，此植物也就不易被药物杀死。

（3）植物内部生理作用不同

植物在施药后，有的受害较重，有的受害较轻或者无害。这主要是由于药物进入植物体内后，不同植物表现出不同的生理特性。如"西玛津"用在玉米田里，由于玉米体内有一种能分解"西玛津"的解毒物质，因此只要玉米吸入不太多就不会受害，但对杂草来讲因为没有这类物质所以导致死亡。

4.4.3　除草剂的作用机制

除草剂的作用主要是扰乱植物机能的正常运转，使维持植物生长所不可缺少的结构发生不可逆的变化，同时使植物的内部环境被破坏，最后导致植物死亡。

（1）对光合作用的破坏

光合作用是植物生长的重要生理机能之一。植物的叶子在阳光下依靠叶绿素，吸收空气中二氧化碳和水合成潜藏着化学能的有机物（如葡萄糖）放出氧气。植物的光合作用可把简单的无机物制造成复杂的有机物，并把太阳能转变成化学能。除草剂的作用就是利用其毒性改变叶绿体本身的结构，破坏叶绿素和自然界的联系，使光合作用不能很好地进行，使植物叶子很快枯萎，最后导致死亡。如取代脲类和均三嗪类除草剂通过抑制光系统Ⅱ中的电子传递，可干扰植物的光合作用。

（2）引入激素类物质，破坏植物的正常生长

植物体内具有一定比例的各种生长素，如吲哚乙酸、赤霉酸和激动素等。这些比例决定了细胞组织的生理变化，即决定细胞是否分裂、生根、发芽或休眠，在植物体内引入激素类除草剂，会改变其生长的比例，使之不平衡，植物的正常生长发生变化。如2,4-滴是一种激素类（或生长素类）除草剂，它所引起的生长作用很像植物体内的吲哚乙酸类生长素。植物吸收了2,4-滴除草剂后，引起生长反常，如根、茎、叶的生长反常，缺乏叶绿素，光合作用降低等。所有这些变化最后导致植物死亡。

（3）抑制植物体内的各种酶，使蛋白质、脂肪酸等物质的合成遭到破坏

如草甘膦主要抑制植物体内烯醇丙酮基莽草素磷酸合成酶，从而抑制莽草素向苯丙氨酸、酪氨酸及色氨酸的转化，使蛋白质的合成受到干扰导致植物死亡。磺酰脲类、咪唑啉酮类、嘧啶水杨酸类、磺酰胺类等除草剂均是乙酰乳酸合成酶（ALS）抑制剂，即通过抑制植

物体内乙酰乳酸合成酶，阻碍侧链氨基酸如缬氨酸、亮氨酸、异亮氨酸的生物合成，使蛋白质的合成受到干扰，细胞分裂被抑制，杂草正常生长受到破坏而死亡。芳氧苯氧丙酸类除草剂能抑制乙酰辅酶 A 羧化酶（ACC），使脂肪酸合成停止，细胞的生长分裂不能正常进行，膜系统等含脂结构破坏，最后导致植物死亡。吡唑类除草剂是一种对羟苯基丙酮酸双氧化酶（HPPD）抑制剂，能阻止植物体中的 4-羟基丙酮酸向尿黑酸的转变，从而导致无法合成质体醌和生育酚，而间接抑制了类胡萝卜素的生物合成，使植物产生白化症状，直至最终死亡。硫代氨基甲酸酯类和酰胺类除草剂均是脂类合成抑制剂。

4.4.4　典型的除草剂

除草剂的品种很多，需求量较大的品种有草甘膦、乙草胺、莠去津、丁草胺、百草枯、甲草胺、2,4-滴丁酯、氟乐灵、二氯喹啉酸和二甲四氯。

（1）羧酸类除草剂

羧酸类除草剂主要包括三大类：苯氧羧酸类、喹啉羧酸类和苯甲酸类。

a. 苯氧羧酸类除草剂。该类除草剂均是在 2,4-滴结构基础上研制的，苯氧羧酸类除草剂的选择性问题比较复杂，因使用剂量和植物种类不同而有较大差异。这类除草剂被植物根、茎、叶所吸收，在低浓度时能刺激植物的生长，是一种植物生长调节剂；在浓度高时能破坏植物新陈代谢而杀死植物。它是通过药物在植物体内传导，使植物生长畸形，逐渐导致植物死亡。

2,4-滴丁酯，化学名称为 2,4-二氯苯氧乙酸丁酯，化学结构式为：

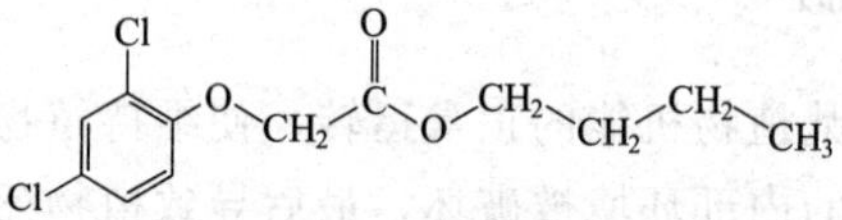

2,4-滴丁酯为激素型选择性除草剂，具有较强的内吸传导性，药效高，展着性好，渗透性强，易进入植物体内，不易被雨水冲刷，在很低浓度下（<0.01%）即能抑制植物正常生长发育，使植物出现畸形，直至死亡。2,4-滴丁酯主要用于苗后茎叶处理，对双子叶杂草敏感，对禾谷类作物安全，适用于小麦、大麦、青稞、玉米和高粱等禾本科作物田及禾本科牧草地，防除播娘蒿、藜、蓼、芥菜、离子草、繁缕、反枝苋、葎草、问荆、苦荬菜、刺儿菜、苍耳、田旋花和马齿苋等阔叶杂草，对禾本科杂草无效。

b. 喹啉羧酸类除草剂。喹啉羧酸类除草剂也是由巴斯夫公司率先开发成功的，目前主要有二氯喹啉酸和喹草酸两个品种。

二氯喹啉酸，化学名称为 3,7-二氯-8-喹啉羧酸，中文别名为快杀稗、杀稗净、克稗星、稗宝。其化学结构式为：

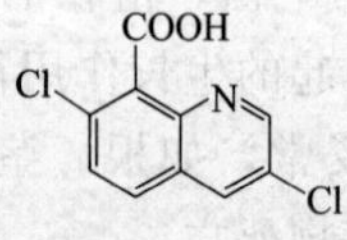

二氯喹啉酸属激素型低毒除草剂，杂草中毒症状与生长素类作用相似，主要用于防治稗草，且适用期很长，1～7 叶期均有效。对水稻安全性好，主要用于稻田防稗草，也可防治雨久花、田菁、水芹、鸭舌草和皂角等。

羧酸类除草剂的作用机理属于激素型除草剂，杂草中毒症状与生长素物质的作用症状相似。自 1942 年发现 2,4-滴至今，羧酸类除草剂已有 77 年的历史，但这类除草剂仍占有一定地位。

（2）吡啶类除草剂

吡啶类除草剂共有 10 余个品种，如氟草烟、氟硫草定、氟啶酮、噻草啶和氟吡草腙。

氟草烟和氟硫草定均是吡啶羧酸类化合物，表现出典型激素类除草剂的特点，前者主要用于麦类、玉米、果园、牧场、林地和草坪中防除阔叶杂草，后者主要用于稻田和草坪中防除一年生禾本科杂草和阔叶杂草，且除草活性不受环境因素变化的影响，对水稻安全。

氟啶酮是一种二氢吡啶酮类化合物，作用机理是抑制类叶红素的生物合成，适用于防除玉米田中一年生阔叶杂草及一些多年生杂草。噻草啶是一种吡啶羧酸酯化合物，属于细胞分裂抑制剂，主要用于棉花、花生地中防除禾本科杂草和阔叶杂草。

氟吡草腙是一种氨基脲类化合物，作用机理是抑制极性生长素传输，主要用于玉米田防除阔叶杂草和禾本科杂草。

氟草烟、氟硫草定、氟啶酮、噻草啶和氟吡草腙的化学结构式为：

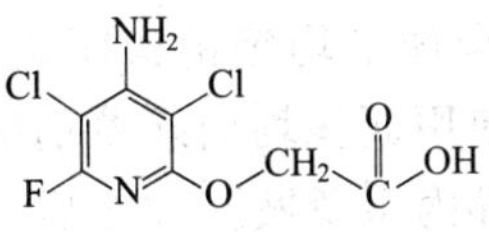

氟草烟 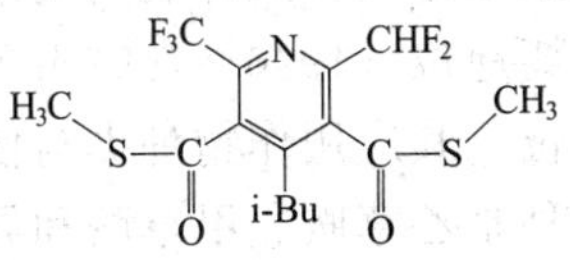　　　　　　氟硫草定 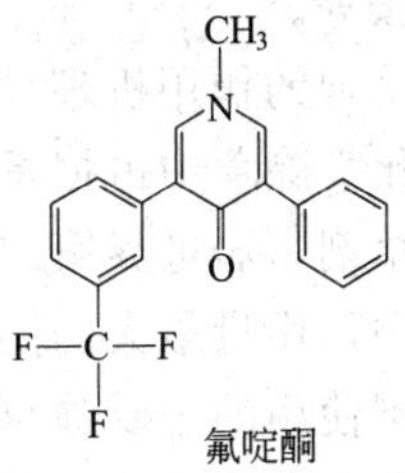　　　　　　氟啶酮

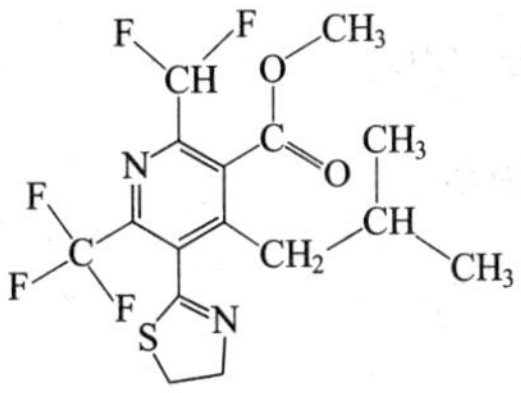

噻草啶 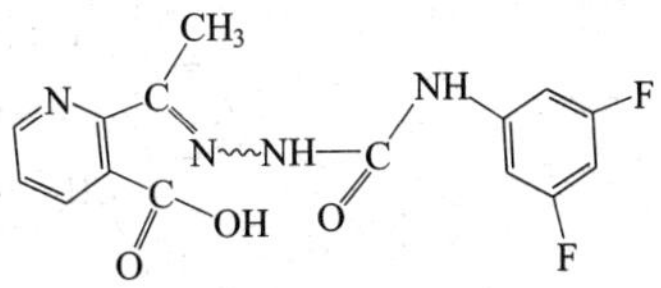　　　　　　氟吡草腙

（3）有机磷类除草剂

有机磷类除草剂在世界农药工业中占有重要地位，其主要品种有双丙氨膦、草甘膦、草硫膦和草砜膦等。尽管草甘膦的开发与应用已有近 40 年的历史，但销售额仍居世界第一。与草甘膦相比，草硫膦具有杀死杂草的速度更快、抗雨水冲刷的能力更强，以及防治杂草更广谱等优点。

草甘膦，化学名称为 N-（膦酰基甲基）甘氨酸或 N-（膦酰基甲基）氨基乙酸，又称镇草宁、农达（Roundup）、膦甘酸。其化学结构式为：

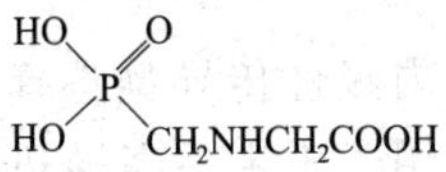

草甘膦为内吸传导型慢性广谱灭生性除草剂，主要抑制物体内烯醇丙酮基莽草素磷酸合成酶，从而抑制莽草素向苯丙氨酸、酪氨酸及色氨酸的转化，使蛋白质的合成受到干扰导致植物死亡。草甘膦是通过茎叶吸收后传导到植物各部位的，可防除单子叶和双子叶、一年生和多年生、草本和灌木等 40 多科的植物。草甘膦入土后很快与铁、铝等金属离子结合而失去活性，对土壤中潜藏的种子和土壤微生物无不良影响。

草甘膦目前也是最受争议的除草剂。一方面有些研究表明，草甘膦有致癌作用，还导致不孕；另一方面，草甘膦是美国孟山都公司的拳头产品，因为孟山都的另一个主力产品是抗草甘膦的转基因作物，两者经常搭伴销售，于是被称为转基因伴侣。由于转基因作物备受争议，而草甘膦也受到影响。抗草甘膦的转基因作物主要为转基因大豆，该转基因大豆针对草甘膦的作用机理，导入能够使植物表达更多的 3-烯醇丙酮莽草素-3-磷酸合成酶（EPEP）的基因，使大豆植株对草甘膦不敏感，而能忍受正常量或更高剂量的草甘膦却不被杀死。

（4）酰胺类除草剂

自孟山都公司于 1956 年成功开发了旱田除草剂二丙烯草胺后，酰胺类除草剂有较大发展，到目前已有 53 个品种商品化。20 世纪 80 年代以来，随着化合物结构日益复杂，含异构体的酰胺类除草剂品种逐步增多，如异丙甲草胺和二甲噻草胺均含有 4 种光学异构体。由于不同异构体的生物活性及对环境的影响差别很大。因此，开发具有光学活性的酰胺类除草剂是近些年来的研究重点。此外，在酰胺类化合物中引入杂环和氟原子是这类除草剂开发的一大热点。如苯噻草胺、甲氧噻草胺、吡草胺、四唑酰草胺、氟丁酰草胺、吡氟草胺、氟吡草胺和氟噻草胺等。

酰胺类除草剂的作用机理一般是脂类合成抑制剂或细胞分裂与生长抑制剂。酰胺类除草剂在近代农田化学除草中占据重要地位，1996～1997 年全球平均年销售额达 16 亿美元，仅次于有机磷除草剂，居世界第二位，其应用作物种类与使用面积均居除草剂前列。在氯代乙酰胺类除草剂中，用量最大的品种是乙草胺、甲草胺和异丙甲草胺。在今后一定时期内，乙草胺仍将为我国使用的主要除草剂品种。

乙草胺的化学名称为 2-乙基-6-甲基-N-乙氧基甲基-α-氯代乙酰替苯胺，化学结构式为：

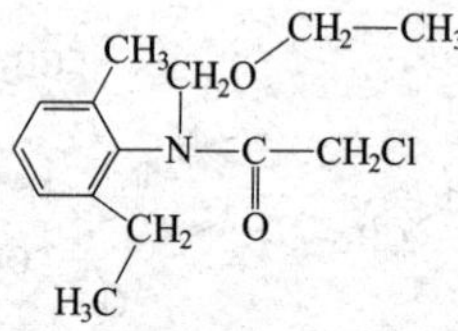

乙草胺是选择性芽前处理除草剂，主要通过单子叶植物的胚芽鞘或双子叶植物的下胚轴吸收，吸收后向上传导，主要通过阻碍蛋白质合成而抑制细胞生长，使杂草幼芽、幼根生长停止，进而死亡。禾本科杂草吸收乙草胺的能力比阔叶杂草强，所以防除禾本科杂草的效果优于阔叶杂草。

乙草胺对马唐、狗尾草、牛筋草、稗草、千金子、看麦娘、野燕麦、早熟禾、硬草和画眉草等一年生禾本科杂草有特效，对藜科、苋科、蓼科等阔叶杂草也有一定的防效，但是效果比对禾本科杂草差，对多年生杂草无效。适合于防除玉米、棉花、豆类、花生、马铃薯、油菜、大蒜、烟草、向日葵、蓖麻和大葱等中的杂草。

（5）均三氮苯类除草剂

均三氮苯（均三嗪）类除草剂是内吸性传导型选择性除草剂，具有用药量少、药效高、杀草范围广和残效期长等特点，主要用于玉米、高粱和其它作物地除草，能有效地杀死阔叶杂草。主要品种有莠去津等，对人畜鱼类安全。

莠去津的化学名称为 2-氯-4-乙氨基-6-异丙氨基-1,3,5-三嗪，化学结构式为：

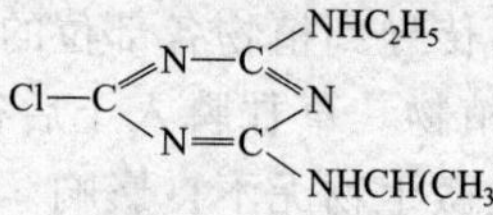

莠去津是内吸选择性苗前、苗后除草剂。根吸收为主，茎叶吸收很少，易被雨水淋洗至土壤较深层，对某些深根草亦有效，但易产生药害，持效期也较长。适用于玉米、高粱、甘蔗、果树等地防除马唐、稗草、狗尾草、莎草、看麦娘，以及蓼科、藜科、十字花科和豆科杂草，对某些多年生杂草也有一定抑制作用。

（6）取代脲类除草剂

自1951年杜邦公司成功开发灭草隆以来，脲类除草剂得到迅速发展。到目前为止已开发出42个品种。脲类和均三嗪类除草剂具有相同的作用机理，可干扰植物的光合作用，抑制作用是通过抑制光系统Ⅱ中的电子传递来实现的。

脲类除草剂在世界除草剂市场中仍占有一席之地，如敌草隆、绿麦隆、阿特拉津等品种的销售额较大，但由于其用量大、残留与抗性严重以及部分品种对下茬作物有影响等原因，这两类除草剂的使用量和销售额在逐年下降。

敌草隆的化学名为 N-(3,4-二氯苯基)-N′，化学结构式为：

敌草隆是一种高效、广谱性除草剂，适用于水稻、棉花、玉米、大豆和果园等地的除草。

（7）磺酰脲类除草剂

自杜邦公司于1979年成功开发氯磺隆之后，磺酰脲类除草剂就开始得到迅速发展，磺酰基所连苯环可改变成各类杂环、三嗪环，亦可改变成嘧啶环衍生物，从而先后开发了一系列各具特色的超高效除草剂，到目前已有30多个品种问世，其中杜邦公司开发的占一半以上。磺酰脲类除草剂的开发是除草剂进入超高效时代的标志，它的最大特点是高活性。此外，该类除草剂还具有极低的哺乳毒性和良好的环境特性。但是，进入20世纪90年代，磺酰脲类除草剂在其应用过程中遇到一些难题，最突出的是残留药害和杂草的抗药性问题。因此，近期开发的新品种在保持原有高活性、对环境友好的前提下，主要特点是不仅对作物安全，而且对后茬作物无影响，如德国艾格福公司开发的酰嘧磺隆是一种麦田除草剂，主要用于防除冬小麦、大麦和燕麦等作物中的阔叶杂草，对猪殃殃有特效，对当茬小麦和下茬水稻、玉米安全。

在磺酰脲类除草剂中引入氟原子，也是近年来的研究开发热点。如杜邦公司开发的氟啶嘧磺隆是一种芽前、芽后杂草的除草剂，主要用于防除重要的禾本科杂草和大多数的阔叶杂草，对看麦娘有特效。无论该药剂于秋季施用还是春季施用，对后茬作物均无影响。

磺酰脲类除草剂的作用机制新颖，是一种乙酰乳酸合成酶（ALS）抑制剂，即通过抑制植物体内乙酰乳酸合成酶，阻碍侧链氨基酸如缬氨酸、亮氨酸、异亮氨酸的生物合成，使细胞分裂被抑制，杂草正常生长受到破坏而死亡。

磺酰脲类除草剂对许多一年生或多年生杂草尤其是阔叶杂草具有特效，已广泛用于防除水稻、麦类、大豆、玉米、油菜、草坪和其它非耕地的杂草。1996年全球这类除草剂的销售额就达到了15亿美元，仅次于有机磷类除草剂，其中苄嘧磺隆、烟嘧磺隆、氟嘧磺隆和噻磺隆4个品种的全球销售额均超过1亿美元。目前，磺酰脲类除草剂在世界农药市场中仍占有重要地位，但是近年来由于其残留药害和抗性问题日益突出，已开始制约这类除草剂的进一步发展。

吡嘧磺隆的化学名称为5-(4,6-二甲氧基)嘧啶基-2-氨基甲酰氨基磺酰基-1-甲基吡唑-4-

羧酸乙酯，中文通用名称为吡嘧磺隆、草克星、稻歌和稻月生。其化学结构式为：

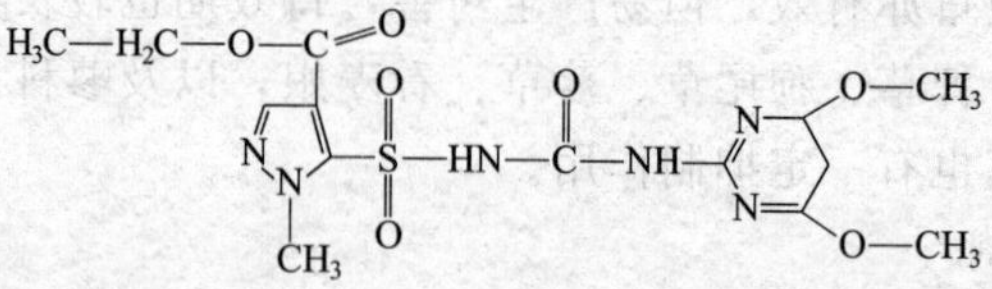

吡嘧磺隆为选择性内吸传导型除草剂，主要通过根系被吸收，在杂草植株体内迅速转移，抑制生长，杂草逐渐死亡。水稻能分解该药剂，对水稻生长几乎没有影响。药效稳定，安全性高，持效期长。

主要用于水稻秧田防除一年生和多年生阔叶杂草和莎草科杂草，如水莎草、萤蔺、鸭舌草、水芹、节节菜、野慈姑、眼子菜、青萍和鳢肠。对稗草有一定防效，对千金子无效。

（8）咪唑啉酮类除草剂

咪唑啉酮类除草剂是继磺酰脲类除草剂上市 3 年后，由美国氰胺公司开发成功的一类高效、广谱、低毒的除草剂。

咪唑啉酮类除草剂的作用机制与磺酰脲类除草剂一样，主要是抑制乙酰乳酸合成酶，从而抑制侧链氨基酸的生物合成。因此，这类除草剂同样存在残留药害问题。

尽管咪唑啉酮类除草剂品种较少，并且也存在残留药害问题，但由于其具有活性高、用量低和杀草谱宽等特点，目前这类除草剂在世界除草剂市场中仍占有一定地位。主要品种有咪唑烟酸、咪唑乙烟酸、咪草酸、咪唑喹啉酸、甲氧咪草烟和甲基咪草烟。

咪唑乙烟酸的化学名称为(RS)5-乙基-2-(4-异丙基-4-甲基-5-氧代-2-咪唑啉-2-基)烟酸，中文别名为咪唑乙烟酸、咪草烟、普杀特、普施特。其化学结构式为：

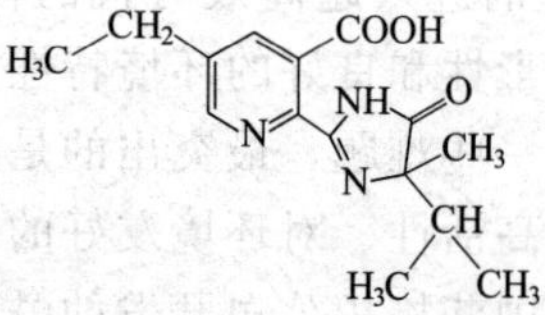

咪唑乙烟酸是一种用于大豆田的超高效、广谱、内吸除草剂，对一年生禾本科杂草和阔叶杂草有很好的防除效果，但它在土壤中残留时间较长，在偏碱性条件下降解较慢，易对后茬敏感作物造成药害。

（9）磺酰胺类除草剂

磺酰胺类除草剂是继磺酰脲类及咪唑啉酮类除草剂之后，由美国陶氏益农公司研制开发的一类新的乙酰乳酸合成酶抑制剂。其主要结构形式是三唑并嘧啶磺酰胺，如唑嘧磺草胺、甲氧磺草胺、氯酯磺草胺、双氯磺草胺、双氟磺草胺和五氟磺草胺。其中唑嘧磺草胺的化学结构式为：

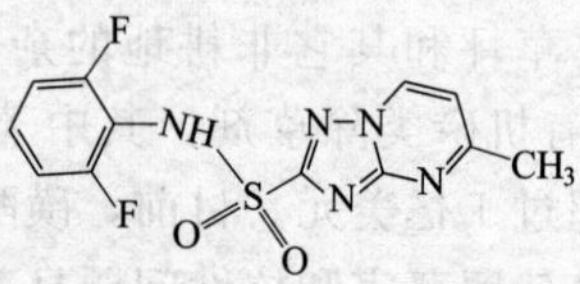

磺酰胺类除草剂的作用机制与磺酰脲类除草剂类似，是典型的乙酰乳酸合成酶抑制剂。其作用特点如下：

a. 以乙酰乳酸合成酶为靶标,是涉及丙酮酸与焦磷酸硫胺素混合型抑制剂,对酶的结合点进行竞争,而对基质或辅因子不产生竞争作用。

b. 选择性强,不同种植物对磺酰胺类除草剂的敏感性差异很大,如阔草清在玉米植株内迅速代谢,其半衰期仅 2h,而在杂草反枝苋体内的半衰期则长达 104h。

c. 磺酰胺类是长残留性除草剂,在土壤中主要通过微生物降解而消失,对大多数后茬作物安全。

d. 使用方法灵活,既可播前混土及苗前土壤处理,也可苗后喷雾。

e. 磺酰胺类是防除阔叶杂草的除草剂,对禾本科杂草防效差,故宜与防除禾本科杂草的除草剂混用。

(10) 嘧啶水杨酸类除草剂

嘧啶水杨酸类除草剂是由日本组合化学公司于 20 世纪 90 年代初首先开发成功的又一类新的乙酰乳酸合成酶抑制剂,可以防除水稻田和旱作物地杂草。主要品种有嘧硫草醚、嘧草醚、双草醚、嘧啶肟草醚和环酯草醚,其中后两个品种分别由韩国 LG 化学和瑞士诺华公司开发。其中嘧硫草醚的化学结构式为:

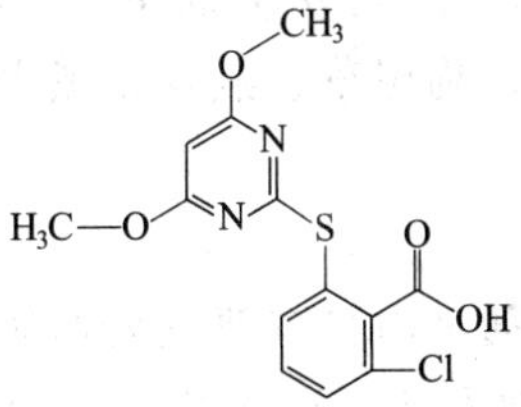

嘧硫草醚主要用于棉花田苗前及苗后防除一年生和多年生禾本科杂草和大多数阔叶杂草。嘧草醚主要用于防除水稻田的高龄稗草,具有很好的选择性,对水稻高度安全,对动物和鱼类低毒,用于苗后茎叶处理防除稗草。双草醚主要用于直播水稻苗后防除一年生和多年生杂草,对稗草有特效,对臂形草、异型莎草、碎米莎草、千金子、萤蔺、紫水苋、假马齿苋、鸭趾草、粟米草、马唐和瓜皮草等杂草亦有优异的活性。嘧啶肟草醚是一种广谱水稻田除草剂,主要用于防除许多禾本科杂草和阔叶杂草,对恶性杂草双穗雀稗和稻李氏禾有很好的防除效果,对作物安全。环酯草醚主要用于稻田防除稗草等禾本科杂草,对水稻和后茬作物安全。

(11) 芳氧苯氧丙酸类除草剂

芳氧苯氧丙酸类是近 20 年来发展起来的一类防除禾本科杂草的新除草剂,自 1975 年发现禾草灵具有除草活性之后,迄今为止已有 20 余个品种商品化,如吡氟禾草灵、吡氟氯禾灵、恶唑禾草灵、喹禾灵和噻唑禾草灵等。由于这类除草剂分子中都有一个手性碳原子,各有两种旋光异构体,其中 D-(-) 为高效体,药效比 L-(+) 体高 6~12 倍。因此,后来又进一步开发其高效异构体 R 光学异构体,可以减少用量,如精禾草克、精稳杀得、精盖草能和骠马等。近年来开发的主要新品种有喔草酯、炔草酯和氰氟草酯。

芳氧苯氧丙酸类除草剂属内吸传导型抑制剂,其作用特点是药剂经茎叶处理后,迅速被杂草茎叶吸收,并传导到顶端以至整个植株,积累于植物体的分生组织区,抑制乙酰辅酶 A 羧化酶(ACC),使脂肪酸合成停止,细胞的生长分裂不能正常进行,膜系统等脂结构破坏,最后导致植物死亡。

由于芳氧苯氧丙酸类除草剂具有高效、低毒、杀草谱广、施用期长以及对后茬作物安全等特点,因而它在世界除草剂市场中占有重要地位,如精恶唑禾草灵、吡氟禾草灵的 2000

年销售额均超过 2 亿美元。但是，近年来这类除草剂也产生了一定抗性，如冬油菜田禾本科杂草的防除，长期以来使用的是高效盖草能、精喹禾灵、喷特、威霸等芳氧苯氧丙酸类除草剂，目前已在局部地区产生了严重的抗药性。

精恶唑禾草灵的化学名称为 (R)-2-[4-(6-氯-1,3-苯并唑-2-氧基)苯氧基]丙酸乙酯，中文别名为骠马、威霸、维利、高恶唑禾草灵。其化学结构式为：

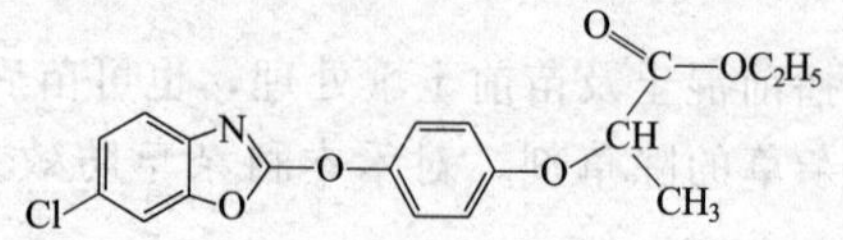

精恶唑禾草灵主要是通过抑制脂肪酸合成的关键酶——乙酰辅酶 A 羧化酶，从而抑制了脂肪酸的合成。药剂通过茎叶吸收传导至分生组织及根的生长点，作用迅速，施药后 2～3d 停止生长，5～6d 心叶失绿变紫色、分生组织变褐色、叶片逐渐枯死，是选择性极强的茎叶处理剂。

精恶唑禾草灵适于双子叶作物如大豆、花生、油菜、棉花、甜菜、亚麻、马铃薯、蔬菜田及桑果园等田中防除单子叶杂草。加入安全剂 Hoe-070542 后适于小麦田防除禾本科杂草。主要用于防除野燕麦、看麦娘、狗尾草、燕麦、黑麦草、早熟禾、稗草、自生玉米和马唐等。

（12）环己二酮类除草剂

环己二酮类或环己烯酮类除草剂是由日本曹达公司研发的一类具有选择性的内吸传导型茎叶处理剂。自 1978 年第一个品种禾草灭问世以来，已商品化的主要有禾草灭、稀禾啶、噻草酮、烯草酮、苯草酮、丁苯草酮、吡喃草酮和环苯草酮等。除环苯草酮为水田除草剂外，其它均为旱田除草剂。其中禾草灭的化学结构式为：

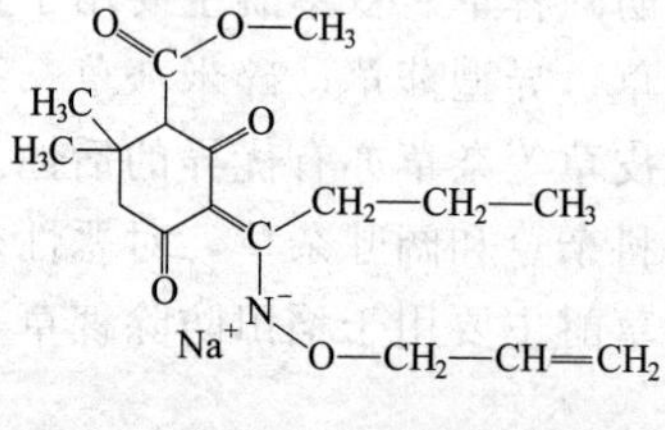

环己二酮类除草剂在结构上同芳氧丙酸类除草剂完全不同，但其作用机制一样，都是乙酰辅酶 A 羧化酶（ACC）抑制剂。它们有类似的杂草防除谱，均被用于阔叶作物中苗后防除一年生或多年生禾本科杂草，并对杂草有相似的防除特征：叶片黄化，停止生长，几天后枝尖、叶和根分生组织相继坏死。

（13）二苯醚类除草剂

1960 年罗门哈斯公司首先发现了除草醚的除草活性，后来日本又将除草醚成功地用于水稻田除草，并于 1966 年开发出对水稻安全的草枯醚。20 世纪 70 年代后出现了生物活性比除草醚高几十倍的若干新品种，形成了除草剂中重要的一类。进入 80 年代，先后开发了一系列含三氟甲基的高效除草剂，如乙羧氟草醚、氟磺胺草醚、氟呋草醚、氟酯肟草醚、氟草醚酯、氟萘草酯和乳氟禾草灵等。

二苯醚类化合物是一种原卟啉原氧化酶（Protox）抑制剂，其作用机理是抑制光合作用，使叶绿素合成受阻，从而导致杂草叶片枯萎死亡。这类除草剂作用速度快，且稍有药害，但通常不影响作物产量，对后茬作物安全。由于二苯醚类除草剂大多对鱼贝低毒，且具有较高的生物活性，曾在我国及日本大面积应用。近年来部分品种虽然因为环境毒性而在欧美被禁用，但也有经久不衰的品种，如乙氧氟草醚（果尔），其化学结构式为：

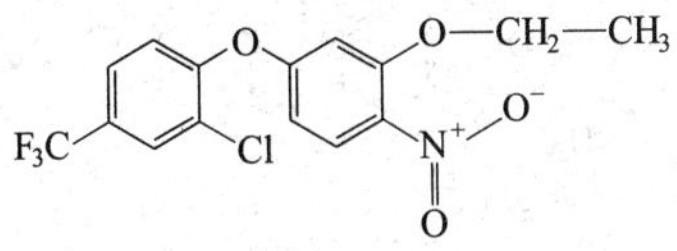

（14）四取代苯类除草剂

从 20 世纪 70 年代初开始，人们对原卟啉原氧化酶（Protox）抑制剂的开发突破了二苯醚的结构限制，先后发现一系列具有新颖化学结构的活性化合物。从结构式上看，这类除草剂的分子中都有一个在 1、2、4 和 5 位取代的苯环，因此有人将此类除草剂称为四取代苯类除草剂。四取代苯类除草剂的结构比较复杂，基本上都是五元含氮杂环化合物，其中含有噁二唑、三唑啉酮、吡唑和酰亚胺结构的品种较多，其中三唑啉酮和吡唑的化学结构式为：

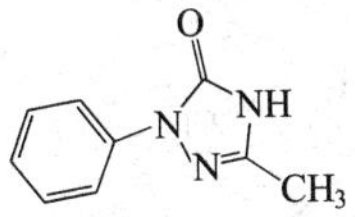

四取代苯类除草剂的作用机制与二苯醚类除草剂相同，都是原卟啉原氧化酶抑制剂。这类除草剂的最大特点是在保持现有高活性、对环境友好的前提下，不仅对作物安全，且对后茬作物无影响。

（15）吡唑类除草剂

20 世纪 80 年代初期，日本三共、三菱油化、石原产业公司分别成功开发出吡唑类除草剂吡唑特、吡草酮和苄草唑（吡唑特和苄草唑是一种东西）。它们均是稻田除草剂，主要用于防除稗草、若干莎草科杂草及多年生阔叶杂草。其中吡唑特和吡草酮的化学结构式为：

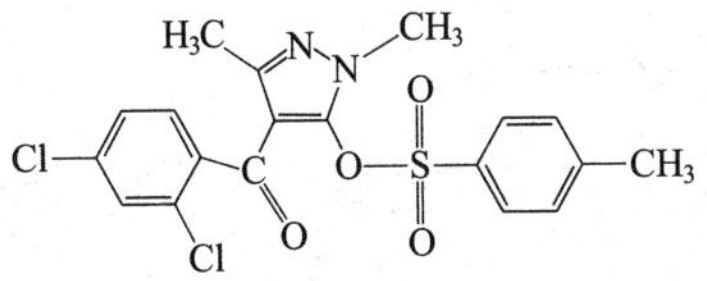

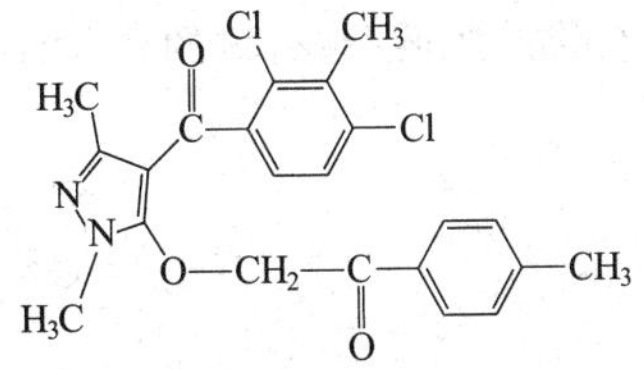

吡唑类除草剂是一种对羟基苯基丙酮酸双氧化酶（HPPD）抑制剂，能阻止植物体中的 4-羟基丙酮酸向脲黑酸的转变，从而导致无法合成质体醌和生育酚，而间接抑制了类胡萝卜素的生物合成，使植物产生白化症状，直至最终死亡。

（16）三酮类除草剂

三酮类除草剂是继吡唑类除草剂之后由捷利康公司开发的另一类对羟基苯基丙酮酸双氧化酶（HPPD）抑制剂，目前已有 3 个品种开发成功，它们是磺草酮、甲基磺草酮和双环磺草酮。磺草酮是玉米田除草剂，可有效地防除多种阔叶杂草和禾本科杂草。甲基磺草酮主要用于防除玉米田杂草如苍耳等，对磺酰脲除草剂产生抗性的杂草有效。双环磺草酮是由昭和株式会社开发的新品种。三酮类除草剂的最大优点是：水溶液的贮存稳定性强，不易挥发与光解；与其它除草剂的物理相容性好，有利于开发混合制剂；弱酸性，便于植物吸收。磺草酮、甲基磺草酮和双环磺草酮的化学结构式为：

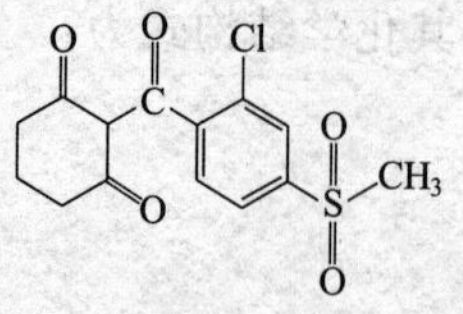

磺草酮 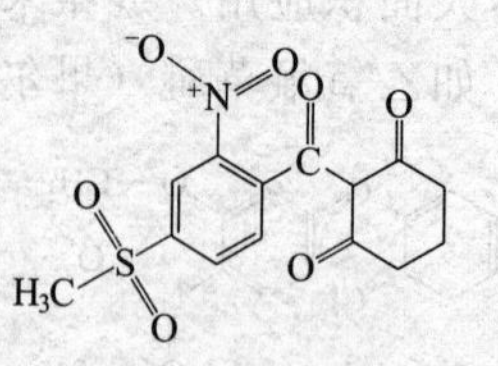　　　　　　　　甲基磺草酮 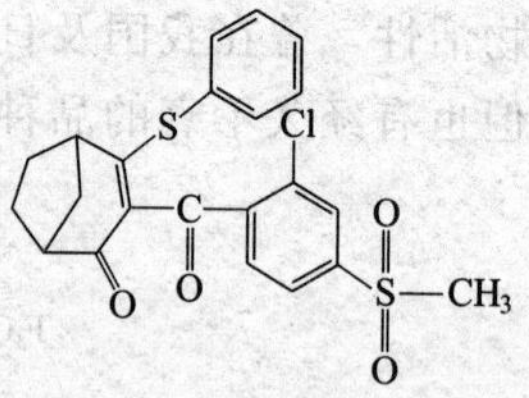　　　　　　　双环磺草酮

（17）硫代氨基甲酸酯类除草剂

继酰胺类除草剂之后，孟山都公司又于 20 世纪 60 年代初期开发成功燕麦敌、野燕畏等硫代氨基甲酸酯类除草剂。目前，这类除草剂已有 22 余个品种商品化。

硫代氨基甲酸酯类除草剂的作用机理与酰胺类除草剂类似，均是脂类合成抑制剂。近年来，硫代氨基甲酸酯类除草剂没有很大发展，使用量逐年下降。但少数品种仍有一定市场，如野麦畏的销售额达 1 亿美元以上，其化学结构式为：

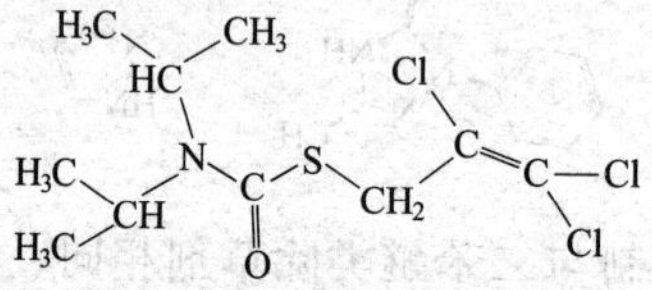

4.4.5　植物生长调节剂

（1）植物激素

在高等绿色植物体内有一种能促进和抑制植物生长的代谢产物，它是植物生命活动不可缺少的物质。这种由植物本身合成的有机化合物被称为植物激素（又称生长素）。目前在植物体内发现的植物激素有 5 种：

a. 吲哚-3-乙酸。吲哚-3-乙酸的化学结构式为：

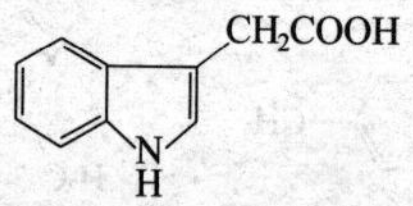

吲哚-3-乙酸主要通过促进细胞的伸长来促进植物器官的伸长及拔节。对细胞的分裂和分化也有一定的影响。

b. 赤霉素。典型的赤霉素的化学结构式为：

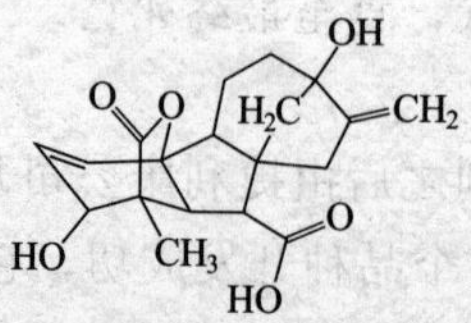

赤霉素属于双萜类化合物，目前已从各种植物中分离提取出 70 多种赤霉素。它促进茎叶的伸长，对许多双子叶和单子叶植物都有明显效果，如水稻、芹菜、韭菜等。和吲哚乙酸不同，它不能改变节间数目，只能促进节间伸长。

c. 细胞激动素。细胞激动素的化学结构式为：

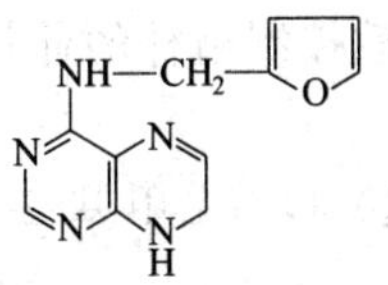

细胞激动素除具有促进细胞分裂的作用外，还具有延缓离体叶片和切花衰老，诱导芽分化和发育及增加气孔开度的作用。

d. 脱落酸。脱落酸的化学结构式为：

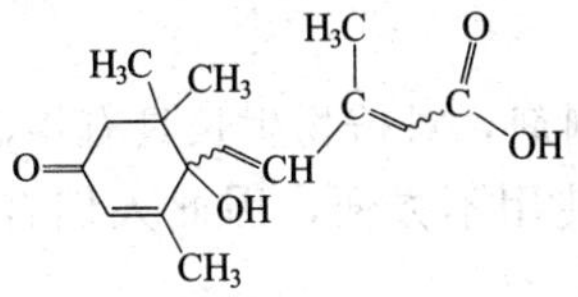

脱落酸是促进休眠和抑制萌芽产生的物质。在冬季处于休眠状态植物含有较多的脱落酸，到春季，脱落酸含量逐渐减少，植物就开始发芽。

e. 乙烯。乙烯的化学结构式为：

$$H_2C = CH_2$$

乙烯促进果实成熟，促进叶片衰老，诱导不定根和根毛发生，打破植物种子和芽的休眠，抑制许多植物开花（但能诱导、促进菠萝及其同属植物开花），在雌雄异花同株植物中可以在花发育早期改变花的性别分化方向等。

（2）植物生长调节剂及用途

为了提高农作物的产量和质量，人工合成了一系列类似植物激素活性的物质来控制植物的生长发育和其它生命活动。把人工合成的这类化合物称为植物生长调节剂。其作用如下：

a. 抑制植物的生长，如马铃薯和洋葱等贮存时易发芽，用植物生长调节剂可抑制发芽。

b. 促进植物生长，使果实提早成熟。

c. 提高植物抗倒伏、抗旱、抗寒、抗病和抗盐碱等能力。

d. 提高植物蛋白质和糖分含量。

e. 提高植物的结果率，防止收获前落果，使作物增产。

f. 疏果和疏花，如苹果往往开花和结果过多，造成营养供应不足，果实容易脱落，且长得不好。因此在苹果开花时，用生长调节剂来消除过多的花。

（3）典型的植物生长调节剂

我国 2012 年植物生长调节剂的需求量为 3473.8t，同比增加 7.88%。需求量较大的品种是乙烯利、缩节胺和多效唑。

a. 类吲哚酸。类吲哚酸的代表种类为吲哚丁酸、萘乙酸等，其化学结构式分别为：

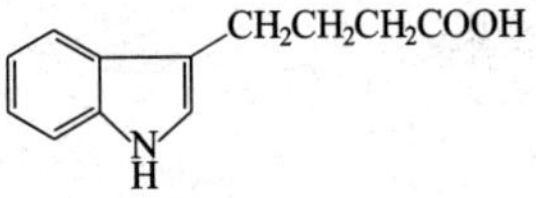

吲哚丁酸 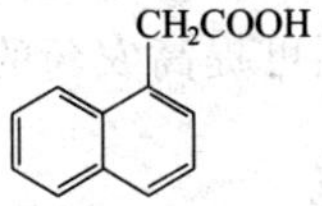   萘乙酸

b. 生长抑制剂。如矮壮素，化学名称为 2-氯乙基三甲基氯化铵，商品名为稻麦立，化学结构式为：

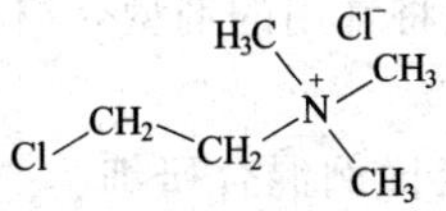

矮壮素是赤霉素的拮抗剂，能有效控制植株的伸长，可提高作物抗旱、抗寒、抗盐碱及某些病虫害的能力。

多效唑，化学名称为 1-(4-氯苯基)-4,4-二甲基-2-(1,2,4-三唑-1-基)-3-戊醇，化学结构式为：

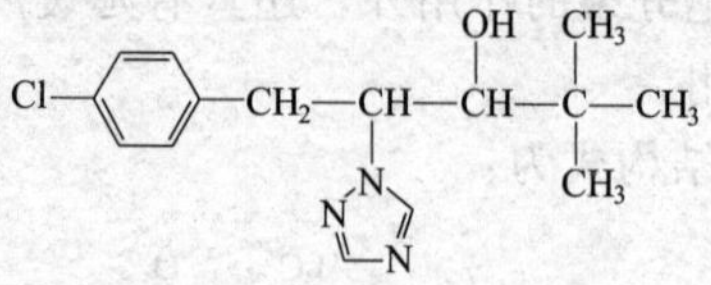

$$Cl-\underset{\overset{\displaystyle N\diagdown\diagup N}{}}{\overset{\displaystyle}{\bigcirc}}-CH_2-CH-\underset{OH}{\overset{}{CH}}-\underset{CH_3}{\overset{CH_3}{C}}-CH_3$$

多效唑是内源赤霉素合成抑制剂，对植物生长具有控制作用。

c. 乙烯释放剂。乙烯在田间使用不方便，因此人们合成了能在一定条件下释放乙烯的化合物，如乙烯利和醋酸乙烯酯。

乙烯利，化学名称为 2-氯乙基膦酸，中文别名乙烯磷，化学结构式为：

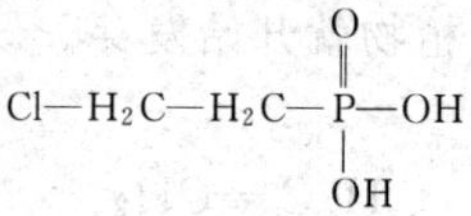

$$Cl-H_2C-H_2C-\underset{\underset{\displaystyle OH}{\overset{\displaystyle \|}{P}}}{\overset{\displaystyle O}{}}-OH$$

d. 乙烯的抑制剂。抑制乙烯的合成，用于防止果实脱落，延迟成熟和衰老，能很好地保持产品的硬度、脆度，保持颜色、风味、香味和营养成分。常见的乙烯抑制剂为 1-甲基环丙烯，中文别名 FK 保鲜王，化学结构式为：

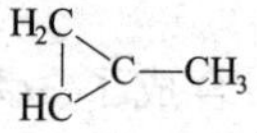

$$\underset{HC}{\overset{H_2C}{}}\diagdown C-CH_3$$

4.5 农药的加工

4.5.1 农药加工的意义

各种农药的原药虽然本身具有杀虫、杀菌和除草等性能，但是绝大多数农药品种不能直接使用，必须把这些原药经过加工处理，制成一定的剂型才能使用。其主要原因在于：

绝大多数原药是脂溶性的，它们不溶于水。如不加工成一定剂型就不便于使用，也不易黏在作物的植株、昆虫和菌体上。这样就不能有效地发挥作用。同时原药容易烧伤农作物，发生药害。

农药用量一般很少，每亩地多至几千克，少至几克。这样少的用量要均匀地喷洒在植物上是很困难的。因此，只有稀释后才能使用。

加入各种助剂制成制剂可提高农药的效果。

4.5.2 农药制剂与剂型

农药制剂是指一种或一种以上原药为主剂，再加入载体、稀释剂、溶剂、表面活性剂、稳定剂和增效剂等构成的复配物。剂型是指农药经加工后形成的分散体。农药的剂型多种多样，而且还不断有新的剂型问世，现将常用的剂型介绍如下：

（1）粉剂

粉剂是把原药和大量填料按一定比例混合研细。一般要求细度为 200 目（95%通过）。

使用的填料有滑石粉、陶土和高岭土等。这些填料主要起稀释作用。粉剂的特点是加工方便，喷洒面积大，不易产生要害。缺点是用量大，成本高，运输量大。

（2）可湿性粉剂

由原药、填料和润湿剂经过粉碎加工制成的粉状混合物。一般要求细度为 200 目（95％通过）。加水后能分散在水中，可供喷雾使用。药效比粉剂高，但比乳剂差，且技术要求较高。

（3）可溶性粉剂

由原药和填料经粉碎加工制成。一般要求细度为 80 目（98％通过），加水溶解即可供喷雾使用。

（4）乳剂

由原药、溶剂和乳化剂组成，不含水，又称乳油。使用时按一定的比例加水稀释配成乳状液（即乳剂），可供喷雾使用。

（5）液剂

由原药和水构成。用时加水稀释，因没有助剂，其铺展性较差。

（6）胶体剂

用一种本身是固体或黏稠状的原药，经加入分散剂加热处理后，药剂以细小的颗粒分散在分散剂中，冷却后为固体，但原药仍保持微粒状态。稍加粉碎，即成胶体剂。胶体剂加水后由于分散剂溶于水，药剂颗粒能很好地悬浮在水中，可供喷雾使用。原药粒度一般为 $1\sim3\mu m$，最大粒子不超过 $5\mu m$。

（7）颗粒剂

原药加某些助剂后，经加工制成大小在 30～60 目的颗粒。也可将药剂溶液或悬浮液撒到 30～60 目的填料颗粒上，当溶剂挥发后，药剂便吸附在填料颗粒上。优点是药效高，残效长，使用方便，并能节省药量。

由于作物品种和虫害的种类多种多样，作物生长阶段和施药地点不同，病虫害发生期不同，各地区自然条件不同，因此一种原药往往可加工成多种剂型。但总的要求是要做到经济、安全、合理、有效地使用农药。

乳剂、粉剂、可湿性粉剂和颗粒剂是我国四大基本剂型，也是目前世界上基本的农药剂型。

4.5.3 农药制剂的化学稳定性及稳定化措施

受各种因素的影响，农药制剂产品免不了要贮存。因此，在加工农药时应考虑各种因素对农药化学稳定性的影响。

（1）影响因素

a. 原药的结构和纯度。农药制剂的化学稳定性取决于原药的结构和纯度。在加工农药时，首先要考虑水、酸/碱、光和盐等对原药稳定性的影响。杂质也影响原药的稳定，如乐果和甲胺磷中的胺能促使原药分解。

b. 组分之间是否会发生反应。农药往往由几种原药混用而成，混合时应考虑它们之间是否会发生反应。另外，农药制剂中常加入各种助剂以提高药效，应考虑所加的助剂与原药是否会发生反应。

c. 贮存的环境。农药在使用前一般会有一段的贮存期，应考虑农药制剂贮存的环境，如温度、湿度及光线等，应尽量在较低温度和湿度的环境下贮存，并避光。

（2）稳定化措施

a. 对用于农药的固体载体表面进行物理化学处理。如硅藻土在 $600\sim900℃$ 下灼烧，可明显降低活性。

b. 添加合适的稳定剂。如热稳定剂、紫外光稳定剂等。

c. 制成微胶囊剂和包结化合物等缓释剂型农药。如辛硫磷、甲基对硫磷等微胶囊剂型农药的化学稳定性比普通乳油的稳定性、残效性成倍提高。用 β-环糊精制成的丙烯菊酯等包结化合物，其 60h 的分解率从乳油的 17.5％降至 2％，苄呋菊酯从 14.7％降至 1.8％，稳定性提高近 10 倍。

d. 原药化学修饰。通过络合、成盐形成分子化合物或缩聚等化学方法，使原药性质变得稳定，杀害效果无任何降低。如敌敌畏与氯化钙形成敌敌钙，乐果与 4-甲基-2-叔丁基酚形成分子化合物，其水溶性增大，臭味降低，化学稳定性显著提高。

思考题

农药是目前最受争议的精细化学品，请从社会和经济发展及生态环境保护三方面谈谈你对发展农药的想法。

作业题

① 简述农药代谢与农药性能的关系。

② 敌百虫是一种高效低毒的农药，解释其原因。

③ 什么是微生物农药？简述其优点。

④ 简述有机磷和氨基甲酸酯类杀虫剂的特点、作用机制及结构与性能的关系。

⑤ 含 $P{=}S$ 的有机磷杀虫剂为一类高效低毒的农药，根据其结构解释之。

⑥ 简述新烟碱类杀虫剂的特点和作用机理。

⑦ 简述吡虫啉、噻虫嗪、噻虫啉、啶虫脒和烯啶虫胺的作用机理、特点及用途。

⑧ 阿维菌素属什么类型的杀虫剂？简述其作用机理。

⑨ 什么是内吸性和非内吸性杀菌剂？简述内吸性杀菌剂的优点。

⑩ 简述杀菌剂和除草剂的作用机理。

⑪ 简述百菌清的作用机理、特点及用途。

⑫ 写出代森锌、甲基硫菌灵、三环唑、三唑酮及多菌灵的结构，指出哪部分是成型基？哪部分是活性基？简述它们的作用机理。

⑬ 简述草甘膦、磺酰脲（胺）类、芳氧苯氧丙酸类及二苯醚类除草剂的作用机理及特点。

⑭ 简述植物生长调节剂的用途及作用原理。

⑮ 为什么除草剂具有选择性？

⑯ 简述农药加工的意义。

⑰ 农药的剂型主要有哪些？

⑱ 指出表面活性剂在农药乳剂中的作用，并阐述其作用原理。

◆ 参考文献 ◆

[1] 唐除痴，李煜昶，陈彬，等．农药化学［M］．天津：南开大学出版社，1998.

[2] 陈茹玉，杨华铮，徐立本．农药化学［M］．北京：清华大学出版社，2009.

[3] 邱德文．生物农药的发展现状与趋势分析［J］．中国生物防治学报，2015，31（5）：679-684.

[4] 魏立娜，叶非．新烟碱杀虫剂的作用机制、应用及结构改造的研究进展［J］．农药科学与管理，2013，34（5）：27-34.

[5] 杨吉春，李森，柴宝山，等．新烟碱类杀虫剂最新研究进展［J］．农药，2007，46（7）：433-438.

[6] 仇是胜，张一宾．新烟碱类杀虫剂的发展及趋向［J］．世界农药，2014，36（5）：5-6.

[7] 刘少华，唐蜜，王金金，等．新烟碱类杀虫剂研究进展概述［J］．山东化工，2015，44（7）：66-68.

[8] 李田田；郑珊珊，王晶，等．新烟碱类农药的污染现状及转化行为研究进展［J］．生态毒理学报，2018，13（4）：9-21.

第5章

塑料和橡胶助剂

正如前述，在工业生产过程中或在人民日常生活中，为了改善生产工艺条件，或提高产品的质量，或赋予产品某种特性，往往要在产品的生产和加工过程中添加各种各样的化学辅助剂。尽管它们的添加量不大，但却起着十分重要的作用，这种辅助的化学品被称为助剂。

为了改善生产工艺条件，或提高产品的质量，或赋予产品某种特性而用于塑料、橡胶和纤维等合成材料中的助剂为合成材料助剂。

5.1 塑料助剂

5.1.1 概述

塑料的主要成分是改性天然树脂或合成树脂，但树脂本身存在着各种各样的缺陷，如耐热性差、易降解、有的加工性能差等。通过加入合适的助剂可改善这些缺陷。

（1）塑料助剂的定义

塑料助剂是指物理地分散于树脂中，能提高塑料加工效率、改善塑料的性能或赋予塑料某种特性，但不明显影响聚合物分子结构的物质。

（2）塑料助剂的分类

塑料助剂的品种很多，按其功能可分为：

a. 改善加工性能的助剂。如润滑剂、脱模剂和触变剂等。

b. 改善机械性能的助剂。如增塑剂、增强填充材料、增韧剂、冲击改性剂和偶联剂等。

c. 改善塑料稳定性能的助剂。如抗氧化剂、热稳定剂、紫外线吸收剂、杀菌剂和防霉剂等。

d. 改善表面性能的助剂。如抗静电剂、爽滑剂、耐磨剂、防黏连剂和防雾滴剂等。

e. 赋予塑料特性的助剂。如阻燃剂、发泡剂和着色剂等。

（3）助剂选用的基本原则

a. 与聚合物的配伍性。这是选用助剂时首先要考虑的问题。它是指聚合物和助剂之间的相容性以及在稳定性方面的相互影响。

一般地说，助剂必须长期、稳定、均匀地存在于制品中才能发挥其应有的效能，这取决于助剂与聚合物的相容性。如果相容性不好，助剂就容易析出。固体助剂的析出俗称为"喷霜"，液体助剂的析出则称作"渗出"或"出汗"。助剂析出后不仅失去作用，而且影响制品的外观和手感。相容性主要取决于它们的结构相似性。例如，极性强的增塑剂和极性聚氯乙烯的相容性要比极性弱的增塑剂好。又如，在抗氧剂和光稳定剂中引入链较长的烷基就可以改善它们与聚烯烃的相容性。对于一些无机填充剂，它们和聚合物无相容性，则要求它们粒度细，分散性好。粒度越细，分散越好，则越不容易析出。

在稳定性方面的相互影响。有些聚合物（如聚氯乙烯）的分解产物带有酸性或碱性，会使一些助剂分解，也有些助剂会加速聚合物的降解。

b. 耐久性。助剂的损失主要通过三条途径：挥发、抽出和迁移。

挥发性取决于助剂的沸点和潜热。

抽出性与助剂在不同介质中的溶解度有关，要根据制品的使用环境来选择适当的助剂品种，如邻苯二甲酸二异辛酯（DIOP）易溶于煤油。

迁移性是指助剂由制品中向邻近物品的转移，与助剂在不同聚合物中的溶解度有关。

c. 对加工条件的适应性。加工条件对助剂的要求主要是耐热性，要求助剂在加工温度下不分解，不易挥发和升华。塑料的加工温度一般在 200℃ 左右。另外还要求助剂对加工设备和模具不能有腐蚀作用，因此不同的加工方法和条件往往就要选择不同的助剂。

d. 必须适应产品的最终用途。选用助剂必须考虑制品的外观、气味、污染性、耐久性和毒性等。例如磷酸三甲苯酯是一种具有阻燃性能的增塑剂，但由于其毒性大而不能用于与食品、医药、玩具和水管等接触的塑料制品。

e. 协同作用。一种聚合物常常同时使用多种助剂，这些助剂同处在一个聚合物体系里，彼此之间有所影响。如果配合得当，不同助剂之间常常会相互增效，即起所谓的"协同作用"或称为"协效作用"。配合不当，可能会产生相抗作用，另外，还需注意不同助剂之间不应发生化学反应。

5.1.2 增塑剂

（1）增塑剂的定义

增塑剂是添加到聚合物体系中能使聚合物玻璃化温度降低，塑性增加，使之易于加工的物质。

（2）增塑剂的增塑机理

增塑剂分子插入到聚合物分子链之间，削弱了聚合物分子链间的引力，增加了聚合物分子链的移动性，降低了聚合物分子链的结晶度，从而使聚合物的塑性增加。

聚氯乙烯（PVC）的各链节由于有氯原子的存在，所以是有极性的，它们的分子链相互吸引到一起而结晶。当增塑剂插入到聚氯乙烯分子链中间时，聚氯乙烯的极性部分和增塑剂的极性部分相互作用，从而妨碍了聚氯乙烯分子链之间的接近，使分子链的运动变得比较容易，结晶被破坏，聚氯乙烯就变软了。

（3）对增塑剂性能的基本要求

除了具有一般助剂的要求外，因增塑剂在塑料制品配方中所占比例较大还应具有下列要求：

a. 塑化效率高。塑化效率指使树脂达到某一柔软程度所需增塑剂的用量。增塑剂的塑化效率与本身的化学结构以及自身的物理性能有关。主要表现为以下几个方面：分子量小的增塑剂显示出良好的塑化效率，分子量相同的情况下，分子内极性基团多的或者环状结构多的增塑剂，塑化效率较差；支链烷基结构的增塑剂塑化效率不及相应的直链烷基的增塑剂；酯类增塑剂中，烷基链长增加，塑化效率降低，烷基部分由芳基取代，塑化效率降低，烷基碳链中引入醚键，能提高塑化效率；在烷基或者芳基中引入氯取代基，塑化效率降低；增塑剂的等效用量是随其黏度上升而增加的。

b. 耐寒性好。PVC制品常用于户外，特别是在北方地区使用时必须具有良好的耐寒性。以直链为主体的脂肪族酯类，有良好的耐寒性，烷基越长，耐寒性越好。

c. 耐老化性好。耐老化性主要是指对光、热、氧、辐射等的耐受力。由于增塑剂在聚合物中的加入量很大，所以增塑剂的耐老化能力直接影响到塑化制品的耐老化性。一般具有直链烷基的增塑剂比较稳定，烷基支链多的增塑剂耐热性相对差一些。环氧系列增塑剂具有良好的耐候性。

d. 电绝缘性好。主要指用于电线、电缆的PVC制品。软质PVC制品对电绝缘性要求较高，特别是用作绝缘或护套的电线、电缆材料。如氯化石蜡、苯二甲酸酯、石油磺酸苯酯和磷酸酯等电绝缘性较好。

e. 具有阻燃性能。随着塑料制品在建筑、交通、电气，特别是电缆、矿用运输带及各种家用电器方面的应用，都要求塑料能阻燃，甚至燃烧时最好不产生有毒有害气体。

f. 要求尽可能无色、无臭、无味、无毒。塑料制品特别是塑料薄膜、容器、软管等已广泛用于食品和药品的贮存和包装等方面，因此要求这些制品尽可能是无色、无臭、无味、无毒的。

g. 耐霉菌性强。许多塑料制品在使用过程中会接触到自然界中的种种微生物，由于微生物的侵害而老化。PVC等高分子材料一般对微生物的破坏作用具有较强的抵抗性，但增塑剂往往成为微生物的营养源，因而容易受霉菌、细菌之类的侵害，结果使塑料制品的性能降低。

h. 良好的耐化学药品和耐污染性。

i. 价格低廉。

（4）增塑剂的分类

a. 按相容性差异分类。可分为主增塑剂和辅助增塑剂。主增塑剂能和树脂充分相容。它的分子不仅能进入树脂分子链的无定形区，也能插入分子链的结晶区。因此，它不易析出而形成液滴、液膜，也不会喷霜。辅助增塑剂和树脂相容性较差，一般不能进入树脂分子链的结晶区，只能与主增塑剂配合使用。

b. 按作用方式分类。可分为内增塑剂和外增塑剂。内增塑剂实际上是聚合物分子的一部分，是通过共聚或接枝形成的。外增塑剂一般为低分子量化合物或聚合物，通常是高沸点难挥发的液体或低熔点固体，不与聚合物发生化学反应，仅存在物理作用力。

c. 按分子量的差异分类。根据增塑剂分子量大小，可分为单体型增塑剂和聚合型增塑剂。单体型分子量多在$200\sim600$，是小分子型；而聚合型平均分子量为$1000\sim8000$，属于大分子范畴。

d. 按应用性能分类。可分为通用型和特殊型。一些增塑剂性能比较全面，如邻苯二甲酸酯类，但没有特定的性能，称之为通用型。有些增塑剂除了增塑作用外，尚有其它功能，如脂肪族二元酸酯有良好的低温柔曲性能，称为耐寒增塑剂；磷酸酯类有阻燃性能，称为阻燃增塑剂。

e. 按化学结构分类。按增塑剂的化学结构可分为以下几类：邻苯二甲酸酯类、含氯增塑剂类、烷基磺酸苯酯类、多元醇酯类、脂肪族三元酸酯类、环氧酯类、磷酸酯类、聚合型类、偏苯三酸酯类、其它类。

（5）增塑剂的结构与增塑性能的关系

a. 增塑剂与聚合物化学结构上的类似性。如果增塑剂与聚合物具有类似的化学结构，就能得到较好的塑化效果。如 PVC 的分子链是有极性的，所用增塑剂一般都是极性的。

b. 极性部分的酯型结构。绝大部分增塑剂都含有 1～3 个酯基，一般随着酯基数目的增多，相容性更好。另外，两个酯基的位置相隔愈远，相容性愈好。

c. 非极性基。邻苯二甲酸酯、脂肪族二元酸酯等酯类增塑剂，随着直链烷基碳原子数的增加，耐寒性和耐挥发性提高，但相容性和增塑作用降低。

d. 烷基的支链化程度。碳原子数相同，烷基的支链化程度愈高，其增塑作用、耐寒性、耐老化性和耐挥发性愈低。

e. 非极性部分和极性部分的比例。Ap/Po 值是增塑剂分子中非极性的脂肪碳原子数（Ap）和极性基（Po）的比值。Ap/Po 值对增塑剂性能的影响如下：

Ap/Po 值	↑	热稳定性	↑	挥发性	↓
相容性	↓	增塑糊黏度稳定性	↑	耐油性	↓
塑化效率	↓	低温柔曲性	↑	耐肥皂水性	↑

f. 分子量的大小。增塑剂分子量的大小要适当，分子量较大的增塑剂耐久性较好，但塑化效率低，加工性差；分子量较低的增塑剂相容性、加工性、塑化效率等较好，但耐久性较差。

从上述各点综合起来看，对 PVC 而言，一个性能良好的增塑剂，其分子结构应该具备以下几点：

a. 分子量在 300～500 左右。

b. 具有 2～3 个极性强的极性基团。

c. 非极性部分和极性部分保持一定的比例。

d. 分子形状成直链形，分支少。

（6）增塑剂的主要品种

a. 苯二甲酸酯。苯二甲酸酯是增塑剂最重要的品种，几乎占增塑剂年消耗量的 80%，广泛应用于 PVC，与 PVC 具有良好的相容性，具有适用性广、化学稳定性好、生产工艺简单、原料便宜易得、成本低廉等优点。

邻苯二甲酸酯：由邻苯二甲酸酐与醇酯化而得。邻苯二甲酸二丁酯（DBP）因挥发性太大，耐久性差已在 PVC 工业中逐渐被淘汰，而转向应用于黏合剂和乳胶漆中。邻苯二甲酸二辛酯（DOP）是产量最大，综合性能最好的品种，已作为通用增塑剂的标准。

对苯二甲酸酯和间苯二甲酸酯：对苯二甲酸酯与相应的邻苯二甲酸酯相比，挥发性低，低温性、增塑糊黏度稳定性及电性能都较好，可以作为耐迁移增塑剂。

间苯二甲酸酯在某些性能上比对苯二甲酸酯还稍好些。由于对苯二甲酸和间苯二甲酸来源有限而一直受到限制。但随着邻苯二甲酸酯因雌激素效应及导致肥胖症等问题而被禁用，对苯二甲酸酯和间苯二甲酸酯将有较大的发展空间。

b. 脂肪族二元酸酯。其化学结构式为：

$$R_1O-\overset{\overset{\displaystyle O}{\|}}{C}-(CH_2)_n-\overset{\overset{\displaystyle O}{\|}}{C}-OR_2$$

$n=2\sim11$，R_1 和 R_2 一般为 $C_4\sim C_{11}$ 烷基或环烷基。脂肪族二元酸酯价格较贵，属耐寒性增塑剂。

c. 磷酸酯。其化学结构式为：

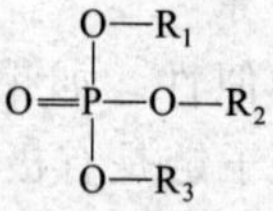

$$O=P{\Large\langle} \begin{matrix} O-R_1 \\ O-R_2 \\ O-R_3 \end{matrix}$$

磷酸酯与聚氯乙烯、纤维素、聚乙烯、聚苯乙烯等多种树脂和合成橡胶有良好的相容性，其最大特点是有良好的阻燃性和抗菌性，耐挥发性和抽出性也很好。缺点是价格较贵、耐寒性较差、多数毒性较大。

磷酸酯主要品种有磷酸三甲苯酯（TCP）、磷酸三苯酯（TPP）、磷酸三丁酯（TBP）、磷酸三辛酯（TOP）等。

d. 环氧化合物。指分子中含有环氧基 $-HC\!\!-\!\!CH-$ （环氧基O）的增塑剂，主要有：环氧化油、环氧脂肪酸单酯，如环氧大豆油酸异辛酯、环氧四氢邻苯二酸酯。这类增塑剂用于 PVC 中可以改善制品对热和光的稳定性。其毒性低，可允许用作食品和医药品的包装材料。环氧大豆油酸异辛酯的化学结构式为：

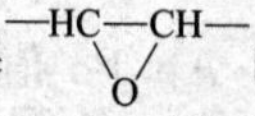

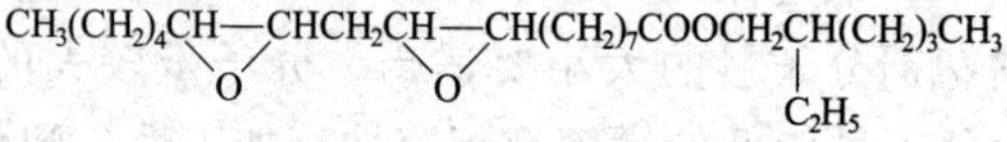

$$CH_3(CH_2)_4CH\!\!-\!\!CHCH_2CH\!\!-\!\!CH(CH_2)_7COOCH_2CH(CH_2)_3CH_3$$

环氧四氢邻苯二酸酯的化学结构式为：

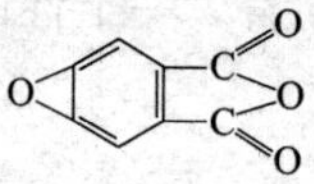

e. 二甘醇二苯甲酸酯（DEDB）。二甘醇二苯甲酸酯的化学结构为：

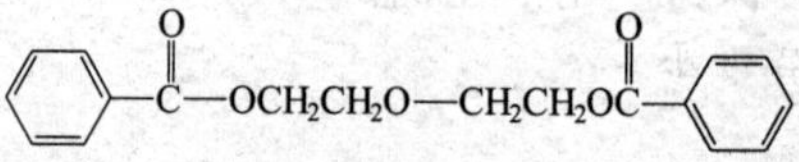

与 DOP 和 DBP 相比，DEDB 和 PVC 相容性好，使用本品可缩短捏合时间和塑化时间，因而能节能降耗，同时赋予制品更好的光亮度、机械性能和稳定性。DEDB 挥发性小，稳定性好，不易渗出，耐油性、耐水性、耐污染性、耐寒性和耐光变色性好。该品闪点高，使用安全，毒性极低，被认为是一种绿色的增塑剂，在欧美已通过 SGS 认证。

f. （乙酰）柠檬酸三丁酯。（乙酰）柠檬酸三丁酯为无毒增塑剂，可用于无毒 PVC 造粒，制作食品包装材料、儿童软质玩具、医用制品、聚氯乙烯、氯乙烯共聚物、纤维素树脂的增塑剂。其合成路线为：

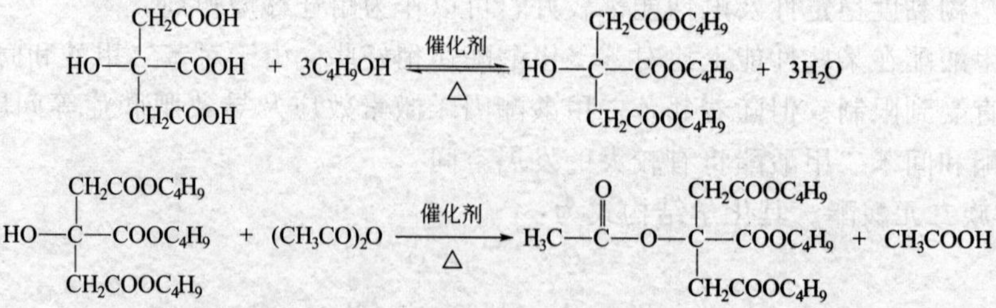

g. 聚酯增塑剂。其化学结构式为：

$$H(OR_1OOR_2CO)OH$$

聚酯增塑剂属于聚合型增塑剂，由于分子量大，挥发性低，迁移性小，耐油和耐肥皂水抽出，是性能很好的耐热性和耐久性增塑剂。它的缺点是塑化效率略差，黏度较大，加工性和低温性不好。广泛应用于耐油、耐高温特殊制品。

h. 含氯增塑剂。氯化石蜡是一个重要的含氯增塑剂品种。其最大的优点是具有良好的电绝缘性和阻燃性。其缺点是和 PVC 相容性差，热稳定性不好，一般作为辅助增塑剂。含氯量大于 70% 的可作阻燃剂。

（7）增塑剂的应用及发展

增塑剂主要用于 PVC。对软质 PVC，增塑剂加入量大于 30%。由于邻苯二甲酸酯被怀疑有雌激素效应及导致肥胖症等问题，其应用逐渐受到限制，因而无毒和低毒增塑剂的开发和应用受到重视，如环氧类、DEDB、（乙酰）柠檬酸酯类等增塑剂的发展较快。

5.1.3　阻燃剂

火灾是人类的主要灾害之一。火灾的发生对人类的生命及财产安全造成了重大威胁。因此，阻燃早已引起人类的重视。

人们研究阻燃材料始于公元前 450 年，古埃及人把木材浸渍在矾液中，使其具有一定的阻燃性。1638 年，N. Sabbatini 出版了世界上第一本有关赋予织物阻燃性的参考书。1735 年英国的 Wyld 公开了采用矾液、硼砂以及硫酸亚铁等处理制备阻燃木材和纺织品的专利，这是世界上最早的有关阻燃技术的专利。

广泛使用的合成树脂是可燃的，易引起火灾，因而人们对其阻燃问题提出了越来越迫切的要求。阻燃剂是用来降低物质燃烧性的一类助剂，是塑料助剂中发展最快的品种。多年的实践表明，随着阻燃剂的广泛使用，世界火灾的发生得到了有效控制。图 5-1 中的数据表明，从 1965 年开始，随着高分子材料的广泛应用，英国发生火灾的次数迅速增加，但随着阻燃剂的应用，发生火灾的次数又迅速降低。

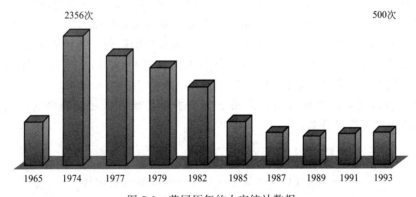

图 5-1　英国历年的火灾统计数据

5.1.3.1　聚合物的燃烧

（1）燃烧原理及过程

燃烧是一个激烈的热氧化过程。燃料、氧和温度是维持燃烧的三个基本要素。聚合物的燃烧是一个在热和氧作用下的降解燃烧过程，如图 5-2 所示。

（2）聚合物燃烧过程中热的作用

物理作用：加热早期阶段，聚合物总体上还是物理变化过程，如软化、熔融现象，有些化学反应引起的膨胀行为也常常是由小分子添加剂造成的。

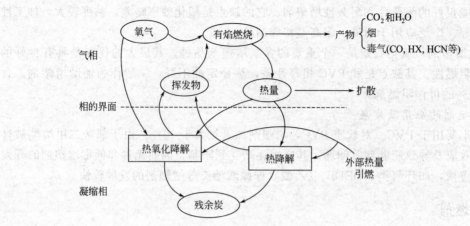

图 5-2　聚合物燃烧过程示意图

化学作用：加热可引起聚合物发生化学反应，如弱键断裂、大分子链断裂；热分解和热氧分解；随机分解、解聚分解、消除反应、环化反应、交联反应。

（3）聚合物燃烧的阶段

聚合物燃烧可分为以下四个阶段：加热阶段（点燃特性）；燃烧加速阶段（火焰传播特性）；燃烧充分阶段（稳态燃烧特性）；减弱阶段（熄灭特性）。

5.1.3.2　阻燃剂的作用机理

阻燃剂的作用机理是比较复杂的，但其作用不外乎是通过物理和化学途径达到切断燃烧循环的目的，如图 5-2 所示，可归纳如下：

（1）阻燃剂分解产物的脱水作用使有机物炭化

单质碳不进行产生火焰的蒸发燃烧和分解燃烧。因此，如果能使塑料的热分解迅速进行，不停留在可燃性物质阶段而一直分解到碳为止，就能防止燃烧。

如有机磷化合物的阻燃：其先分解为磷酸，再脱水为偏磷酸，继续脱水为聚偏磷酸。最终生成的聚偏磷酸是非常强的脱水剂，能促使有机化合物炭化，所生成的炭黑皮膜通过隔绝氧和阻止裂解物挥发而起到阻燃作用。

（2）阻燃剂的热分解产物在树脂表面上形成不挥发性的保护膜而隔断空气。

如卤化磷按以下途径分解：

$$卤化磷（R_4P）\longrightarrow 膦（R_3P）＋RX（烷基卤化物）$$

$$\longrightarrow R_3PO（膦氧化物）\longrightarrow 聚磷酸盐玻璃体$$

此连续的玻璃体形成一层保护膜而隔断空气和阻止裂解物挥发，发挥阻燃效果。

（3）阻燃剂分解产物将 HO· 自由基连锁反应切断

燃烧反应属于自由基反应机理：

$$RH \longrightarrow R· ＋ H·$$
$$2H· ＋ O_2 \longrightarrow 2HO·$$

HO· 具有很高的活性，反应速度非常快，所以燃烧的程度由 HO· 的增殖程度而定。若能捕获 HO·，则可阻止燃烧。

含卤素阻燃剂在高温下会分解产生卤化氢（HX），而 HX 能捕获 HO· 转变成能量低的

X·自由基和水而抑制燃烧。

$$HO· + HX \longrightarrow X· + H_2O$$
$$X· + RH \longrightarrow HX + R·$$

（4）燃烧热的分散

由于 Al（OH）$_3$ 分解吸收大量的热量（0.3kJ·mol^{-1}），降低了聚合物的温度，从而减缓了聚合物的分解和燃烧。Al（OH）$_3$ 是不可燃的，当以 40～60 份的量填充到聚合物中时，等于稀释了可燃性聚合物，从而降低了燃烧性。

$$2Al（OH）_3 \longrightarrow Al_2O_3 + 3H_2O$$

（5）可燃性物质的稀释

聚合物/阻燃剂体系能分解产生 H_2O、HX、CO_2、NH_3 和 N_2 等不可燃性气体，就能在一定程度上将可燃性气体稀释，达到阻燃效果。

（1）、（2）和（4）主要是在凝聚相发生作用，而（3）和（5）主要是在气相（燃烧区）发生作用，所以（1）、（2）和（4）的阻燃机理又被称为凝聚相阻燃机理，（3）和（5）的阻燃机理被称为气相阻燃机理。

5.1.3.3 主要阻燃剂简介

（1）卤系阻燃剂

a. 主要品种。卤系阻燃剂主要有氯系阻燃剂和溴系阻燃剂，主要品种有：氯化石蜡、四溴（氯）双酚 A、三溴苯酚、十溴二苯醚、十溴二苯乙烷、溴化环氧树脂、溴化聚苯乙烯、三（三溴苯氧基）三嗪、六溴环十二烷、四溴双酚 A 聚碳酸酯齐聚物、聚丙烯酸五溴苄酯等。卤系阻燃剂以溴系阻燃剂为主，其产量最大，应用最为广泛。

十溴二苯醚的化学结构式为：

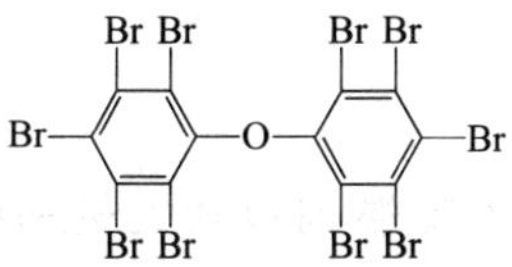

十溴二苯乙烷的化学结构式为：

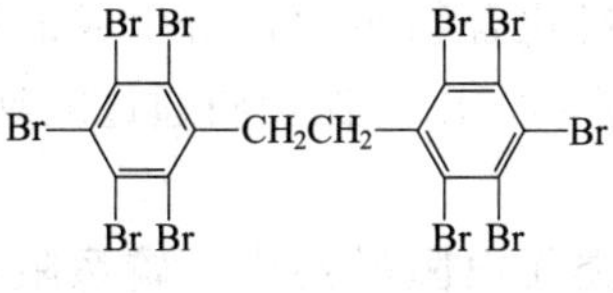

b. 作用机理。大量的研究表明，卤系阻燃剂主要是通过以下几个方面产生阻燃作用：

分解生成不燃的卤化氢气体，冲淡聚合物燃烧时释放的可燃性气体浓度；

燃烧生成的卤化氢极易与 HO·等活性自由基结合，降低了链式反应进行的程度；

含卤酸能够促进聚烯烃在燃烧时生成炭，阻止燃烧的进行。

c. 优点。卤系阻燃剂是目前世界上产量最大的化学阻燃剂之一，占据塑料阻燃剂的主导地位。它之所以获得如此广泛的应用，主要具有如下特点：阻燃效率高、价格适中，性价比是其它阻燃剂难以相比的；添加量少、比重大，以致体积充填率低，因而对材料的机械、加工等性能影响小；品种多，适用范围广。

d. 缺点。在燃烧时卤系阻燃剂产生较多的烟雾和有毒且有腐蚀性的气体，这可导致单纯由火所不能引起的对电路开关和其它金属物品的腐蚀，造成二次污染。研究表明，火灾中80％的死亡是由材料燃烧放出的烟和有毒气体造成的。烟和有毒气体还给救火造成了困难。

一些品种，如由多溴二苯醚阻燃的塑料，在燃烧时会产生含溴的二噁英类物质——多溴代苯并呋喃（PBDF），此物质具有强致癌作用，这就是所谓的"二噁英问题"。

溴系阻燃剂单独使用阻燃效果不理想，一般和三氧化二锑协同使用才具有良好的阻燃效果。加入三氧化二锑后不仅增加了聚合物燃烧时的释烟量，而且三氧化二锑资源紧张，价格昂贵，因而增加了阻燃成本。溴素的供应也日趋紧张，溴素价格持续高涨。所以受价格及环境安全问题的影响，溴系阻燃剂的市场发展受到了一定程度的抑制。

随着环保和卫生法规的完善，各发达国家相继出台了一系列的阻燃标准和法规，其中欧盟出台了 RoHS 和 WEEE 两个禁令，规定自 2006 年起，投放欧盟市场的新电子和电气设备将不得含有铅、汞、六价铬、镉、多溴二苯醚和多溴联苯等有害物质。这一颁布加速了阻燃剂的无害化进程。阻燃高分子材料向高效、低烟、低毒、无卤的方向发展已是大势所趋。

无害化阻燃剂的研究包括两大方向：

第一，开发新型溴系阻燃剂代替传统的溴系阻燃剂。目前新近开发的溴系阻燃剂有十溴二苯乙烷、溴化聚苯乙烯、溴化环氧树脂、四溴双酚 A 碳酸酯低聚物等，它们具有高稳定性、优异的热稳定性和光稳定性、良好的加工性能、不易渗析等优点，广泛应用于 PBT、PET、PA 等工程塑料。高分子溴系阻燃剂因具有挥发性低、分散相容性好、热稳定性好及低毒等特点而成为溴系阻燃剂的主要发展方向。对于溴系阻燃剂燃烧时释放大量的烟雾及腐蚀性有毒气体的问题，人们从加入抑烟剂和协同阻燃两方面解决，如使用超细化氧化锑或以硼酸锌代替氧化锑以及考虑溴系阻燃剂与氢氧化镁或者磷-卤协同。

第二，开发无卤阻燃剂。无卤阻燃剂不含卤素，阻燃效果好，受热分解时产生的气体低烟、低毒，受到广泛欢迎。无卤阻燃剂又可分为磷系阻燃剂、氮系阻燃剂和膨胀型阻燃剂等。

（2）磷系阻燃剂

a. 磷系阻燃剂的主要品种。磷系阻燃剂包括无机和有机两大类，主要有：红磷（微胶囊化红磷）、磷（膦）酸酯、聚磷（膦）酸酯、次磷酸盐（烷基次膦酸盐）。

b. 磷系阻燃剂的作用机理。磷系阻燃剂主要是通过凝聚相阻燃，如最终生成的聚偏磷酸是非常强的脱水剂，能促使有机化合物炭化，所生成的炭黑皮膜，或形成聚磷酸盐玻璃体，此连续的玻璃体形成一层保护膜。以上保护膜通过隔绝氧和热，阻止或抑制聚合物裂解及裂解物挥发而起阻燃作用。

c. 磷系阻燃剂的特点。在各类无卤阻燃剂中，磷系阻燃剂以其品种繁多、阻燃性能优良、无毒无卤，原料磷的储量丰富、价格稳定，而在阻燃领域备受关注，具有广阔的发展前景。

（3）氮系阻燃剂

a. 氮系阻燃剂的主要品种。氮系阻燃剂主要有：三聚氰胺、氰尿酸、三聚氰胺氰尿酸盐（MCA）。

MCA 是目前用量最大的氮系阻燃剂，具有热稳定性好、中性及价格便宜等优点。它是由三聚氰胺和氰尿酸反应制得的，反应式如下：

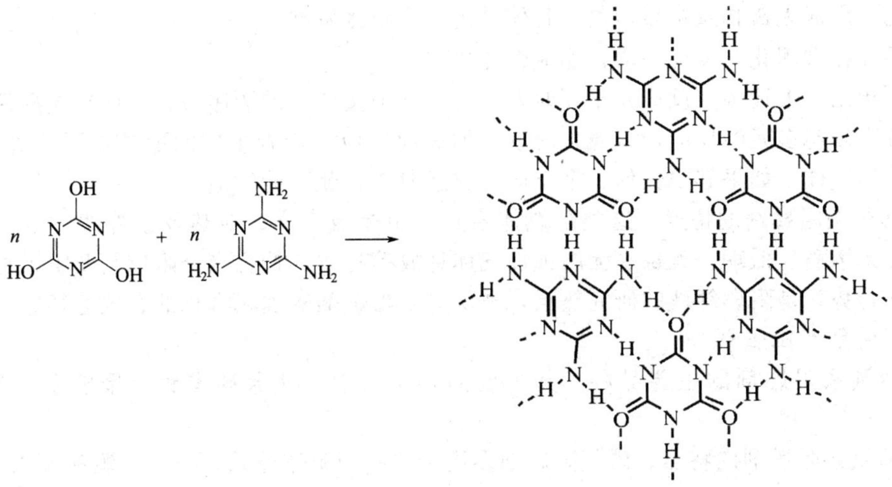

b. 氮系阻燃剂的作用机理。氮系阻燃剂主要以分解过程中产生的氨等不燃性气体稀释可燃性气体而产生阻燃作用。可广泛应用于环氧树脂、聚氨酯、聚烯烃和尼龙等材料的阻燃，由于其键合性质与聚酰胺相似，因此尤其适合于各种聚酰胺制品的阻燃。

c. 氮系阻燃剂的特点

无卤、低盐，但单独使用阻燃效率低，具有优异的热稳定性。

（4）膨胀型阻燃剂

膨胀型阻燃剂（Intumescent Flame Retardant，IFR），是以磷、氮为主要阻燃元素的阻燃剂，一般不含卤素。

a. 膨胀型阻燃体系的组成。碳源（成炭剂）：形成泡沫炭化层的基础，通常为含碳量高的多羟基化合物，如季戊四醇、淀粉、新戊二醇和含羟基有机树脂等。目前三嗪成炭剂获得了越来越广泛的应用。

酸源（脱水剂）：无机酸或加热至 $100\sim250$℃时生成无机酸的化合物，如磷酸、硫酸、硼酸、聚磷酸铵等各种磷酸盐、磷酸酯和硼酸盐等。

气源（氮源，发泡源）：常用的发泡源一般为三聚氰胺、双氰胺、聚磷酸铵等。它们能产生不燃气体，使系统膨胀。

b. 膨胀型阻燃剂的作用机理。膨胀型阻燃剂在受热时，成炭剂在脱水剂作用下脱水成炭，并在气源分解的气体作用下形成具有封闭结构的蓬松多孔炭层。该炭层为无定形炭结构，其实质是炭的微晶。该炭不仅本身不能燃烧，而且可阻止聚合物与热源间的热传导，降低聚合物的热解温度而抑制聚合物分解。另外，多孔炭层可以阻止热解产生的气体向外扩散和外部空气向内扩散到聚合物表面。当燃烧得不到足够的氧气和热能时，燃烧的聚合物便会自熄。

此炭层形成的历程是：

在较低温度下酸源分解形成无机酸；

在稍高于释放酸的温度下，生成的磷酸和碳源（多羟基化合物）发生酯化，体系中的胺可作为酯化反应的催化剂；

体系在酯化前和酯化过程中熔化；

反应产生的水蒸气和气源产生的不燃性气体使熔融体系发泡，与此同时，多元醇磷酸酯脱水炭化，形成无机物及炭残留物，且体系进一步膨胀发泡；

体系胶化和固化，反应完成，形成多孔炭层。

必须指出，上述各步反应几乎同时发生，但又须按严格的顺序进行。即首先酸源分解产生酸，其次须与多元醇反应，含氮化合物会加速此反应。接着生成的酯必须开始脱水炭化，并同时放出气体。如果其中任何一个反应不能适时进行就不能发泡。

c. 膨胀型阻燃剂的特点。这类阻燃体系具有阻燃效率高、对热及紫外线稳定、阻燃材料燃烧时无熔滴、低烟、无毒、无腐蚀性气体释放等特点，符合当今阻燃剂及阻燃材料绿色化的发展趋势，是阻燃领域的研究热点，被认为是阻燃剂实现无害化的有效途径之一。

（5）磷氮系阻燃剂

a. 磷氮系阻燃剂的主要品种。其主要品种主要有：多聚磷酸铵、聚磷酸三聚氰胺、磷腈。

b. 磷氮系阻燃剂的特点。磷氮阻燃剂多用于膨胀型阻燃体系，作为酸源和气源。

难溶聚磷酸铵（简称 APP）是一种重要的无卤磷氮系阻燃剂。APP 的磷和氮含量都很高，它们之间又存在磷氮协同效应，因而具有良好的阻燃效能。APP 热稳定性好，产品近于中性，与许多阻燃剂有协同阻燃作用，燃烧时发烟量及毒性小，因而被称为"环保型阻燃剂"。已广泛用于聚丙烯（PP）、聚乙烯（PE）、乙烯-醋酸乙烯共聚物（EVA）等高分子材料阻燃，特别是 PP。

磷腈是一类以磷、氮元素交替排列而成，具有稳定的磷氮骨架结构的化合物，其独特的磷、氮杂化结构和高的磷、氮含量使之具有良好的热稳定性和阻燃性。磷腈具有无卤、燃烧时发烟量少、阻燃效率高、不产生有毒和腐蚀性气体等优点。

由焦磷酸哌嗪复配成的膨胀型阻燃剂是一类新型的膨胀型阻燃剂，与聚磷酸铵基膨胀型阻燃剂相比，具有更好的阻燃作用和耐热稳定性，且应用范围更广，是极具发展潜力的无卤阻燃剂，但耐水析出性较差。

（6）磷卤系阻燃剂

磷卤系阻燃剂主要是各种含氯磷酸酯，如三(2-氯乙基)磷酸酯、三(2-氯丙基)磷酸酯和三(2,3-二氯丙基)磷酸酯，化学结构式分别如下：

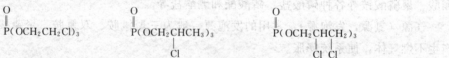

三（2-氯乙基）磷酸酯　　三（2-氯丙基）磷酸酯　　三（2,3-二氯丙基）磷酸酯

磷卤系阻燃剂广泛地应用于环氧树脂、酚醛树脂、聚酯、聚碳酸酯、聚氨酯、聚氯乙烯、聚丙烯等。但由于分子量小、挥发性大，因而阻燃时效差，雾值高。

（7）无机阻燃剂

a. 无机阻燃剂主要有：硼酸锌、三氧化二锑、氢氧化铝和氢氧化镁。

b. 无机阻燃剂的特点。氢氧化铝和氢氧化镁又称为填料型阻燃剂。它们的特点是：来源丰富，价格低廉，有利于降低聚合物产品成本；热稳定性好，不产生腐蚀性气体，不挥发；具有无毒、抑烟等特点；不与基质发生反应，与传统配方中的填充体系一致；但阻燃效率太低，用量大，影响产品的机械及加工性能。

填料型阻燃剂市场需求最大，超过阻燃剂总量的 50%。

5.1.3.4 阻燃剂的协同阻燃

在阻燃过程中，广泛存在着各种协同效应，如卤锑协同、磷卤协同等。

（1）卤锑协同效应

卤系阻燃剂单独使用阻燃效果很差，但与氧化锑复合使用阻燃效果很好，其机理为：形成三卤化锑，产生稀释和覆盖作用；进一步形成 SbOX，在很宽的温度范围内吸热分解；液态和固态的三卤化锑微粒的表面效应降低了火焰能量；促进 C—X 键断裂，降低成炭温度，促进炭的形成；气相阻燃，卤化锑与原子氢反应，中断链式反应。

（2）卤磷协效作用

在尼龙和 PET 中，溴-磷协效作用明显，阻燃剂用量降低 90％，在 PBT、PP、PE、PS、ABS 中，同样有协效作用，聚氨酯中，溴磷比为 2 时，协效作用最佳；但在卤磷体系中添加三氧化二锑时，卤磷与卤锑间均无协效作用，呈现对抗性。

（3）溴氨协效作用

用溴化铵阻燃 PP 时，阻燃效果特别优异。其原因可能是溴化氢和氨气同时进入火焰区，溴化氢作为自由基捕捉剂，氨气作为稀释剂。

（4）溴氯协效作用

Br/Cl 协效比例为 1∶1，总量为 10％～12％效果最佳。Br 和 Cl 具有极高的反应活性，只用于少数体系。

（5）磷氮协效作用

磷氮体系所释放的气体具有低毒的特点，在多羟基化合物存在下有明显的成炭作用，易于形成膨胀体系。

（6）卤硼协效作用

在溴氯的阻燃体系中，硼酸锌可全部或部分的取代氧化锑。硼酸锌还起到消烟剂的作用，能促进卤素阻燃剂的分解，具有成炭剂的作用。

（7）金属化合物的协效作用

多种过渡金属元素都具有协效作用。过渡金属元素的络合物或金属有机化合物与磷氮系阻燃剂具有良好的协效作用，比如锌、锆、铜。

5.1.3.5　阻燃剂的抑烟机理

烟是由材料裂解或燃烧过程中生成的悬浮固体粒子、液体粒子以及气体物质与卷吸或混合的大量空气组成的。

燃烧产物一般包括固体粒子、未燃烧的有机物、水汽、二氧化碳、一氧化碳以及一些其它的有毒或腐蚀性的气体。

（1）聚合物结构对产烟的影响

聚合物结构不仅影响其燃烧行为，同样也影响烟的形成。下列一些结构因素影响聚合物的产烟量：

a. 芳香及多烯聚合物较脂肪与含氧聚合物有较大的产烟趋势。

b. 主链有芳环的聚合物较侧基有芳环的聚合物产烟量要低。

c. 低卤或中等水平含卤聚合物产烟量大，但高卤聚合物产烟量较低。

d. 产烟量与聚合物的热稳定性有关。

（2）抑烟途径

a. 增加聚合物燃烧过程中在固相的成炭作用有助于减少生烟。

b. 在气相中对碳成分的氧化作用也能够减少炭黑的形成。

c. 常用的重金属如钼、铬、镁、铁、钴、镍、铜、锌、镉、铝、锡、锑、铅等化合物以及硼和磷的化合物也有抑烟功能。

5.1.3.6 对阻燃剂的基本要求

对阻燃剂的基本要求为:

a. 不损害聚合物的物理机械性能。

b. 分解温度必须高于塑料加工成型温度,但又不能过高,必须与材料早期的燃烧温度一致。

c. 具有耐久性。

d. 价格低廉。

5.1.4 稳定剂

5.1.4.1 高分子材料的老化现象

(1)老化现象的定义

塑料、橡胶以及其它高分子材料在贮存、加工、使用过程中由于受到种种因素的综合影响而在结构上发生化学变化,逐渐失去其使用价值的现象称为老化现象。如橡胶制品逐渐失去弹性,塑料变脆等。

(2)产生老化的原因

高分子材料老化的原因主要有:

a. 光、氧、热、电场、辐射和应力等外在物理因素。

b. 化学物质(如溶剂)侵蚀等外在化学因素。

c. 霉菌、虫咬等外在生物因素。

d. 聚合物分子结构和助剂发生了变化等内在因素。

任何高分子都会有其化学结构上的弱点,这些弱点是导致它们发生老化的主要内在原因。如聚丙烯分子的每一个链节中都含有一个叔碳原子,在光、热等外因作用下,聚丙烯容易从叔碳原子上脱掉一个氢原子而产生自由基,它们会迅速交联而使聚丙烯变脆,所以聚丙烯的户外耐老化性不如聚乙烯。像天然橡胶、丁苯橡胶等主链含不饱和双键结构的高分子材料容易被氧化。

在以上各种因素中,光、热、氧影响最大,因而抑制或延缓它们的影响十分重要。

5.1.4.2 抗氧剂

抗氧剂是稳定剂的重要品种之一。氧能使高分子聚合物的分子链发生氧化降解,缩短材料的使用寿命。阻止或延缓材料氧化的最常用方法是使用抗氧剂,它们是一些很容易与氧作用的物质。把它们放在被保护的物质中,使大气中的氧仅与它们作用来保护物质免受或延迟氧化。抗氧剂不仅可用于塑料,还可用于橡胶、食品、饲料、石油和油脂中。在橡胶工业中,抗氧剂常称为防老剂。

(1)抗氧剂的分类

按机理可分为链终止型抗氧剂(主抗氧剂)和预防型抗氧剂(辅助抗氧剂)。

按化学结构可分为胺类、酚类、含硫和含磷化合物、有机金属盐类等。

按用途可分为塑料抗氧剂、橡胶防老剂、石油抗氧剂和食品抗氧剂等。

（2）氧化和抗氧的基本原理

① 聚合物的氧化降解。聚合物的氧化降解是一个链式反应，氧先与聚合物中的碳作用，形成不稳定的过氧化物，而导致碳碳键断裂，形成过氧自由基和烷基自由基，再进一步与其它聚合物分子作用，可表示为：

$$R_1CH_2CH_2R_2 + O_2 \longrightarrow R_1CH_2OO \cdot + R_2CH_2 \cdot$$

$$R_1CH_2OO \cdot + RH \longrightarrow R \cdot + R_1CH_2OOH$$

$$R_2C \cdot + RH \longrightarrow R \cdot + R_2CH_3$$

RH 表示高分子材料。

② 抗氧化剂的作用原理。抗氧剂的种类不同，其基本作用原理也不相同。

a. 链终止型抗氧剂的作用原理：这类抗氧剂可以与 R·、RO$_2$·反应而使自动氧化链反应中断，从而起稳定作用，可表示为：

$$R \cdot + AH \xrightarrow{k_1} RH + A \cdot （AH 指抗氧剂）$$

$$RO_2 \cdot + AH \xrightarrow{k_2} ROOH + A \cdot$$

$$RO_2 \cdot + RH \xrightarrow{k_3} ROOH + R \cdot （RH 指高分子材料）$$

k_1 和 k_2 必须大于 k_3，才能有效地阻止氧化链增长反应。一般认为，消除过氧自由基 RO$_2$·是阻止高聚物降解的关键。链终止型抗氧化剂作用机理又可以分为三类：

（a）通过加成捕获自由基（形成一种活性低的自由基）。如醌类，其作用机理为：

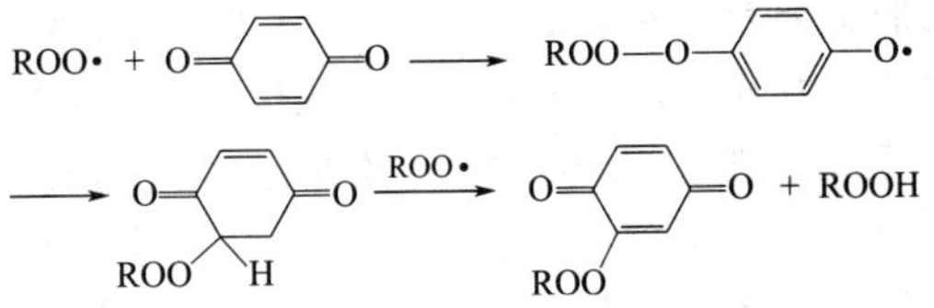

（b）电子给予体。由于给出电子而使自由基消失，如变价金属钴盐，其作用机理为：

$$RO_2 + Co^{2+} \longrightarrow RO_2^- + Co^{3+}$$

（c）氢给予体。仲芳胺和阻碍性酚类一般是给出氢而使自由基消失，如防老剂 4010 和抗氧剂 264，其化学结构式分别如下：

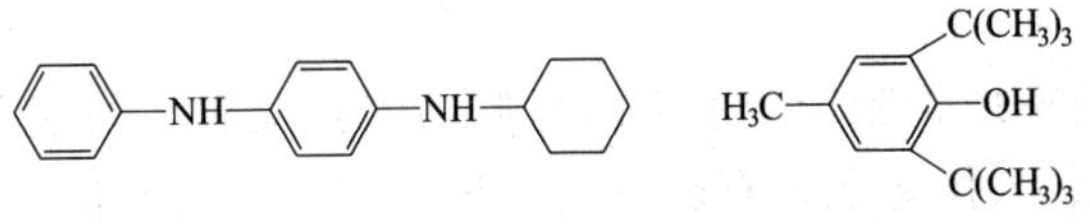

防老剂4010   抗氧剂264

以芳胺为例，其作用机理：

$$Ar_2NH + RO_2 \cdot \longrightarrow ROOH + Ar_2N \cdot （稳定自由基）$$

$$Ar_2N \cdot + RO_2 \cdot \longrightarrow Ar_2NO_2R （自由基终止）$$

b. 预防型抗氧剂的作用原理：预防型抗氧剂的作用是通过除去自由基的来源，抑制或延缓链引发反应，具体如下：

（a）过氧化物分解剂（还原剂）：这类抗氧剂包括一些酸的金属盐、硫化物、硫酯和亚磷酸酯等化合物。它们能与过氧化物反应并使之转变为稳定的非自由基产物，从而完全消除自由基的来源，如：

$$ROOH + R_1SR_2 \longrightarrow ROH + R_1SOR_2$$

$$ROOH + R_1SOR_2 \longrightarrow ROH + R_1SO_2R_2$$
$$ROOH + (RO)_3P \longrightarrow ROH + (RO)_3P{=}O$$
$$RO_2 \cdot + R_1SH \longrightarrow ROOH + R_1S \cdot$$
$$2R_1S \cdot \longrightarrow R_1SSR_1$$

需要指出的是，以上含硫化合物一般能使聚合物颜色发生变化。

（b）金属离子钝化剂：变价金属能通过与过氧化物发生氧化还原反应而产生自由基，因而促进高聚物的自动氧化反应，使聚合物材料的使用寿命缩短，这个问题特别是在电线电缆工业中尤为明显。

$$M^{n+} + ROOH \longrightarrow M^{(n+1)+} + RO \cdot + OH^-$$
$$M^{(n+1)+} + ROOH \longrightarrow M^{n+} + RO \cdot + H^+$$

金属离子钝化剂是具有防止重金属离子对高聚物产生链引发氧化的物质，它们能以最大配位数络合金属离子。它们一般为酰胺和酰肼类化合物，如1,2-双（2-羟基苯甲酰）肼。该产品为聚乙烯、聚丙烯等聚合物使用的抗氧剂，具有与树脂相容性好、不挥发、不污染等优点。其化学结构式如下：

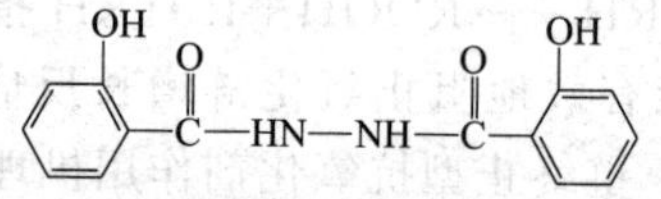

（3）各类抗氧剂简介

塑料制品使用的抗氧剂主要是酚类化合物、含硫有机酯类和亚磷酸酯化合物。而橡胶制品所用防老剂则主要为胺类，其次是酚类化合物和少数其它品种防老剂。

a. 受阻胺类抗氧剂。受阻胺类抗氧剂的抗氧性能通常比酚类化合物好，但它们在氧和光的作用下会产生颜色，因此会污染制品。它们多数具有毒性，所以主要用于橡胶工业和黑色制品中。受阻胺类抗氧剂是一类发展最早、效果最好的抗氧剂，不仅对氧，而且对臭氧均有很好的防护作用，对光、热、曲挠、铜害的防护也很突出。主要品种为防老剂4020，化学名称为 N-(1,3-二甲基丁基)-N'-苯基对苯二胺，其化学结构式如下：

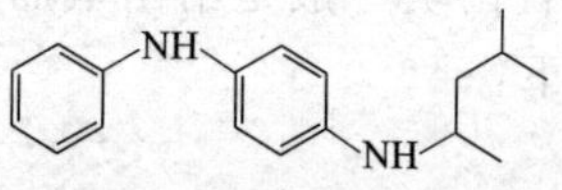

防老剂4020是目前全球轮胎用量最大的橡胶防老剂品种，抗臭氧老化龟裂和屈挠龟裂性能优良，对热氧老化、天候老化也有较好的防护作用。它对变价金属有钝化作用，适用于天然橡胶、顺丁橡胶、丁苯橡胶、丁腈橡胶和氯丁橡胶等。

b. 受阻酚类抗氧剂。受阻酚抗氧剂是塑料制品的主抗氧剂，按分子结构分为单酚、双酚、多酚、氮杂环多酚等品种。酚类化合物多数是无毒、无色的，适用于无色、浅色制品。广泛用于塑料工业，尤其是聚烯烃类塑料。

单酚和双酚抗氧剂，如抗氧剂264，化学名称为2,6-二叔丁基对甲酚，但因分子量较低，挥发性和迁移性较大，易使塑料制品着色，近年来在塑料中的消费量大幅度降低。其化学结构式如下：

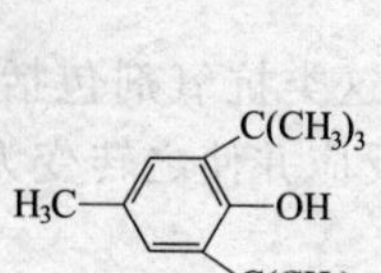

多酚抗氧剂 1010 和 1076 是目前国内外塑料抗氧剂的主导产品，抗氧剂 1010 则以分子量高、与塑料材料相容性好、抗氧化效果优异而成为塑料抗氧剂中最优秀和消费量最大的产品。其化学名为四[3-(3,5-二叔丁基-4-羟基苯基)丙酸]季戊四醇酯，其化学结构如下：

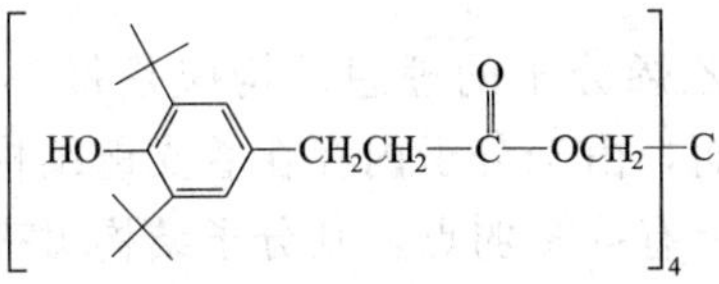

$$\left[HO-\bigcirc-CH_2CH_2-\overset{\displaystyle O}{\overset{\displaystyle \|}{C}}-OCH_2-C \right]_4$$

国内氮杂环多酚抗氧剂主要品种为抗氧剂 3114。因 3114 分子中含有三嗪结构，使得 3114 产品还具有一定的光稳定作用。抗氧剂 3114 的化学名为 1,3,5-三(3,5-二叔丁基-4-羟基苄基)异氰尿酸，其化学结构如下：

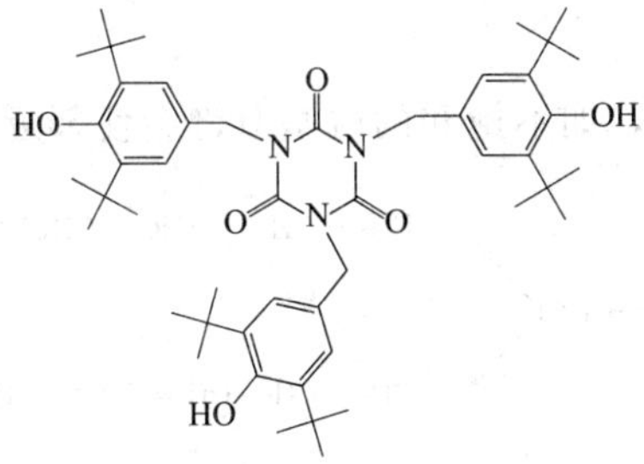

c. 二价硫化合物及亚磷酸酯。亚磷酸酯抗氧剂和含硫抗氧剂同为辅助抗氧剂，可分解过氧化物、螯合金属和路易斯酸，与其它抗氧剂有很好的协同效应，同时赋予塑料热稳定性和光稳定性。

亚磷酸酯抗氧剂主要为抗氧剂 168[三(2,4-二叔丁基苯基)亚磷酸酯]，抗氧剂 626[双(2,4-二叔丁基苯基)季戊四醇二亚磷酸酯]和抗氧剂 618[双(十八烷基)季戊四醇二亚磷酸酯]。抗氧剂 168 是国内生产消费量仅次于抗氧剂 1010 的品种，其化学结构式如下：

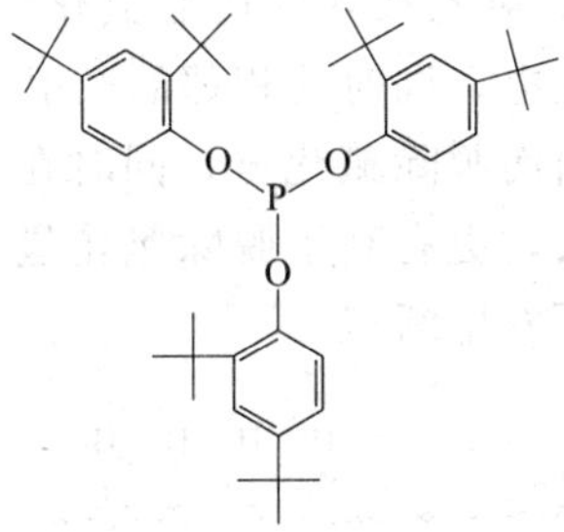

随着塑料工业的快速发展，尤其各种新型功能性塑料的不断开发与利用，全球抗氧剂正朝着多功能化、反应型、天然抗氧化的方向发展。单一结构的稳定助剂往往很难完全满足聚合物制品加工应用的所有要求，因此需要稳定剂的多功能化来突出高效性、功能性和专用性。随着人们环保意识的增强和对自身健康的考虑，天然产物作为抗氧剂的研究是发展趋势。

5.1.4.3　热稳定剂

热稳定剂是用来防止塑料在高温下加工或使用过程中受热而发生降解的一类稳定剂。热稳定剂主要用于聚氯乙烯、氯乙烯的共聚物中。

（1）聚氯乙烯的热降解

聚氯乙烯加热到 $100℃$ 以上时，树脂就发生降解而放出 HCl 气体，颜色渐渐变黄、棕直到黑色，性能变脆，失去使用价值。PVC 的热降解是一个复杂的过程，与许多因素有关。人们提出了许多机理，主要有：

a. 自由基反应机理。聚氯乙烯分子的理想结构应是每一个氯原子连接在仲碳上，这种理想结构应该是热稳定的。然而，由于分子内存在着支链结构、端基双键、烯丙基氯，残留的引发剂杂质等，因此分子链上有许多弱点，其分子结构可表示为：

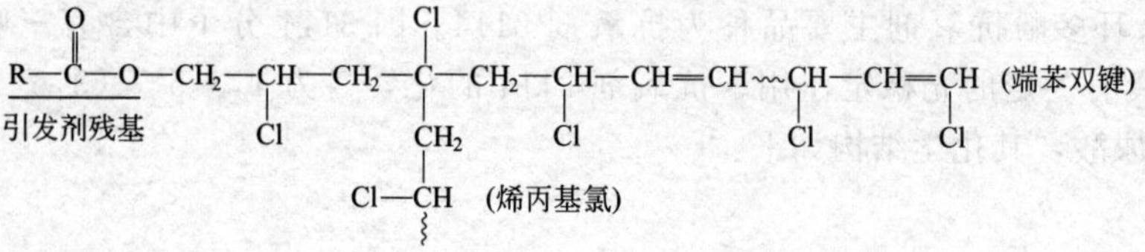

聚氯乙烯分子链上的弱点，如不饱和的端基双键会使邻近键变弱而产生自由基：

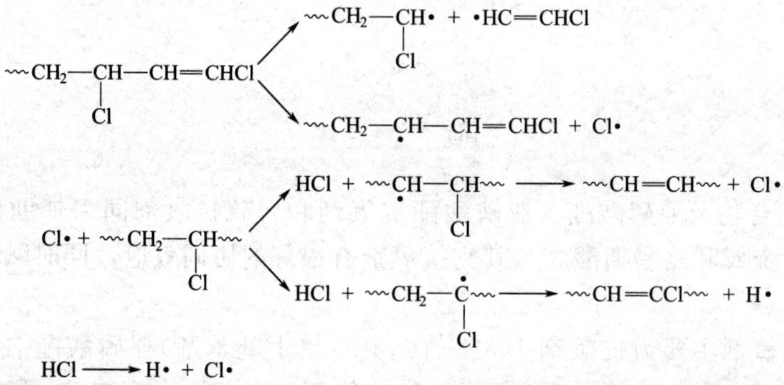

氯化氢因能分解产生自由基而具有催化作用。

b. 离子机理。日本学者认为聚氯乙烯热降解脱氯化氢在于 C—Cl 极性键。电负性强的氯原子带负电，与它相连的碳带正电，同时使相邻的亚甲基上的氢带诱导正电荷，带负电的氯原子与带正电的氢原子相互吸引而脱除氯化氢，同时在分子链上产生双键。双键形成后，使相邻氯原子上的电子云密度增大，更有利于脱除氯化氢，结果形成共轭体系而显示颜色，共轭双键容易受到自由基的作用而发生断裂。

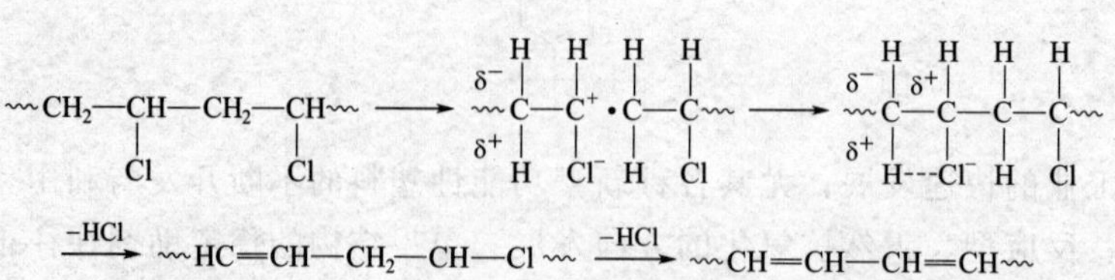

（2）热稳定剂的作用机理

a. 通过捕捉 PVC 热降解时放出的 HCl 而起稳定作用。如三盐基硫酸铅，其作用方式为：

$$3PbO \cdot PbSO_4 \cdot H_2O + 6HCl \longrightarrow 3PbCl_2 + PbSO_4 + 4H_2O$$

金属皂及含环氧基热稳定剂的作用方式为：

$$(C_{11}H_{23}COO)_2Cd + 2HCl \longrightarrow CdCl_2 + 2C_{11}H_{23}COOH$$

$$
\underset{O}{-CH-CH-} + HCl \longrightarrow \underset{OH\quad Cl}{-CH-CH-}
$$

b. 与 PVC 的不稳定氯原子发生作用。金属皂和亚磷酸酯可与 PVC 的不稳定氯原子发生作用，从而抑制其脱氯化氢的反应。例如，以稳定的化学基团置换烯丙基氯原子。

$$(RO)_3P + \text{~~HC=CH-CH-CH}_2\text{~~} \longrightarrow \text{~~HC=CH-CH~~} + RCl$$
$$\underset{Cl}{\quad} \qquad \underset{(RO)_2P=O}{\quad}$$

$$M(OOCR)_2 + \text{~~HC=CH-CH-CH}_2\text{~~} \longrightarrow \text{~~HC=CH-CH~~} + RCOMCl$$

式中 M 为金属离子。

c. 与多烯结构发生加成，破坏共轭体系，减少带色。不饱和酸的盐或酯中含有双键，可与 PVC 降解产生的共轭双键发生双烯加成反应（Diels-Alder 反应，或称为狄尔斯-阿尔德反应）从而破坏共轭结构。

$$\text{~~HC=CH-CH=CH~~} + R_1\text{-CH=CH-}R_2 \longrightarrow$$

（3）热稳定剂各论

a. 铅稳定剂。这类稳定剂是现在仍在大量使用的开发最早的化合物，我国所使用的热稳定剂有大约 60% 属于此类。它具有很强的结合 HCl 的能力，但对 PVC 脱 HCl 无抑制作用。

盐基性铅盐（指含有未成盐的 PbO 的无机酸盐或羧酸盐）是目前应用最广泛的类别，如三盐基硫酸铅（$3PbO \cdot PbSO_4 \cdot H_2O$）、盐基性亚硫酸铅（$nPbO \cdot PbSO_3$）等。其优点是耐热性好，电气绝缘性优良，具有白色颜料的性能，耐候性也良好，价格低廉。缺点是毒性大，危害人体健康，相容性和分散性差，所得制品不透明，没有润滑性，需与金属皂、硬脂肪等润滑剂并用。国外正逐步禁止或限制使用该类稳定剂。

b. 金属皂类稳定剂。金属皂类稳定剂主要是钙、镁、锌、镉等的硬脂酸盐，棕榈酸盐和月桂酸盐，很少单独使用，由主、辅金属皂和有机辅助稳定剂配合而成的复合热稳定剂的应用性能更为全面。它们也是通过结合 HCl 而起稳定作用的。一般脂肪酸根中碳数愈多，热稳定性与加工性愈好，但与 PVC 的相容性愈差。

c. 有机锡稳定剂。有机锡稳定剂具有如下通式：

$$
R-\underset{R}{\overset{R}{Sn}}(X-\underset{R}{\overset{R}{Sn}})nY
$$

式中，Y 为脂肪酸根（如月桂酸、马来酸等）；X 为氧、硫、马来酸等；R 为甲基、正丁基、正辛基等烷基。

有机锡为高效热稳定剂，其最大的优点是具有高度透明性，突出的耐热性，耐硫化污染。缺点是价格贵，产品有异味，同时对人体中枢神经有害。

有机锡类稳定剂主要有三种类型：

脂肪酸有机锡：如二月桂酸二丁基锡，这是常用的品种，具有良好的加工性、耐候性，但热稳定效果差些。其分子式为：

$$(C_4H_9)_2Sn(OOCC_{11}H_{23})_2$$

马来酸有机锡：如二马来酸丁酯二丁基锡，具有良好的耐热性、透明性、耐候性。加工性较差。其分子式为：

$$(C_4H_9)_2Sn(OOCCH=CHCOOC_4H_9)_2$$

硫醇有机锡：如二月桂基硫醇二丁基锡，这是最有效的热稳定剂，具有非常优良的透明性，初期色相和长期耐热性，但耐候性较差，且易受金属污染，加工时有臭味。其分子式为：

$$(C_4H_9)_2Sn(SC_{12}H_{25})_2$$

d. 金属复合热稳定剂。由于金属活性不同，形成的各种金属皂对 PVC 稳定能力不同，若将活性高的锌皂与活性差的钙皂或者锡皂并用，以及钡、镉、锌等皂类复合，可以产生协同作用，并能获得良好的稳定效果。

e. 稀土类热稳定剂。稀土类热稳定剂是近年发展起来的新型热稳定剂，具有无毒、高效、多功能、价格适中等优点，适用于软质、硬质及透明与不透明的 PVC 制品。稀土类热稳定剂主要包括资源丰富的轻稀土镧、铈、钕的有机弱酸盐和无机盐。有机弱酸盐的种类有硬脂酸稀土、脂肪酸稀土、水杨酸稀土、柠檬酸稀土、月桂酸稀土、辛酸稀土等。稀土热稳定剂具有良好的耐受性，不受硫的污染，储存稳定，并与其它种类稳定剂之间有广泛的协同效应，无毒环保，符合当今 PVC 制品无毒、无污染、高效的发展要求，是目前研究开发的热点之一。

f. 有机锑类热稳定剂。有机锑类热稳定剂研究较多的是+3 价的硫醇盐锑、羧酸锑、巯基羧酸酯锑等。这类稳定剂具有热稳定效率高、毒性较低、初期着色优良、透明等特点。除了具有一般热稳定剂吸收 HCl 的功能外，还有取代不稳定的氯原子、与双键加成和抗氧化作用，与环氧化合物、硬脂酸钙并用有很好的协同作用，可以防止早期着色，并具有长期热稳定性。但其耐光性较差，见光很快分解变色，多用于 PVC 上水管材加工及其它透明制品，适用于双螺杆挤出机。

g. 水滑石热稳定剂。水滑石类热稳定剂是日本在 20 世纪 80 年代开发的一类新型无机 PVC 辅助稳定剂，其热稳定效果比钡皂、钙皂及它们的混合物好。此外，还具有透明性好、绝缘性好、耐候性好及加工性好的优点，不受硫化物的污染，无毒，能与锌皂及有机锡等热稳定剂起协同作用，是极有开发前景的一类无毒辅助热稳定剂。

h. 其它类型的热稳定剂。环氧化合物、亚磷酸酯类、β-二酮类化合物、多元醇以及某些含氮、硫有机物等，也可用作热稳定剂。

5.1.4.4 光稳定剂

塑料吸收光，特别是吸收紫外线后易形成电子激发或破坏化学键，引起自由基链式反应。又由于大气中有氧气，常伴随光氧化反应而发生断键和交联，从而导致塑料性能变化，即发生光氧老化。凡能够抑制同光的作用而延缓聚合物降解的物质称为光稳定剂。紫外光的能量大于 $298kJ \cdot mol^{-1}$，有机化合物的键能在 $290 \sim 420kJ \cdot mol^{-1}$ 之间，故有机化合物易遭紫外光的破坏，其机理如下：

$$RH \longrightarrow R\cdot + H\cdot$$
$$R\cdot + O_2 \longrightarrow ROO\cdot$$
$$ROO\cdot + RH \longrightarrow ROOH + R\cdot$$
$$ROOH \longrightarrow RO\cdot + HO\cdot$$
$$\cdots\cdots$$

式中，RH 表示聚合物。

光稳定剂品种繁多。按其作用机理可分为光屏蔽剂、紫外线吸收剂、猝灭剂和自由基捕获剂。

（1）光屏蔽剂

光屏蔽剂指能反射和吸收紫外线的物质。炭黑、ZnO、TiO_2 等颜料常作为光屏蔽剂使用。

（2）紫外线吸收剂

紫外线吸收剂指能强烈地选择性吸收紫外光，将紫外光能量转换为热能或无害的低能辐射（荧光或磷光）的物质。

荧光是电子从激发单线态最低振动能级跃迁到基态单线态的某个能级时发出的辐射。

磷光是电子从激发态跃迁到不同多重性的基态时发出的辐射，如从激发三线态到基态单线态。

常用的紫外线吸收剂有：

a．水杨酸酯类。水杨酸酯类的紫外线吸收剂结构如下：

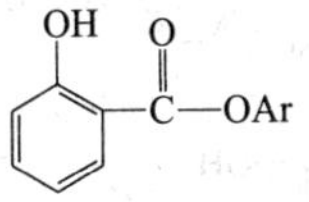

（Ar为芳基或取代芳基）

水杨酸酯类的紫外线吸收剂是应用最早的一类紫外线吸收剂。它本身对紫外线的吸收能力很低，而且吸收的波长范围极窄（小于 340nm），但吸收一定能量后，由于发生分子重排，形成了吸收紫外线能力强的二苯甲酮结构，从而产生较强的光稳定作用。因此，这类稳定剂又称为先驱型紫外线吸收剂。

b．二苯甲酮类。二苯甲酮类紫外线吸收剂的结构如下：

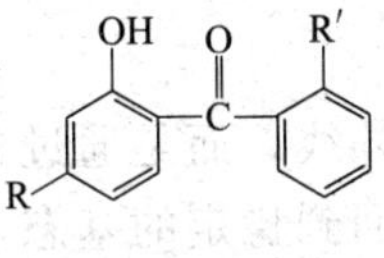

二苯甲酮类紫外线吸收剂是目前应用最广的一类紫外线吸收剂。因其结构中存在分子内氢键，所以它对整个紫外光区域几乎都有较强的吸收作用。由苯环上的羟基氢和相邻的羰基氧形成氢键而构成一个螯合环，当吸收紫外光后，氢键被破坏，螯合环打开，这样就能把有害的紫外光能转换为无害的热能而释放出来。另外，二苯甲酮吸收了紫外光后，不仅氢键被破坏，而且羰基会被激发，产生互变异构现象，生成烯醇式而消耗一部分能量。二苯甲酮类光稳定剂作用机理如下：

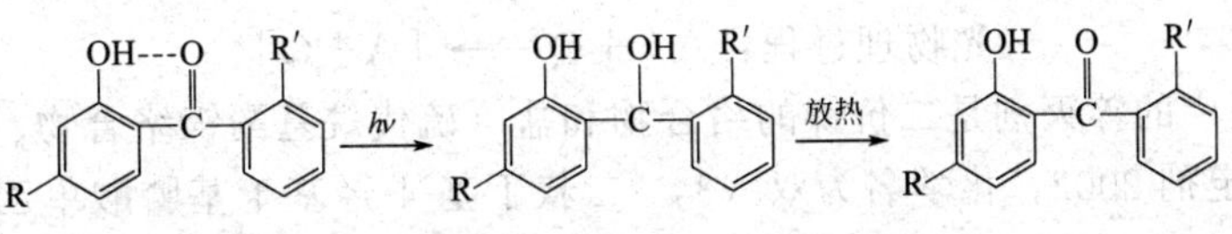

在这类稳定剂中，分子内氢键的强度愈高，破坏它所需能量越大，耗去的紫外光能量越多，因而效果越好。另外，稳定效果还与苯环上烷氧基链的长短有关，链越长，与聚合物的相容性越好，稳定效果越佳。这类稳定剂几乎不吸收可见光，也不易着色，适宜于浅色制品。

c. 苯并三唑类。苯并三唑类紫外线吸收剂的结构式如下：

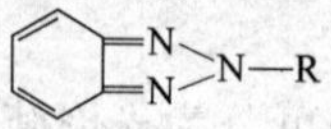

苯并三唑类紫外线吸收剂的代表性产品为 2-(2′-羟基-3′,5′-二叔丁基苯基)-5-氯代苯并三唑，其结构式如下：

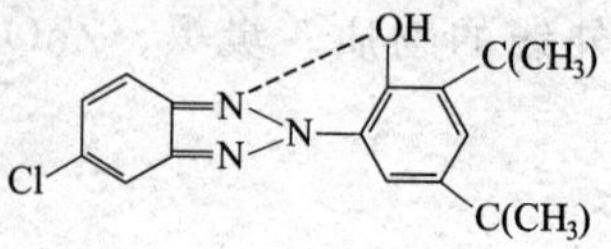

2-(2′-羟基-3,5-二叔丁基苯基)-5-氯代苯并三唑

该产品化学稳定性好，挥发性极小，与聚烯烃的相容相好，特别适用于聚乙烯和聚丙烯。此外，还可用于聚氯乙烯、聚甲基丙烯酸甲酯、聚甲醛等，并且具有优良的耐热升华性，耐洗涤性、耐气体褪色性和机械性能保持性。

d. 三嗪类。三嗪类紫外线吸收剂的其结构如下：

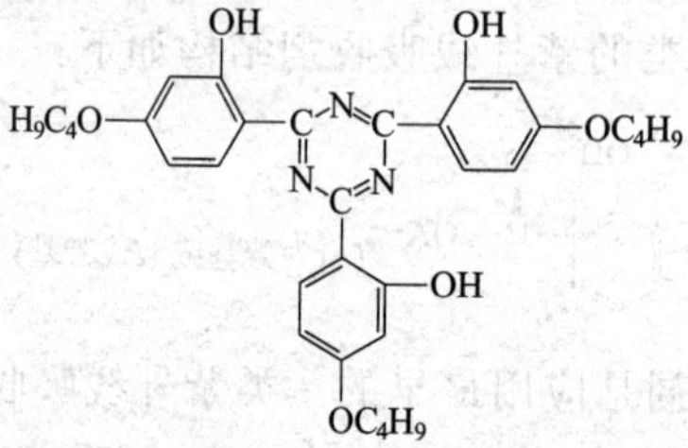

2,4,6-三(2′-羟基-4′-丁氧基苯基-1,3,5-三嗪

该品为淡黄色粉末，溶于六甲基磷酰三胺，加热时溶于二甲基甲酰胺，微溶于正丁醇，不溶于水。适用于聚氯乙烯、聚甲醛、氯化聚醚等多种塑料，但该品有着色性，可使制品带淡黄色，而且与树脂的相容性也较差。

（3）猝灭剂（又称减活剂）

猝灭剂的稳定作用不在于吸收紫外线，而是通过分子间作用把受到紫外光照射后处于激发态分子的激发能瞬间转移，使分子回到稳定的基态，因而避免了高聚物的光氧化。这种能量的转移有两种形式：

激发能转移给非反应性的猝灭剂分子，然后将能量消散：

$$A^* \text{（激发聚合物）} + Q \text{（猝灭剂）} \xrightarrow{\text{放热}} A + Q$$

激发态分子与猝灭剂形成激发态的复合物，该复合物在经过其它光物理过程如发射荧光、内部转变（指激发态分子通过非辐射跃迁失活到多重性不变的低能状态的过程）等将能量耗散：

$$\text{光物理过程：} A^* + Q \longrightarrow [A + Q]^*$$

目前应用最广的猝灭剂是二价镍的络合物和盐（硫代烷基酚镍络合物、磷酸单酯镍络合物等），如光稳定剂 2002，化学名为双（3,5-二叔丁基-4-羟基苄基膦酸单乙酯）镍，化学结构式如下：

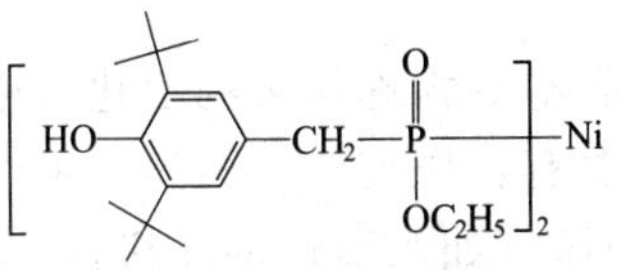

$$\left[\text{HO} \begin{array}{c} \\ \end{array} \text{CH}_2\text{—P} \right] \text{Ni}$$

光稳定剂 2002 适用于聚烯烃及其共聚物和合成橡胶等，它不但能增强聚合物的抗光性，而且兼具助染色的抗氧化性能，特别对表面积大的制品效果尤为显著。

又如光稳定剂 UV-1084，化学名为 2，2′-硫代双（4-叔辛苯酚镍基）正丁胺，化学结构式如下：

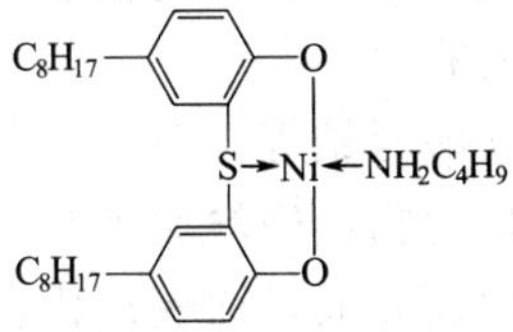

稳定剂 UV-1084 与聚烯烃的相容性好，多用于聚乙烯薄膜、扁丝，或聚丙烯薄膜、扁丝。

（4）自由基捕获剂

自由基捕获剂是新开发的一类具有空间位阻效应的哌啶衍生物类光稳定剂，简称为受阻胺类光稳定剂，其稳定效果比上述光稳定剂高几倍。它的作用机理主要是捕获自由基，因为聚合物吸收紫外光后会分解出自由基，引起链式氧化反应。这类光稳定剂有：

4-苯甲酰氧基-2，2，6，6-四甲基哌啶酯（Sanol LS744），化学结构式如下：

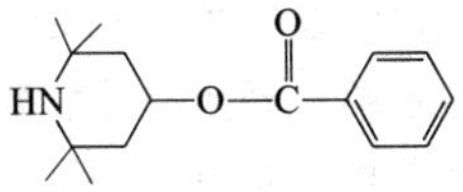

癸二酸双（2，2，6，6-四甲基哌啶）酯（Sanol LS770）或双（2，2，6，6-四甲基哌啶基）癸二酸酯，化学结构式如下：

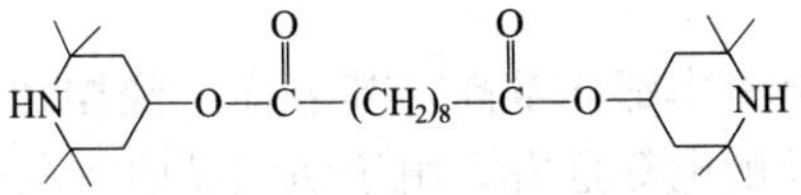

三（1，2，2，6，6-五甲基哌啶基）亚磷酸酯（GW-540），化学结构式如下：

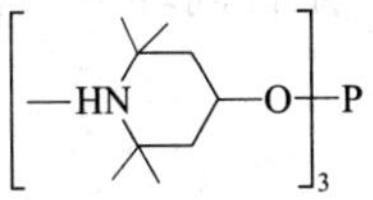

5.1.5　发泡剂

5.1.5.1　发泡剂的定义

发泡剂是一类能使处于一定黏度范围内的液体或塑性状态的橡胶、塑料形成微孔结构的物质。根据气孔产生的方式不同，发泡剂又可以分为物理发泡剂和化学发泡剂两大类。

5.1.5.2 物理发泡剂

物理发泡剂在发泡过程中依靠本身物理状态的变化产生气孔，如聚合物中的挥发性液体汽化时产生气孔，物理发泡剂主要有：压缩气体（N_2，CO_2）；低沸点的有机化合物（如脂肪烃、卤代脂肪烃等）；可溶性固体（如水溶性的无机盐、聚合物等），它们被洗去而留下气孔；其中脂肪烃和卤代脂肪烃是最重要的物理发泡剂。

5.1.5.3 化学发泡剂

化学发泡剂在发泡过程中因发生化学变化而分解产生出一种或多种气体使聚合物发泡。它们多是一种无机或有机的热敏性化合物，在一定温度下会热分解而产生一种或多种气体，从而使聚合物发泡。化学发泡剂主要有：

无机类：碳酸铵、碳酸氢铵、碳酸氢钠等。

有机类：亚硝基化合物、偶氮化合物、磺酰肼类等。

其中，亚硝基化合物主要用于橡胶方面，而偶氮化合物和磺酰肼类主要用于塑料。

有机化学发泡剂是目前工业上使用最广泛的发泡剂。在它们的分子中几乎都含有—N—或—N＝N—结构，在热的作用下很容易断裂而放出氮气（同时也可能有少量的 NH_3、CO、CO_2 和 H_2O 等），从而起到发泡的作用。其优点是在聚合物中分散性好，分解温度范围较宽，且能控制，发泡率高，缺点是易燃。

目前，应用最广泛的化学发泡剂是 AC 发泡剂，其化学名为偶氮二甲酰胺，结构式如下：

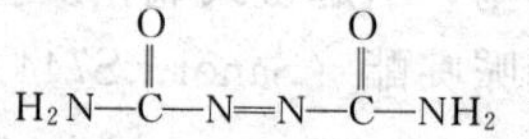

$$\underset{H_2N-C-N=N-C-NH_2}{\overset{O\qquad\qquad O}{}}$$

AC 发泡剂是发气量最大、性能最优越、用途广泛的发泡剂。广泛用于拖鞋、鞋底、鞋垫、塑料壁纸、天花板、地板革、人造革、绝热、隔音材料等发泡。AC 发泡剂具有性能稳定、不易燃、不污染、无毒无味、对模具不腐蚀、对制品不染色、分解温度可调节、不影响固化和成型速度等特点。

5.1.6 抗静电剂

一般高分子材料的体积电阻率都非常高，其表面一经摩擦就容易产生静电而引起放电，造成静电引力（或斥力）以及触电等危害。由于纺织品的放电而造成的火灾和爆炸事故是不少见的。防止静电危害的方法是：减轻或防止摩擦以减少静电的产生，使已产生的静电尽快泄漏，从而防止电的大量积累，其方法是提高环境的相对湿度和采用抗静电剂等。

5.1.6.1 抗静电剂的定义

抗静电剂是添加到树脂中或涂覆在塑料制品和合成纤维表面的用以防止高分子材料静电危害的一类化学添加剂。

5.1.6.2 抗静电剂的分类

（1）按使用方式分类

按使用方式可分为外部抗静电剂和内部抗静电剂。

a. 外部抗静电剂。在使用时配制成 $0.5\%\sim2.0\%$ 溶液，然后用涂布、喷雾、浸渍等方法使它通过特定方式附着在制品表面。特点是耐久性差，又叫作"暂时抗静电剂"。

b. 内部抗静电剂。因为是在树脂加工过程中添加到树脂中的，所以又叫混炼型抗静电剂。近来也出现了一些与树脂结合牢固、不易逸散、耐磨和耐洗涤的高分子量耐久性外部抗静电剂。

（2）按组成分类

抗静电剂实质上是一些表面活性剂，主要有胺的衍生物、季铵盐、磷酸酯、硫酸酯、聚乙二醇衍生物等。

5.1.6.3 抗静电剂的基本原理

（1）产生静电的原因

物质对电子的亲和力不一样。亲和力小的摩擦时失去电子带正电，而亲和力大的得到电子带负电。宏观上表现为物体带静电。

（2）外部抗静电剂的作用机理

外部抗静电剂一般为表面活性剂，其亲油部分吸附在制品表面，亲水部分朝外吸收空气中的水分，形成亲水化膜，增加了表面的导电性，而起到消除静电的作用，如图 5-3（a）所示。

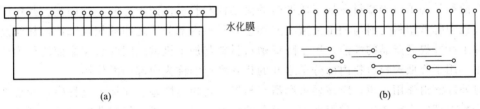

图 5-3 外部（a）和内部（b）抗静电剂作用原理示意图

（3）内部抗静电剂的作用机理

内部抗静电剂也一般为表面活性剂，它在树脂中发生迁移，迁移至树脂表面呈定向排列，与内部表面活性剂形成平衡，亲水基向着空气一侧，形成亲水化膜。当表面的表面活性剂层在使用和加工过程中损失掉时，位于内部的表面活性剂不断迁移至表面，形成新的表面活性剂层，达到永久抗静电的目的，如图 5-3（b）所示。

5.1.6.4 抗静电剂的主要品种

（1）阴离子型抗静电剂

阴离子型抗静电剂主要用于合成纤维。以磷酸酯衍生物效果最好，其次是烷基（芳基）聚氧乙烯的硫酸酯钠盐。代表性品种有二月桂基磷酸酯钠盐。

$$(C_{12}H_{25}O)_2 \overset{\overset{\displaystyle O}{\|}}{P}ONa$$

（2）阳离子型抗静电剂

主要包括各种铵盐、季铵盐和烷基咪唑啉等，其中季铵盐比较重要，阳离子抗静电剂对高分子材料的附着力强，作为外部抗静电剂使用性能优良。但季铵盐耐热性差，容易发生热分解，因而用作内部抗静电剂时必须考虑到能否经受得起树脂的高温加工（120～300℃）。代表性的品种有硬脂酰胺丙基-β-羟乙基-二甲基硝酸铵，商品名为 Catanac SN，化学结构如下：

$$[C_{17}H_{35}\overset{\overset{\displaystyle O}{\|}}{C}NHCH_2CH_2CH_2N(CH_3)_2CH_2CH_2OH]^+ NO_3^-$$

（3）两性离子型抗静电剂

主要包括季铵内盐、两性烷基咪唑啉盐和烷基氨基酸等。它们具有阳离子和阴离子型抗静电剂的作用。这类抗静电剂性能优良，如十二烷基二甲基季铵乙内盐，结构如下：

$$C_{12}H_{25}N^+(CH_3)_2CH_2COO^-$$

为良好的纤维用外部抗静电剂。

（4）非离子型抗静电剂

非离子型抗静电剂不能像离子型那样，可以利用本身的离子导电泄漏电荷，所以用量较大。其优点是热稳定性好、耐老化，因此被用来作塑料的内部抗静电剂。其中烷基酚的环氧乙烷加成产物是目前用量最大的塑料用内部抗静电剂，耐热性良好，结构式如下：

$$R \mathbin{\!-\!} \underset{}{\bigcirc} \mathbin{\!-\!} O(CH_2CH_2O)_nH$$

5.1.7 润滑剂

5.1.7.1 润滑剂的定义

润滑剂是为了改善塑料在加工成型时的流动性和脱模性而添加的一种助剂。其作用是在加工过程中降低塑料材料与加工机械之间和塑料材料内部分子之间的相互摩擦，从而改善塑料的加工性并提高产品的性能，用于降低塑料材料与加工机械之间的相互摩擦的称为外部润滑作用，用于降低塑料材料内部分子之间的相互摩擦的称为内部润滑作用。

对外部润滑作用来说，应该要求润滑剂与聚合物相容性差。在加工过程中，润滑剂容易从聚合物内部向表面渗出，黏附在加工设备的接触面上，形成一层很薄的"润滑剂分子层"。这样，就可以减少聚合物与设备之间的摩擦力，从而防止熔融聚合物黏结在设备的表面上，以使加工过程中的物料具有良好的离辊性和脱模性，并且保证制品的光洁度。

对内部润滑作用来说，则应该要求润滑剂对聚合物有一定的相容性。这样，润滑剂就可以留在聚合物分子链之间了，从而可以减少聚合物分子的内摩擦，并降低聚合物的熔融流动黏度，即增加物料的流动性，同时可以防止因剧烈的内摩擦而导致物料过热。一种优良的润滑剂同时具有两种润滑作用。

5.1.7.2 几种主要的润滑剂

（1）石蜡

石蜡是分子量大约为 $280 \sim 560$（$C_{20} \sim C_{40}$）的白色蜡状物质。在塑料工业中常用作脱模剂。石蜡作为一种潜热储能材料，具有相变潜热大、固—液相变过程容积变化小、热稳定性好、无过冷现象、价格较低廉等优点，使之在航空、航天、微电子等高科技系统以及房屋节能等各个领域得到了广泛应用。

（2）低分子量聚乙烯

分子量为 $1500 \sim 2500$，白色片状物质。多用于聚氯乙烯塑料和橡胶的脱模剂。

（3）高级脂肪酸及其它盐类

如硬脂酸、月桂酸、硬脂酸铅（锌）等。

（4）硬脂酸酯类

如硬脂酸单酯（丁酯）、硬脂酸单甘油酯等。

（5）酰胺类

主要有硬脂酰胺、油酰胺、亚乙基双硬脂酰胺等，分子结构式如下：

硬脂酰胺：$CH_3(CH_2)_{16}\overset{\displaystyle O}{\overset{\|}{C}}-NH_2$

油酰胺：$CH_3(CH_2)_7CH=CH(CH_2)_7\overset{\displaystyle O}{\overset{\|}{C}}-NH_2$

亚乙基双硬脂酸酰胺：$CH_3(CH_2)_{16}\overset{\displaystyle O}{\overset{\|}{C}}-NH-CH_2CH_2-NH\overset{\displaystyle O}{\overset{\|}{C}}-(CH_2)_{16}CH_3$

（6）硅油

主要有二甲基硅油，分子结构式如下：

$$\left[-O-\underset{\underset{\displaystyle CH_3}{|}}{\overset{\overset{\displaystyle CH_3}{|}}{Si}}-\right]_n$$

二甲基硅油具有优良的耐高低温性能、透光性、电性能、憎水性、防潮性和化学稳定性。一般用于大型成型物高温操作脱模，如酚醛树脂、不饱和聚酯层压板。

5.1.8 发展趋势

（1）发展绿色助剂

由欧盟立法制定的一项强制性标准——《电气、电子设备中限制使用某些有害物质指令》（RoHS）已实施，其主要内容是要求欧盟成员国确保从 2006 年 7 月 1 日起，投放市场的新电子和电气设备不包含铅、汞、镉、六价铬、多溴二苯醚或多溴联苯。这些受限成分大多是因为添加加工性助剂和功能性助剂而引入的，如增塑剂、热稳定剂、抗氧剂和阻燃剂等。因此，与其说 RoHS 针对电子电气设备而立，不如说是针对电子电气产品中塑料部件的添加剂而制定的，可见 RoHS 对整个塑料产业影响之大。被称为"中国 RoHS"的《电子信息产品污染控制管理办法》也于 2007 年 3 月 1 日实施。

欧盟还通过了《关于报废电子电气设备指令》（WEEE），要求从 2005 年 08 月 13 日起，欧洲市场上流通的电子电气设备生产商必须在法律意义上承担起支付自己报废产品回收费用的责任。含有添加剂，特别是溴系阻燃剂的电子电气设备回收非常困难。

中国塑料添加剂和电子电气用塑料制品企业如何应对，已成为业界广泛关注的焦点。随着国内外 RoHS 的实施，相关企业面临重新选择添加剂、升级技术和产品的问题。

RoHS 禁用的重金属主要来自塑料用无机着色剂（重金属化合物）、无机填充物、重金属热稳定剂等。阻燃协效剂氧化锑因锑矿同时伴生钨、铅、锡、金等金属，不仅本身存在限量使用问题，还需要面对控制伴生金属含量的问题。因此，要开发新型的阻燃剂、稳定性能优异的有机着色剂以替代无机着色剂。

欧盟颁布的《关于邻苯二甲酸酯的新指导标准》于 2007 年 1 月 16 日起执行。新指导标准要求，DEHP（邻苯二甲酸二己酯）、DBP（邻苯二甲酸二丁酯）和 BBP（邻苯二甲酸苯基丁酯）在所有儿童玩具和服装以及其它物品采用的 PVC 材料中将被限制使用。相应的 DINP（邻苯二甲酸二异壬酯）、DIDP（邻苯二甲酸二异癸酯）和 DOP（邻苯二甲酸二辛酯）也限制在儿童玩具和服装以及所有可能被放入口中的物品中使用。上述 6 种成分的含量不得超过 0.1%。所涉产品不仅包括 36 个月以下婴童的玩具、服装和护理品，还包括其它年龄段儿童使用的可能会被放进口中的所有物品。欧盟新标准的实施，使我国儿童用品出口面临新挑战。在欧盟各国的儿童玩具市场上，来自中国的产品约占70%。

因而这些法令和决定对我国的塑料玩具和塑料助剂（特别是增塑剂、热稳定剂和阻燃剂）行业冲击很大，因为我国的增塑剂80%是邻苯二甲酸酯类，70%的热稳定剂含铅等重金属盐类，70%的有机阻燃剂含卤素。

（2）发展高性能助剂

在加工过程中，塑料制品往往需要添加多种助剂来实现多种功能，但这往往使塑料的加工性能下降及加工程序变复杂。因此，开发带有多种复合功能的助剂就成了业界研究的热点。通过把多种助剂的功能附加在一种综合助剂身上，或者是把多种助剂以合适的配比打成一个复合包，助剂就实现了多功能化，用起来十分方便，因此受到国外各大助剂公司的欢迎。

受阻胺光稳定剂（HAIS）是一类高效的光稳定剂，但其中部分低分子量的要被高分子量的、多官能团的、非碱性的和反应型的品种所取代。高分子量化是防止助剂在加工应用中挥发、萃取、逸散等损失，以提高其持久性、耐抽提性和耐热性。其它助剂也存在提高耐久性的问题，其中高分子化是提高耐久性的有效措施之一。

5.2　橡胶助剂

橡胶是一种具有很大的可恢复弹性的高分子材料，在大的形变下能迅速而有力地恢复其形变。

生胶是未被交联的橡胶，由线性大分子或带支链的大分子组成。生胶本身虽然具有一定的强韧性，但单用生胶生产制品，不但加工困难，而且产品的性能不能满足使用的要求，如未硫化的橡胶低温下变脆，高温下变软，没有保持形变的能力，并且力学性能较差。因此，生胶必须经过炼胶，再经过硫化制成硫化胶才具有使用价值。

橡胶加工是使生橡胶转变为具有特定性能、特定形状的橡胶制品的过程。为了改善橡胶的加工工艺或使用性能，或降低生产成本而在制造过程中加入的各种化学药剂，这些化学药剂统称为橡胶助剂。

5.2.1　硫化剂

塑性橡胶（线性结构）转变为弹性橡胶（体型结构）的交联过程通称为硫化。凡能使橡胶起交联作用的物质均可称为硫化剂（或交联剂）。

交联可以防止线形大分子的滑移，消除永久变形，提高弹性。除了某些热塑性橡胶不需硫化外，天然胶与各种合成胶都需硫化，硫化后的胶才能满足橡胶制品的使用要求。

5.2.1.1　硫化机理

（1）硫黄交联型

对于含双键的二烯类橡胶可采用硫黄交联。研究发现，硫化交联不受自由基引发剂和阻聚剂的影响，用电子顺磁共振未检测出自由基，但有机酸/碱以及介电常数大的溶剂却可加速硫化。因此，初步确定硫化属于阳离子聚合机理，具体为：

橡胶和极化后的硫或硫离子对反应，形成硫鎓离子，硫鎓离子夺取聚二烯烃中的氢原子，形成烯丙基碳阳离子，碳阳离子先与硫反应，再与大分子双键加成，产生交联，通过氢转移，继续与大分子反应，再产生碳阳离子。如此反复，形成网状结构，交联反应如下：

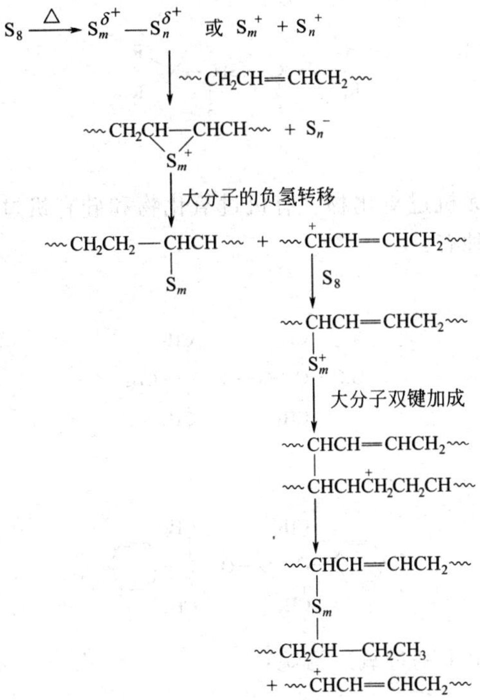

$$S_8 \xrightarrow{\triangle} S_m^{\delta+} - S_n^{\delta+} \ \text{或} \ S_m^+ + S_n^+$$

（2）过氧化物交联型

对不含双键的聚烯烃，如聚乙烯、乙丙橡胶等，无法用硫来交联，可用过氧化物来交联，这一交联属于自由基交联，交联机理如下：

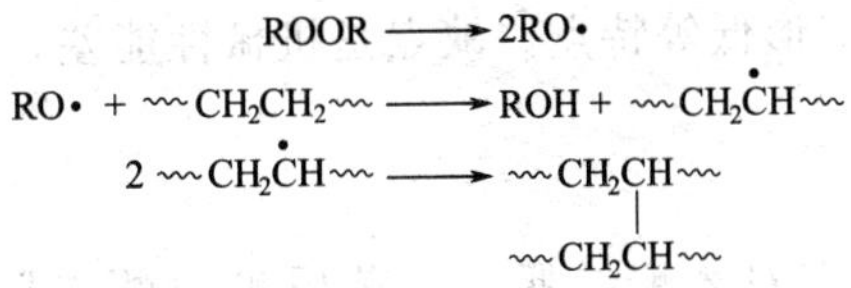

5.2.1.2　各种硫化剂

（1）元素硫硫化剂

元素硫硫化剂的典型代表物是硫黄，是橡胶工业中最基本、最重要的硫化剂，具有综合性能好、成本低等优点。

不溶性硫黄是普通硫黄的同素异形体，是普通硫黄聚合而成的线性高分子，具有不溶于二硫化碳的特点，因此称为不溶性硫黄或聚合硫黄。和普通硫黄相比，具有如下特点：

a. 使胶料具有良好的自黏性，能够提高分层橡胶制品各层间的黏合强度，尤其能改善钢丝和橡胶的黏合性。

b. 在胶料中能均匀分布，因而能有效地减少胶料存放时的焦烧现象，延长胶料存放期，保证硫化均一，因而提高了制品的性能。

c. 不会从制品中迁移至表面而产生喷霜，保证了浅色制品的外观质量。

（2）硫给予体硫化剂

硫给予体硫化剂指那些在硫化时能释放硫的化合物，因此，可以不加硫黄或少加硫黄。

主要品种是秋兰姆的二硫化物或四硫化物。秋兰姆既可作硫化剂又可作促进剂使用，其结构式如下：

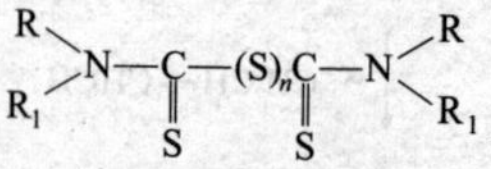

$$R_1 \backslash N-C-(S)_n-C-N / R_1$$

(图中结构式：R、R₁ 连 N，N—C，C=S，(S)ₙ，C—N，C=S，N 连 R、R₁)

（3）过氧化物硫化剂

过氧化物硫化剂包括无机过氧化物、有机过氧化物和硅有机过氧化物三类。广泛使用的是有机过氧化物，主要品种有：

二叔丁基过氧化物：

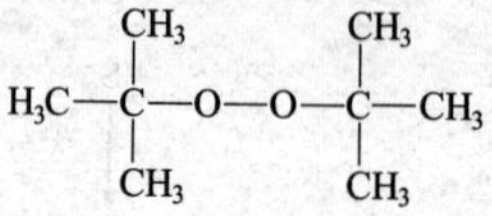

二叔丁基过氧化物结构式

过氧化二异丙基苯：

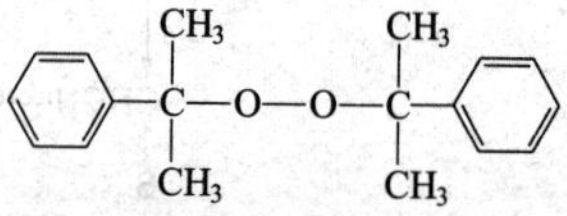

过氧化二异丙基苯结构式

2,5-二甲基-2,5-双（叔丁基过氧）已烷：

2,5-二甲基-2,5-双（叔丁基过氧）已烷结构式

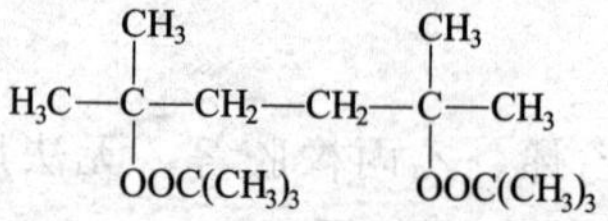

用过氧化物硫化可得 C—C 交联键，属自由基机理。过氧化物交联具有硫化时间短、硫化胶热稳定性好、压缩永久变形低等特点。缺点是机械性能差，且过氧化物易燃、易爆、安全性差。

（4）醌的衍生物硫化剂

醌的衍生物硫化剂主要有对苯醌二肟、二苯甲酰对醌二肟等，现多作为丁基胶的硫化剂。

对苯醌二肟的化学结构式为：

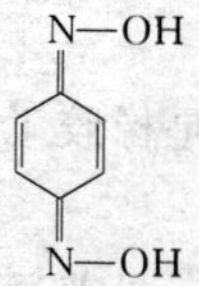

对苯醌二肟结构式（N—OH）

用醌类硫化的橡胶抗张强度和压缩永久变形比硫黄硫化胶差，但抗臭氧性能好、硫化速度快、定伸强度高。广泛用于电气橡胶制品和硫化胶囊。

（5）多官能胺类化合物硫化剂

多官能胺类化合物为某些特种合成胶的重要硫化剂，主要用于丙烯酸酯橡胶和氟橡胶。如三乙烯四胺使丙烯酸酯橡胶具有良好的变形性能，其化学结构式为：

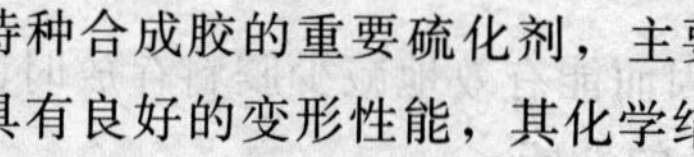

$$H_2N \text{—} NH \text{—} NH \text{—} NH_2$$

（6）树脂硫化剂

树脂硫化剂主要用于丁基胶的硫化，使之具有优良的耐热性和耐高温性能。主要品种有

叔丁基苯酚甲醛树脂、叔辛基苯酚甲醛树脂等。

5.2.2　硫化促进剂

5.2.2.1　硫化促进剂的定义

凡能加快橡胶与硫化剂反应速率的物质称为硫化促进剂，简称促进剂。单质硫的硫化速度很慢，需几小时，硫的利用率也很低（40%～50%）。因此，常加硫化促进剂。促进剂在橡胶硫化中起着非常重要的作用，加入少量促进剂可以大大加快硫化速度，降低硫化温度，缩短硫化时间，减少硫化剂用量，改进硫化胶的物理性能等。

5.2.2.2　硫化促进机理

硫黄和促进剂使橡胶分子进行硫化时，其反应过程非常复杂。对于硫化机理和促进剂的作用机理目前仍不十分清楚，而且所用促进剂不同，作用机理也不一样。一般认为噻唑类促进剂的作用机理如下：

促进剂先裂解为自由基，该自由基使硫开环，并产生促进剂多硫自由基：

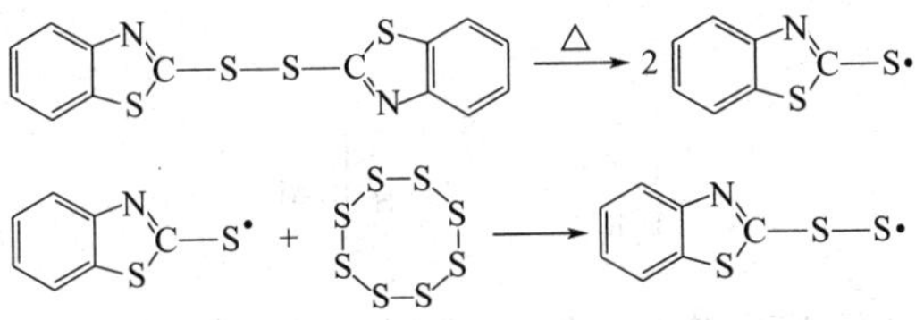

上述自由基引发橡胶分子，使之生成橡胶链大分子自由基。由于分子链中 α-亚甲基（烯丙位）上氢原子比较活泼，所以反应主要发生在该亚甲基上。橡胶大分子自由基与促进剂多硫自由基结合，则在橡胶大分子链上接上含有硫和促进剂的活性多硫侧基。

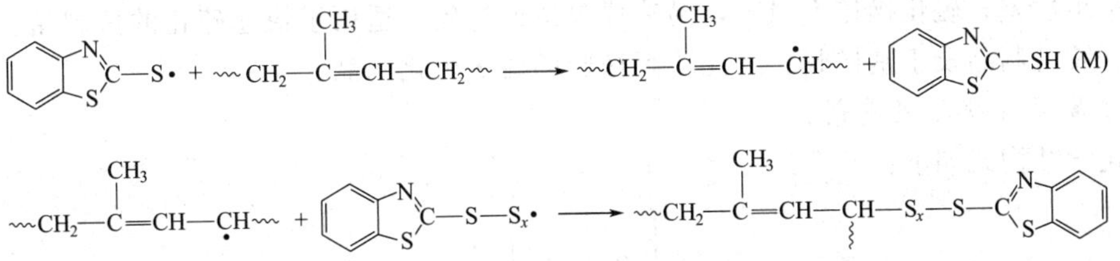

多硫侧基可再裂解产生硫自由基，再与橡胶分子自由基结合，就产生交联。

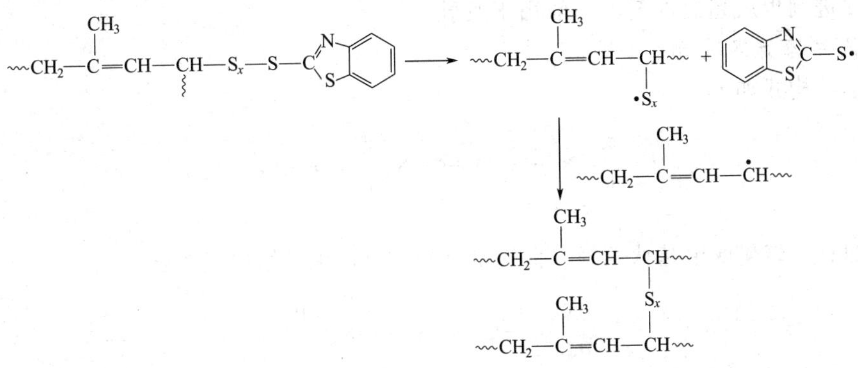

5.2.2.3 硫化促进剂的分类

（1）按组成分类

硫化促进剂按组成可分为无机物促进剂和有机物促进剂。

无机物促进剂：效率低、硫化胶性能差，现已较少使用。部分品种 ZnO、MgO、CaO 等多用作有机促进剂的活化剂。

有机物促进剂：效率高、硫化特性好，硫化胶物理等机械性能及老化性能优良。这类促进剂发展十分迅速。主要有二硫代氨基甲酸盐类、黄原酸盐类、秋兰姆类、噻唑类、次磺酰胺类、醛胺、胍类、硫脲类和胺类。

（2）按促进效率分类

按促进效率可分为超促进剂、中超促进剂、中速促进剂和弱促进剂。促进效率与橡胶类型有关。

5.2.2.4 几种主要的促进剂

（1）二硫代氨基甲酸盐类促进剂

其化学结构式如下：

$$\left[\begin{matrix} R \\ R' \end{matrix} N-\overset{\displaystyle S}{\overset{\|}{C}}-SH \right]_n M$$

R、R′可以是烷基、环烷基或芳基，M 是金属离子，如 Zn^{2+}、Ca^{2+}、Cu^{2+} 等。最常用的有：促进剂 PZ（二甲基二硫代氨基甲酸锌）、ZDC（二乙基二硫代氨基甲酸锌）、BZ（二丁基二硫代氨基甲酸锌）、PX（乙基苯基二硫代氨基甲酸锌）。

二硫代氨基甲酸盐类促进剂为超促进剂，活性温度低，硫化速度很快，交联度高。但易焦烧，平坦性差，硫化操作不当时，易造成欠硫或过硫。适用于快速硫化的薄制品、室温硫化制品、胶乳制品及丁基橡胶、三元乙丙橡胶的硫黄硫化制品。

（2）黄原酸盐类促进剂

其化学结构式如下：

$$\left(\begin{matrix} \overset{\displaystyle S}{\overset{\|}{}} \\ ROC-S \end{matrix} \right)_n M$$

最常用的有异丙基黄原酸钠（锌）和丁基黄原酸锌。

该类促进剂也属超促进剂，一般用于胶乳。

（3）秋兰姆类促进剂

其化学结构式如下：

$$\begin{matrix} R \\ R' \end{matrix} N-\overset{\displaystyle C}{\underset{\displaystyle S}{\|}}-(S)_n-\overset{\displaystyle C}{\underset{\displaystyle S}{\|}}-N \begin{matrix} R \\ R' \end{matrix} \qquad n=1,2,4$$

常用的有二硫化四甲基秋兰姆（促进剂 TMTD），化学结构式为：

$$\begin{matrix} H_3C \\ H_3C \end{matrix} N-\overset{\displaystyle C}{\underset{\displaystyle S}{\|}}-S-S-\overset{\displaystyle C}{\underset{\displaystyle S}{\|}}-N \begin{matrix} CH_3 \\ CH_3 \end{matrix}$$

秋兰姆类促进剂的活性比前两类稍低，仍属超促进剂，包括一硫化秋兰姆、二硫化秋兰姆和多硫化秋兰姆。除一硫化物外，其它也可作硫化剂。在硫化过程中释放出活性硫，不另加硫黄亦可进行硫化，此种情况一般称为"无硫硫化"。

（4）噻唑类促进剂

如 2-巯基苯并噻唑、二硫化二苯并噻唑（DM）等，化学结构式如下：

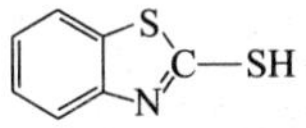

2-巯基苯并噻唑 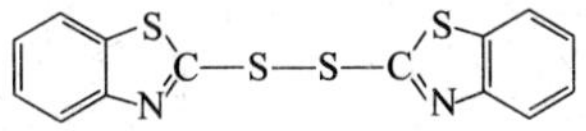　　　　二硫化二苯并噻唑

（5）次磺酰胺促进剂

如：CZ，化学名为 *N*-环己基-2-苯并噻唑次磺酰胺，化学结构式如下：

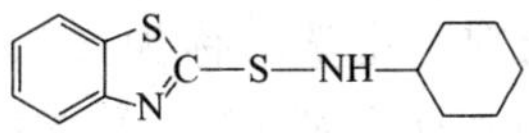

NDBS，化学名：2-（4-吗啉基硫化）苯并噻唑（或 *N*-氧二亚乙基-2-苯并噻唑次磺酰胺），化学结构式如下：

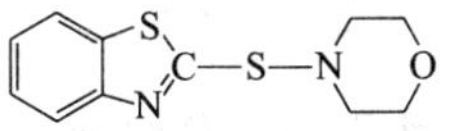

NS，化学名：*N*-叔丁基-2-苯并噻唑次磺酰胺，化学结构式如下：

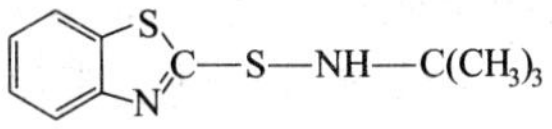

该类促进剂属半超速促进剂，焦烧时间较长，硫化速度较快。由于它们优异的性能而成为轮胎不可缺少的助剂，其产量已占有机硫化促进剂的首位。

5.2.3　防老剂

5.2.3.1　防老剂的定义

橡胶防老剂是一种在橡胶生产过程中加入的能够延缓橡胶老化、延长橡胶使用寿命的化学药品。

5.2.3.2　防老剂的分类

（1）按作用分类

根据主要作用防老剂可分为：抗热氧老化剂、抗臭氧剂、有害金属离子抑制剂、抗疲劳剂、紫外线吸收剂、抗龟裂剂。

要注意的是，由于每一种防护功能往往不是某一种防老剂所专用，大多数防老剂可以对几种老化因素起作用，只是程度不同而已。

（2）按化学结构分类

根据其化学结构防老剂可分为：醛胺类、酮胺类、胺类、酚类、咪唑类。

5.2.3.3　几种主要的防老剂

防老剂的品种很多，主要有防老剂 4010NA、防老剂 4020、防老剂 RD、防老剂 BLE、防老剂甲及防老剂丁等，其中在我国防老剂 RD 的产量最大，其次是防老剂 4020，再次是防老剂 4010NA。防老剂 4020 已在塑料助剂部分介绍。

（1）防老剂 4010NA

防老剂 4010NA 是一种胺类防老剂，其化学名为 N-异丙基-N′-苯基对苯二胺，化学结构式如下：

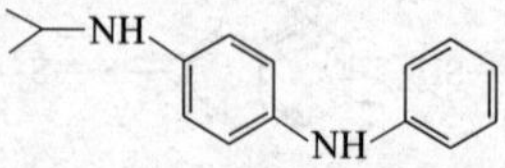

防老剂 4010NA 是天然橡胶、合成橡胶及胶乳的通用型优良防老剂，对臭氧、龟裂和屈挠的防护性能特佳，也是热、氧、光等一般老化的优良防老剂。

（2）防老剂 RD

防老剂 RD 是一种酮胺类防老剂，化学名称为 2，2，4-三甲基-1，2-二氢化喹啉聚合体。又称防老剂 TMQ，抗氧剂 RD 或防老剂 224，化学结构式为：

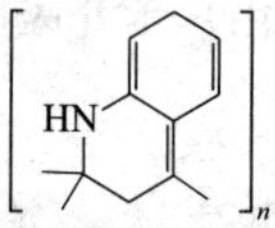

防老剂 RD 和防老剂 224 为同一种化学成分组成，不同的是防老剂 RD 为树脂状，而防老剂 224 为粉末状。适用于天然胶及丁腈、丁苯、乙丙及氯丁等合成橡胶。对热和氧引起的老化防护效果极佳，但对屈挠老化防护效果较差。需与防老剂 AW 或对苯二胺类抗氧剂配合使用，是制造轮胎、胶管、胶带、电线等橡胶制品常用的防老剂。

（3）防老剂 BLE

防老剂 BLE 也是一种胺类防老剂，化学名称为 9，9-二甲基吖啶，化学结构式如下：

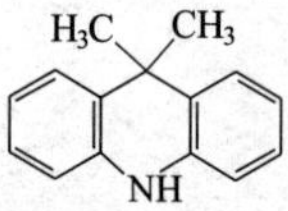

防老剂 BLE 在天然橡胶及氯丁、丁腈、丁苯、顺丁等合成橡胶和胶乳中可用作通用型防老剂。对热、氧、臭氧、气候和屈挠等有良好的防护性能。在胶料中较易分散，适用于轮胎面、胶带和胶管等工业制品的生产。

（4）防老剂甲

防老剂甲，又称为防老剂 A、抗老剂 T-531 等，化学名称为 N-苯基-1-萘胺。化学结构式为：

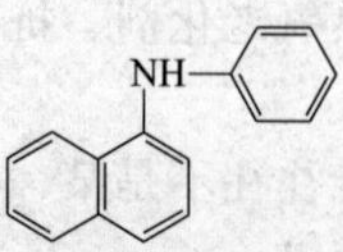

防老剂甲对氧、热和屈挠引起的老化有防护性能。本品可单独使用，也可与其它防老剂并用，还可用作丁苯胶的胶凝剂。广泛应用于天然胶和合成胶，用于制造轮胎、胶管、胶鞋及其它黑色工业橡胶制品等。

（5）防老剂丁

防老剂丁，又称为防老剂 D、尼奥宗 D 等，化学名为 N-苯基-2-萘胺。化学结构式为：

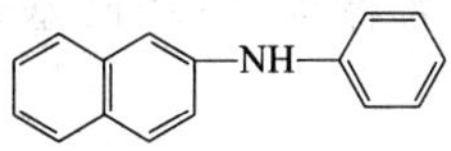

该品是天然橡胶、二烯类合成橡胶、氯丁橡胶及其胶乳的通用型防老剂。对热、氧、屈挠及一般老化有良好的防护作用，并稍优于防老剂甲。对有害金属有抑制作用，但较防老剂甲弱。若与防老剂 4010 或 4010NA 并用，则抗热、氧、屈挠龟裂以及抗臭氧性均有显著提高。本品对天然胶、丁腈胶、丁苯胶的硫化速度无影响，对氯丁胶则稍有迟延作用。主要用于制造轮胎、胶管、胶带、胶辊、胶鞋和电线电缆绝缘层等工业制品。防老剂丁还可用作各种合成橡胶后处理和贮存时的稳定剂，可用作聚甲醛的抗热防老剂。但本品为污染性防老剂，橡胶制品遇光变色严重，只能用于深色橡胶制品，不适用于浅色橡胶制品使用。

5.2.3.4　应注意的几个问题

由于每一种防老剂的防护作用都有局限性，而橡胶制品在实际使用中的老化又是多种因素影响的结果，所以在选择防老剂时应注意下列几点：

a. 由于每种防老剂不同的特点，而且不同胶料配方的老化性能不同。因此，对某一橡料最有效的防老剂，可能对另一橡料无效甚至有害。所以，防老剂的选用必须根据各种橡料的老化性能、防老化要求以及各种防老剂的特性统筹考虑，合理选择。

b. 当一种防老剂难以满足要求时，应采用两种或多种防老剂并用，使其产生协调作用，确保防老化效果。

c. 有些防老剂对制品有着色作用和污染现象。一般来说，酚类防老剂防护作用差，但不污染或污染很小。而防护作用较高的胺类防老剂，都会使制品污染，变色严重。这些矛盾在选用时应统筹考虑。

d. 防老剂用量不可超过在橡胶中的溶解度，以防止喷霜，污染制品表面。

e. 胺类防老剂对橡料焦烧有不良影响；酚类防老剂能延迟硫化，在选用时应当注意。

5.2.4　防焦剂

5.2.4.1　防焦剂的定义

在橡胶加工中，有时当加工温度接近硫化温度时，常常会发生"提前硫化"，这一现象称为"焦烧"。

防焦剂是指那些能防止胶料在操作期间产生早期硫化（即焦烧），同时又不影响促进剂在硫化温度下正常发挥作用的物质。其目的是提高胶料的操作安全性，增加胶料、胶浆的贮存期。

5.2.4.2　防焦剂的分类

常用防焦剂大多数为有机化合物，按化学结构可分为：酸类、酸酐类、硝基和亚硝基胺类。

5.2.4.3　防焦剂的防焦机理

防焦剂的防焦机理主要为：把硫化体系中活化的硫黄自由基或硫化体系本身惰性化；将它们暂时转化为其它稳定的形式，硫化时再恢复功能。

CTP 是一类新型防焦剂，化学名称为 N-环己基硫代邻苯二甲酰亚胺，化学结构式如下：

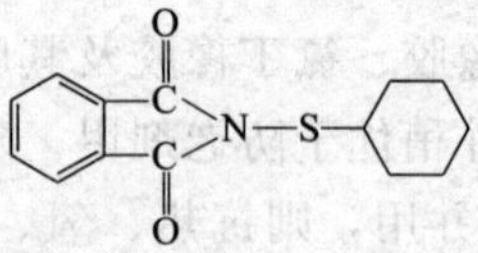

CTP 是用于天然橡胶和合成橡胶的防焦剂，具有良好的防焦效能，与次磺酰胺类或噻唑类促进剂并用，防焦效果尤为显著。

5.2.5 其它助剂

5.2.5.1 补强剂

补强剂指能使橡胶的拉伸强度、撕裂强度及耐磨耗性等显著提高的添加剂。目前使用的主要有炭黑、白炭黑和短纤维等。

炭黑是橡胶中最重要的补强填料。如果没有炭黑的补强，许多非自补强合成橡胶便没有使用价值。炭黑可以使这些橡胶的强度提高约 10 倍。因此，毫不夸张地说，没有炭黑工业就没有现代橡胶工业。

5.2.5.2 填充剂

填充剂又称填料，是橡胶工业的主要原料之一，用量相当大，几乎与橡胶本身用量相当。填充起到增大体积、降低成本、改善加工工艺性能的作用，如减少半成品的收缩率、提高半成品的表面平坦性、提高硫化硬度及拉伸应力等。填料还能赋予橡胶许多特殊性能，如磁性、导电性、阻燃性和色彩等。最常用的无机填料有陶土、碳酸钙和滑石粉等。

为了增加填料在橡胶中的分散性，常常要对填料进行改性。所用改性剂包括表面活性剂和偶联剂。前者主要是脂肪酸、树脂酸类和官能化齐聚物；后者主要有硅烷类、钛酸酯类和铝酸酯类等。

5.2.5.3 增塑剂

在橡胶中加入增塑剂，能够降低橡胶分子链间的作用力，使粉末状配合剂与生胶能很好地浸润，从而改善混炼工艺，使配合剂分散均匀，混炼时间缩短，耗能降低，并减少混炼过程中的生热现象，同时能增加胶料的可塑性、流动性、黏着性，便于加工成型。增塑剂还能改善硫化胶的某些物理和机械性能，如降低硫化胶的硬度和定伸应力，赋予硫化胶较高的弹性和较低的生热，提高其耐寒性。另外，由于某些增塑剂便宜，并用量较大，故可降低制品成本。

橡胶用增塑剂可分为软化剂和增塑剂。前者主要包括三线油、六线油、凡士林、松焦油和松香等。后者主要包括邻苯二甲酸二丁酯、苯二甲酸二辛酯、己二酸二辛酯、油酸丁酯等。

思考题

① 从可持续发展和绿色科技的观点出发，阐述橡塑助剂的发展趋势。

② 结合我国橡塑助剂行业目前的状况，谈谈你对发展我国橡塑助剂的一些

想法。

作业题

① 以 PVC 为例，说明增塑剂的增塑机理。

② 简述增塑剂的结构与增塑性能的关系。

③ 阐述卤系阻燃剂、磷系阻燃剂、氮系阻燃剂和氢氧化铝的阻燃机理及其阻燃特点。

④ 膨胀型阻燃剂一般由哪三部分组成？简述其作用机理、炭层的形成过程及其阻燃特点。

⑤ 简述溴锑阻燃剂的协同阻燃机理。

⑥ 简述酚类、胺类、硫醚和亚磷酸酯的抗氧作用机理。

⑦ 写出防老剂 4020 和抗氧剂 1010 的化学结构，并根据结构阐述它们的抗氧作用机理。

⑧ 写出马来酸丁酯二丁基锡的化学结构，并根据结构简述其可能的作用机理。

⑨ 根据 PVC 的自由基降解机理，说明三盐基硫酸铅和脂肪酸皂的热稳定作用机理。

⑩ 根据聚合物的光降解机理，阐述炭黑、二苯甲酮、磷酸单酯镍络合物和受阻胺的光稳定作用机理。

⑪ 以季铵盐为例说明内部和外部抗静电剂的作用机理。

⑫ 什么是硫化和硫化剂？过氧化物是否可以作为硫化剂。

⑬ 简述硫黄硫化和过氧化物硫化的硫化机理。

⑭ 什么是不溶性硫黄？简述其作为硫化剂的优点。

◆ **参考文献** ◆

[1] 辛忠. 合成材料添加剂化学 [M]. 北京：化学工业出版社，2005.

[2] 冯亚青，王利军，陈立功，等. 助剂化学与工艺学 [M]. 第 2 版. 北京：化学工业出版社，2015.

[3] 周学良. 橡塑助剂 [M]. 北京：化学工业出版社，2002.

[4] 刘安华，游长江. 橡胶助剂 [M]. 北京：化学工业出版社，2012.

[5] 关颖. 国内外橡塑类助剂发展概述 [J]. 化学工业，2016，34 (5)：29-39.

第6章

染料、颜料和荧光增白剂

染料和颜料是使物质着色的化学品，是最重要的传统精细化学品之一。我国是染料和颜料的生产大国和消费大国，2017 年我国染料产量已接近 100 万吨，产品销售收入接近 600 亿元，2019 年我国颜料总产量将达到 139 万吨，其中无机颜料约为 123 万吨，有机颜料约为 16 万吨。荧光增白剂也与物质的颜色有关，是使物质增白的化学品。

6.1 染料

6.1.1 染料概述

6.1.1.1 染料的定义

染料是指在一定介质中，能使纤维及其它物质获得鲜明而坚牢色泽的有机化合物。

人类在发明纺织的同时，也发展了染色技术，其历史可追溯到史前的远古时期。19 世纪以前，染色和印花所用的染料全部都是天然染料，主要是由植物的花、叶、树皮、根及果实等经浸渍提取而得。1856 年，英国珀金（W. H. PerKin）在用氧化苯胺合成生物碱奎宁时，分离得到了苯胺紫，又称马尾紫，可把丝染成鲜艳的红紫色。1857 年，珀金建厂生产，从而诞生了第一个合成的有机染料，也使有机化学分出了一门新学科——染料化学。20 世纪 50 年代，Rattee 和 Stephen 发现含二氯均三嗪基团的染料在碱性条件下与纤维上的羟基发生键合，标志着染料使纤维着色从物理过程发展到化学过程，即标志着活性染料的问世。

现在使用的染料几乎都是人工合成的，所以也称为合成染料。目前，染料已不只限于纺织物的染色和印花，在油漆、塑料、纸张、皮革、光电通讯、食品和医疗等许多部门得以应用。

使其它物质获得颜色有三种途径：

染色：染料由外部进入到被染物的内部，而使被染物获得颜色，如各种纤维、织物等。

着色：在物体形成最后固体形态之前，将染料或颜料分散于组成物之中，如塑料、橡胶等的着色。

涂色：借助于成膜树脂的黏附作用，使染料或颜料附着于物体的表面，从而使物体着色，如涂料。

6.1.1.2 染料的分类

染料的分类方法主要有两种：按化学结构和应用性能分类。

染料按化学结构分类，主要是根据染料所含共轭体系的结构不同来分，可分为偶氮、酞菁、蒽醌、菁类、靛族、芳甲烷、硝基和亚硝基等染料。在有的大类别中又可分为若干小类。

染料按应用性能可分为以下几类。

（1）直接染料

直接染料是能在中性或弱碱性介质中加热煮沸，不需借助媒染剂的作用而直接上染纤维的一种染料。该类染料与纤维分子之间以范德华力和氢键相结合。分子中因含有磺酸基、羧基而溶于水，在水中以阴离子形式存在。主要用于棉纤维染色，多为偶氮类染料。

（2）酸性染料

酸性染料是在酸性介质中进行染色的一种染料。染料分子内所含的磺酸基、羧基与蛋白纤维分子中的氨基以离子键结合，主要用于蛋白纤维（毛类、蚕丝、皮革）和锦纶（聚酰胺）的染色。按染色条件不同又分为强酸性（$pH=2\sim4$）染料、弱酸性染料、酸性媒介染料和酸性络合染料等。

强酸性染料染羊毛的染色机理为：在强酸性介质中，染料分子与羊毛分子借离子键结合。反应方程式如下：

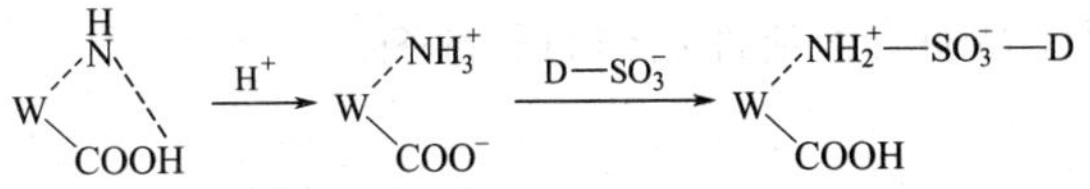

偶氮型、蒽醌型和三芳甲烷型等染料均可制成强酸性染料，但以偶氮型染料最多。

强酸性染料分子结构简单、分子量低，对羊毛亲和力不大，能匀染，故也称为酸性匀染染料。其缺点是色泽不深，耐洗牢度较差（分子量小，单个分子的亲和基团少，因而作用合力小），染色时对羊毛有损伤（酸性太强），染后的羊毛手感差。

为了克服强酸性染料的缺点，在强酸性染料分子中通过增大分子量、引入芳砜基或长碳链的方法即生成弱酸性染料，能在弱酸性介质中染色。它对纤维（主要是羊毛）亲和力较大，且无损伤，色泽较深，坚牢度有所提高。

弱酸性染料染羊毛的染色机理为：染料分子与羊毛分子借离子键和范德华力相结合。反应方程式如下：

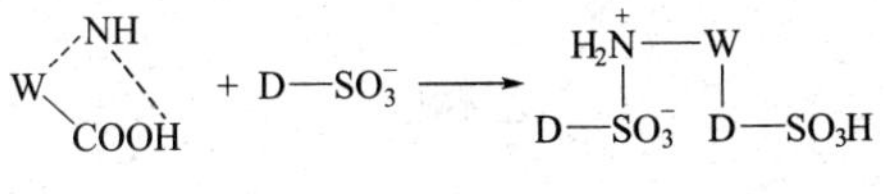

酸性染料染色后用某些金属盐（如铬盐、铜盐等）为媒染剂处理，可提高染料的耐晒、耐洗和耐摩擦牢度，但色泽变暗。媒染的机理是金属离子通过配位作用将染料和纤维连接在一起。

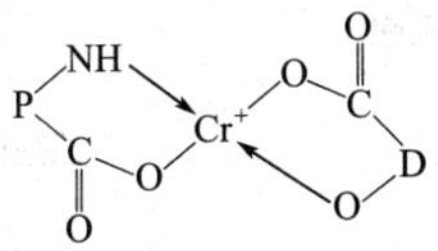

由于在染席上形成络合物对纤维有害，所以发展了预金属化的酸性染料。它是在制备染料时已将金属离子引入染料中，形成金属络合物，因此又称为金属络合染料。它可在中性溶液中染色，例如：酸性兰158，化学结构式如下：

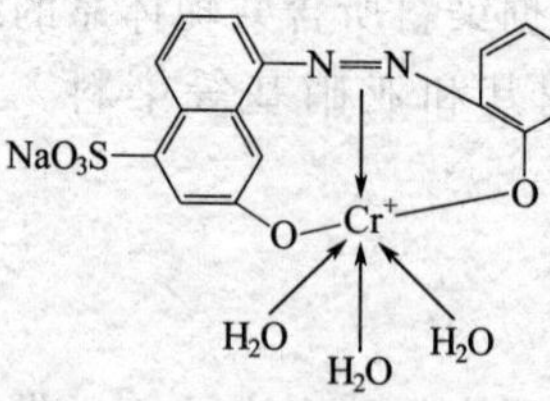

（3）分散染料

该类染料分子中不含磺酸基等水溶性基团，但含有羟基、氨基、羟烷氨基等极性基团，属非离子染料，微溶于水，染色时借助分散剂呈高度分散状态（0.5～2μm）而使疏水性纤维染色。分散染料主要用于合成纤维，特别是聚酯（如涤纶，即聚对苯二甲酸乙二醇酯）和醋酸纤维的染色。聚酯纤维由于其优越的服用性能，发展极为迅速，在各种合成纤维中占首位，因而分散染料也相应地获得了很大发展，在国外其产量占首位。

分散染料主要包括偶氮染料和蒽醌染料。分散染料必须满足以下要求：良好的分散性，在水中能迅速分散成为均匀稳定的胶体状悬浮液；细度达到 1μm 左右，以免在印染过程中产生色斑；在放置及高温染色条件下不发生凝聚现象。

为了满足以上要求，分散染料需经过特殊的加工处理，即研磨和微粒化操作。一般采用砂磨机研磨，研磨过程中要加表面活性剂作为分散剂。

（4）活性染料

活性染料，又称反应染料，指染料分子中存在能与纤维分子的羟基、氨基发生化学反应的基团，通过与纤维成共价键而使纤维着色。主要用于棉、麻、合成纤维的染色，也可用于蛋白纤维的染色。具有色泽鲜艳、匀染性良好、湿处理牢度好、工艺适应性强、色谱齐全、应用方便及成本较低的特点。

活性染料分子结构包括母体染料和活性基两个主要部分。活性基通常通过某些联接基与母体染料相联。母体染料包括偶氮型、蒽醌型和酞菁型等。活性基包括均三嗪、乙烯砜、吡啶、喹噁啉和膦酸等。如活性艳蓝 K-GR 就是由蒽醌型母体染料、均三嗪活性基和苯衍生物联接基构成的。

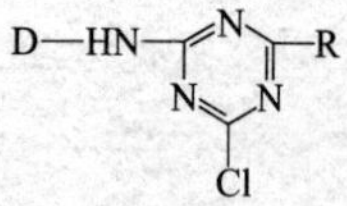
均三嗪

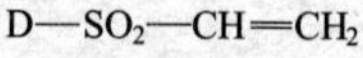
乙烯砜

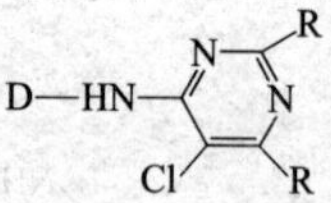
嘧啶

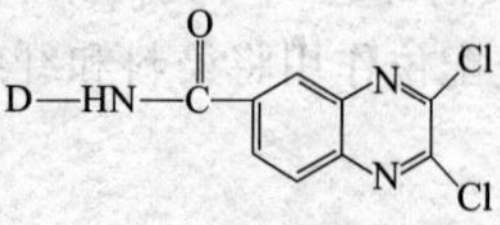
喹噁啉

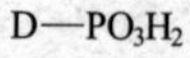
膦酸

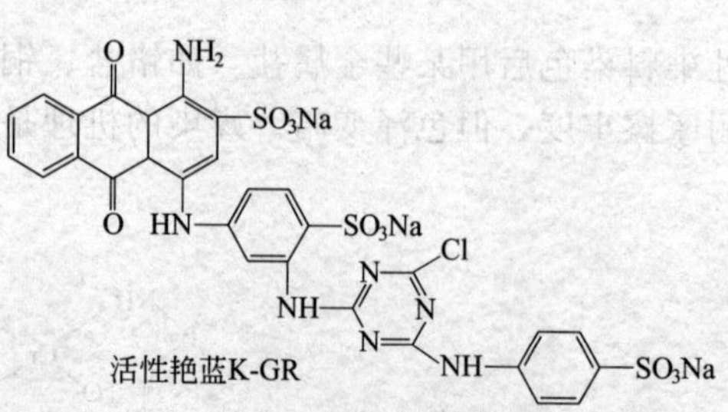
活性艳蓝K-GR

三聚氯氰型活性染料是最早发现的活性染料。三聚氯氰的母体是对称三氮苯（即均三苯，结构式如下所示），由于共轭效应，氮原子上电子云密度较大，碳原子则成为电荷中心。受氯原子诱导效应的影响，碳原子上的正电荷进一步增加，染色时纤维素首先和染浴中的碱作用生成纤维素负离子，纤维素负离子进攻三聚氯氰环上的碳，发生亲核取代反应。

$$\text{（三聚氯氰结构式）}$$

对于乙烯砜型活性染料，则是由于砜基存在而引起共轭效应，使 β-碳原子上正电荷密度增加，而使纤维素负离子发生亲核加成，反应方程式如下：

$$D—S—HC=CH_2 + Cell—OH \rightleftharpoons D—S—CH_2CH_2O—Cell$$

对于膦酸型活性染料，则是膦酸基在催化剂氰胺或双氰胺作用下生成双膦酸酐，再和纤维素上的羟基发生酯化反应，反应方程式如下：

$$2Ar—P—OH \xrightarrow[210\sim220℃\ pH\geqslant6]{HN=C=NH} Ar—P—O—P—Ar \xrightarrow{Cell—OH} Ar—P—O—Cell + Ar—P—OH$$

该类活性染料染色不需在碱性条件下进行，能在与分散染料相同条件下染色，即在弱酸性条件下固色，故可与分散染料一浴法染涤棉混纺织物。

（5）还原染料

还原染料有不溶于水和可溶于水两种。不溶性染料在碱性溶液中还原成可溶性染料，染色后再经过氧化使其在纤维上恢复其不溶性而使纤维着色，可溶性则省去还原步骤。该类染料主要用于纤维素纤维的染色和印花。所用还原剂多为保险粉（连二亚硫酸钠）。

不溶性还原染料不含磺酸基、羧基等水溶性基团，不能直接染色，但一般含有两个以上的羰基，在保险粉的作用下还原成羟基化合物（称为隐色体或还原体），反应方程式如下：

$$2 \begin{array}{c} H_3C \\ H_3C \end{array} C=O + Na_2S_2O_4 \longrightarrow 2 \begin{array}{c} H_3C \\ H_3C \end{array} CH—OH$$

$$\begin{array}{c} H_3C \\ H_3C \end{array} CH—OH + NaOH \longrightarrow \begin{array}{c} H_3C \\ H_3C \end{array} CH—ONa \rightleftharpoons \begin{array}{c} H_3C \\ H_3C \end{array} CH—O^-$$

还原体不溶于水，但溶于碱溶液而成为钠盐。该钠盐对棉纤维有较好的亲和力，被纤维吸附后，经空气或其它氧化剂氧化后，又恢复为还原染料而固着在纤维上完成染色。

（6）阳离子染料

阳离子染料因在水中呈阳离子状态而得名，专用于腈纶（聚丙烯腈）纤维的染色，常并入碱性染料类。

腈纶是三大合成纤维素之一，质地轻，保暖性好，故又称为人造羊毛。但由于其分子结晶度高，分子链间作用力强，而造成染色困难，染料分子难进入结晶区。因此，当丙烯腈聚合时，加入其它阴离子单体，如衣康酸、丙烯磺酸钠等，与丙烯腈共聚，由它们提供阳离子染料可以结合的酸性染席，从而使腈纶染色。

（7）冰染染料

冰染染料在棉纤维上直接发生化学反应生成不溶性偶氮染料而染色，染色时需在冷冻条件（0～5℃）下进行，因此称为冰染染料。

通用的方法是将织物先用偶联组分（色酚）碱性溶液打底，再通过冰冷却的重氮组分

（色基重氮盐）的弱酸性溶液进行耦合，即在织物上直接发生耦合反应而显色，生成固着的偶氮染料，形成偶氮的反应为放热反应。因此，重氮化耦合过程一般需要在冰冷的条件下进行。冰染染料由色酚和色基两部分组成。

色酚是冰染染料的耦合组分，又称打底剂，是用来与重氮组分在棉纤维上耦合生成不溶性偶氮染料的酚类，大多为不含磺酸基或羧酸基而含羟基的化合物，其中色酚 AS 用量最大，用途最广，其结构式为：

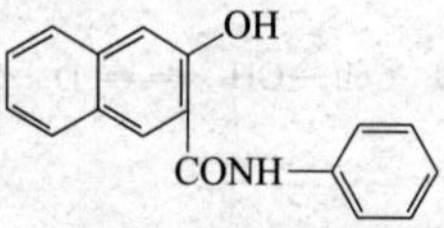

色基又称显色剂，是冰染染料的重氮组分，是不含磺酸基或羧酸基，而带有氯、硝基、氰基和三氟甲基等取代基的芳胺化合物，如：

黄色基GC　　　　　橙色基GC　　　　　大红色基G

以上颜色并不表示它仅能生成的颜色，与不同的色酚耦合可得到不同的颜色。

上述色基，在使用时必须先在酸性条件下和亚硝酸反应生成重氮盐，再和色酚在纤维上耦合显色。为了使用方便，可先将色基重氮化后，预先制成重氮盐，即色盐，使用时只需将色盐溶解，便可直接用来显色，染色中省去了重氮化操作，简化了染色过程。

由特制的稳定重氮盐与色酚可形成稳定的混合物，它不需经过打底和显色，而在印花后经酸化或汽蒸等处理而显色生成染料，故能直接用于印花。工业上生产的有快色素、快磺素、快胺素三类。

快色素中色基以稳定的亚硝酸胺形式存在，使用时通过汽蒸后在酸性浴中显色或通过含酸的蒸汽来显色。

快磺素中重氮盐以稳定的重氮磺酸盐存在，使用时通过重铬酸钠氧化，再用蒸汽与色酚耦合。

快胺素中重氮盐以稳定的重氮胺基化合物存在，遇酸后分解成重氮盐，使用时需用蒸汽和酸显色。

冰染染料色泽鲜艳，色谱齐全，耐晒及耐洗牢度良好，价格低廉，应用方便，但耐擦洗牢度较差。主要用于棉织物的染色和印花。

（8）缩聚染料

缩聚染料染色时脱去水溶性基团缩合成大分子不溶性染料附着在纤维上，称为缩聚染色。缩聚染料（Polycondense Dyes），纺织染料的一种，分子中含有硫代硫酸基（$-SSO_3Na$）的一类暂溶性染料，可溶于水。染色时，与硫化钠或硫脲作用，生成二硫键。使两个以上的染料缩聚成分子量较大的不溶性染料而固着在纤维上。由于固色后分子中有二硫键，又称缩聚硫化染料。其色谱不够齐全，但可弥补冰染染料的不足。

（9）硫化染料

硫化染料由芳烃的胺类、酚类或硝基物与硫黄或多硫化钠通过硫化反应生成的染料。硫化染料不溶于水，染色时需使用硫化钠或其它还原剂，将染料还原成可溶性隐色体盐。它因对纤维具有亲和力而上染纤维，然后经氧化显色，恢复其不溶状态而固着在纤维上，所以硫化染料也是一种还原染料，反应历程如下：

$$R—S—S—R'（硫化染料）\longrightarrow R—SH+R'SH（两者均为隐色体）$$
$$R—SH+R'SH+NaOH\longrightarrow R—SNa+R'SNa（两者均为隐色体钠盐）$$
$$R—SH+R'SH\longrightarrow R—S—S—R'$$

硫化染料可用于棉、麻、黏胶等纤维，能染单色，也可拼色，耐晒牢度较好，耐磨牢度较差，色谱中少红色、紫色，色泽较暗，适合染深色。

由于硫化染料常呈胶状，不能结晶，更不易提纯，因此它们的分子结构也难以测定。

（10）中性染料

中性染料因在中性介质中染色而得名，主要染羊毛、聚酰胺纤维及维纶等。

中性染料主要是偶氮结构的 1∶2 金属络合染料，也就是说，是二个偶氮染料分子与一个铬或钴金属原子形成的络合物。根据二个偶氮染料分子结构是否相同可分为对称型的和不对称型的。在偶氮基的邻位有两个可供络合的羟基、羧基或氨基，并有磺酸氨基、甲砜基等水溶性基团。中性染料还往往引进磺酸基或羧基以提高染料的溶解度。其染色的优点为：不损伤织物、不影响手感、具有较好的耐晒、耐湿牢度。缺点是：色泽不及 1∶1 型酸性金属络合染料鲜艳。

实际上，现在有些染料很难仅以其结构和使用性能来分类，上述两种分类方法均有待于进一步完善。

6.1.1.3　染料的命名

染料是分子结构比较复杂的有机化合物，其化学名称十分烦琐和冗长，有些染料至今其结构尚未完全确定，在工业上染料又常常含有异构体及其它杂质，且染料的化学名不能反映出染料的颜色及应用性能。因此一般的化学命名法不适用于染料。为了适应生产和应用要求，规定其成品组成，染料必须有专用命名法。通过染料工作者的不断研究、总结和修改，我国建立了独特的染料命名法，其名称由三部分组成。

（1）冠称

采用染料应用分类法，为了使染料名称能细致地反映出染料在应用方面的特征，将冠称分为 31 类，即酸性、弱酸性、酸性络合、中性、酸性媒介、直接、直接耐晒、直接铜盐、直接重氮、阳离子、还原、可溶性还原、硫化、可溶性硫化、氧化、毛皮、油溶、醇溶、食用、分散、活性、混纺、酞菁素、色酚、色基、色盐、快色素、颜料、色淀、耐晒色淀和涂料色浆。

（2）色称

色称主要表示染料在纤维上染色后所呈现的色泽。我国染料商品采用 30 个色称，色泽的形容词采用"嫩""艳""深"三字。例如嫩黄、黄、深黄、金黄、橙、大红、红、桃红、玫瑰红、品红、红紫、枣红、紫、翠蓝、湖蓝、艳蓝、蓝、深蓝、艳绿、绿、深绿、黄棕、红棕、棕、深棕、橄榄绿、草绿、灰和黑等。

（3）字尾

字尾是补充说明染料的性能或色光和用途的。字尾通常用字母表示：B 代表蓝光；C 代表耐氯、棉用；D 代表稍暗、印花用；E 代表匀染性好；F 代表亮、坚牢度高；G 代表黄光或绿光；J 代表荧光；L 代表耐光牢度较好；P 代表适用印花；S 代表升华牢度好；R 代表红光，有时还用字母代表染料的类型，它置于字尾的前部，与其它字尾间加半字线。如活性艳蓝 KN-R，其中 KN 代表活性染料类别，R 代表染料色光为红光。

6.1.1.4 染料染色牢度

染色牢度是指染色后的物品在使用和后加工处理过程中经受外界各种因素的作用，保持染料原来色泽的能力，是染料质量的一个重要评判指标。染色牢度分为两大类：在使用过程中的染色牢度和在后加工处理过程中的染色牢度。

（1）在使用过程中的染色牢度

印染纺织品制成各种织物等用品后供人使用，而在使用过程中要遇到各种条件和环境的侵蚀，例如经常与日光接触，要经常洗涤，不可避免地受到摩擦，内衣还要接触汗渍。此外，织物要经受环境中一些气体的侵蚀。因此，印染纺织品在使用过程中必须具有一定染色牢度，主要包括：

a. 耐洗牢度：该指标表示染色织物的色泽经皂洗或洗涤剂洗后的变色程度，常称之为耐皂洗牢度。耐洗牢度受染料本身的亲水性、染料和纤维之间的结合方式及稳定性、洗涤的介质和条件三种因素的影响。

b. 汗渍牢度：表示染色织物的色泽经汗渍作用后的变色程度。

c. 摩擦牢度：表示染色织物的色泽经摩擦作用后的变色程度，与染料分子结构和染色工艺有关。分子结构大的染料，染色时易形成浮色而影响摩擦牢度。

d. 耐光牢度：又称日晒牢度，表示染色织物的色泽经日光暴晒后的变色程度。

e. 烟褪色牢度：指染色织物的色泽经煤气、燃油燃烧后的气体及氧化氮、二氧化硫等酸性气体的侵蚀而变色的程度。

f. 耐气候牢度：表示染色织物的色泽经周围气候条件（日晒、雨淋）侵蚀后的变色程度。

g. 耐氯牢度：城市生活用水中含有不同量的氯气，耐氯牢度指染色织物的色泽经此水浸渍或洗涤后的变色程度。

染色织物在使用过程中还有其它要求的染色牢度，如耐烫熨、耐海水和耐干洗等牢度。在上述牢度中，最重要的是耐光牢度和耐洗牢度。

（2）在后加工处理过程中的染色牢度

染色物在染色后常常还要用化学试剂处理或进一步加工，以改善其物理性能、穿着性能等。因此，染色织物必须在后加工处理过程中具有良好的染色牢度，该牢度包括：

a. 耐酸碱牢度：染色织物的色泽在加工过程中接触到酸、碱物质后的变色程度。如接触生产车间内的酸性气体、碱性去浆和碱性皂洗后的变色程度。

b. 耐热牢度：染色织物的色泽在加工过程中经高温处理后的变色程度。

c. 耐漂白牢度：由于工艺要求有些染色织物要用双氧水或次氯酸钠进行漂白处理，耐漂白牢度指染色织物的色泽经漂白处理后的变色程度。

d. 耐缩绒牢度：染色织物的色泽在碱和肥皂溶液中进行缩绒处理后的变色程度。

影响染色牢度的因素很多，除染料及纤维的分子结构和化学性质外，周围环境和介质以及染料在纤维上的物理状态和结合形式等都有关系。

6.1.2 颜色与染料染色

6.1.2.1 光与颜色

物质的颜色是由于物质对可见光选择吸收特性在人视觉上产生的反映，无光就没有颜色。一定波长的可见光，反射到人的视网膜上，使人看到颜色，如表 6-1 所示。

表 6-1　光的波长与观察到的颜色的对应关系

波长/nm	观察到的颜色	波长/nm	观察到的颜色
627~780	红	490~500	蓝绿
589~627	橙	480~490	绿蓝
570~589	黄	450~480	蓝
550~570	黄绿	380~450	紫
500~550	绿		

　　白光是一种混合光，由红、橙、黄、绿、青、蓝和紫等各种色光按一定比例混合而成。这种混合光全部被物体反射则为白色；如全部透过物体则无色；若全部被吸收，则该物体显黑色；如果仅部分按比例被吸收，显出灰色。在色度学中，白色、灰色和黑色称为消色，也称为中性色。中性色的物体对各种波长可见光的反射无选择性。

　　物体可以有选择地吸收白光中某种波长或波段的有色光，对其余波长的可见光发生选择性反射和透射，这时人们可看到物体呈现红、黄、蓝等彩色。物体呈现的颜色为该物体吸收光谱的补色。所谓补色，即指若两种颜色的光相混为白光，则这两种颜色互为补色。

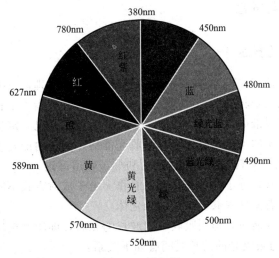

图 6-1　颜色环

　　图 6-1 是一个理想的颜色环示意图，顶角相对的两个扇形，代表两种互补的颜色光，它们以等量混合，形成白光。绿色没有与之互补的单色光，根据它在环中的位置，绿色的补色介于紫、红之间，是紫与红相加的复合光，在环中以一个开口的"扇形"表示。

　　如果在颜色环上选取三种颜色，使每种颜色的补色均位于另两种颜色中间，将它们以不同比例混合，就能产生位于颜色环内部的各种颜色，则这三种颜色称为三原色。实践证明，红、绿、蓝三原色是最佳的。

　　颜色的三种视觉特征为：色调（色相）、明度（亮度）和纯度（饱和度）。

　　色调亦称色相，是指能够确切地表示各种颜色区别的名称，是色与色之间的区别。如红、黄、绿、蓝表示不同的色调，单色光的色调取决于其波长，混合光的色调取决于各种波长的光的相对量，物体表面的色调取决于其反射光中各波长光的组成和它们的能量。色调以光谱色或光的波长表示。

明度亦称亮度，是人的眼睛对物体颜色明亮程度的感觉，也就是对物体反射光强度的感觉。明度与光源的亮度有关，光源愈亮，颜色的明度也愈高。明度可以用物体表面对光的反射率来表示。

纯度，亦称饱和度、艳度，指颜色的纯洁性，它依赖于物体表面对光的反射选择性程度。若物体对某一很窄波段的光有很高的反射率，而对其余光的反射率很低，表明该物体对光的反射选择性很高，颜色的纯度高。单色的可见光纯度最高，而中性色（白、灰、黑）的纯度最低。纯度可用颜色中彩色成分和消色成分的比例来表示。

6.1.2.2 染料染色

染料染色为染料稀溶液的最高吸收波长的补色，是染料的基本染色。吸收程度由吸光度(ε，或摩尔消光系数)来表示。它决定颜色的浓淡。而颜色的深浅取决于染料的最大吸收波长(λ_{max})。

染料结构不同，其 λ_{max} 不同。如果移向长波一端称为红移，颜色变深，又称深色效应；若 λ_{max} 移向短波，称为紫移，颜色变浅，称浅色效应。若染料对某一波长的吸收强度增加为浓色效应，反之为淡色效应。

6.1.3 染料的结构与发色

6.1.3.1 染料发色理论概述

早期的染料发色理论有：不饱和键理论、发色团和助色团理论及醌型结构理论。这些理论有一定局限性，仅反映染料发色局部现象的一些规律，并没指出染料发色的本质。

根据量子力学，可以准确计算出物质分子中电子云分布情况，定量地研究分子结构与发色的关系，认为染料分子的染色是基于染料吸收光能后，分子内能发生变化而引起价电子跃迁的结果。1927 年提出了染料发色的价键理论和分子轨道理论。

价键理论认为有机共轭分子的结构，可以看作 π 电子成对方式不同，能量基本相同的共轭结构，其基态和激发态是这些共轭结构的杂化体。

一般分子处于较低的能级，但当吸收一定波长的光后，即激发至较高的能级。激发态与基态的能级差为 ΔE，与吸收光的波长之间有如下关系：

$$\Delta E = h\upsilon = \frac{hc}{\lambda}$$

式中　　h——普朗克常数，6.62×10^{-34} J·s^{-1}；

　　　　c——光速，3×10^{17} nm·s^{-1}；

　　　　λ——波长，nm；

　　　　υ——波数。

当光子的能量与 ΔE 相等时，有机分子才能吸收光而显示出颜色。基态和激发态被视为不同电子结构共振体的杂化体，共振体愈多，其杂化后的基态和激发态能级差愈小，吸收光的波长愈长。所以在染料分子中，往往增加双键、芳环来增加共振结构，使染料的颜色产生深色效应。

分子轨道理论认为，染料分子由 m 个原子轨道线性组合，得到 m 个分子轨道，其中有成键、非键和反键轨道。价电子按泡利原理和能量最低原理在分子轨道上由低向高排列，价电子已占有的能量最高成键轨道称为 HOMO 轨道，介电子未占有的最低能量空轨道称为 LUMO 轨道。染料吸收光量子后，电子由 HOMO 轨道跃迁到 LUMO 轨道上，由于选择吸收不同波长的光（HOMO 和 LUMO 的能量差决定了化合物分子吸收什么样波长的光），而呈现不同的颜色。在共轭多烯烃中，随着共轭双键数目的增加，由于双键的作用，使HOMO 和 LUMO 之间的能级差减少，ΔE 变小，则 λ 红移，产生深色效应。

一般有机染料分子中有三种价电子（σ、π 和未共用电子对的 n 电子），五个能级（如图 6-2 所示）。当染料吸收了光能后，价电子可发生六种跃迁（即：σ-π^*、π-σ^*、σ-σ^*、n-σ^*、n-π^* 和 π-π^*），其中 σ-π 和 π-σ^* 跃迁的可能性很小。不同跃迁需要不同的能量，其中 n-π^* 和 π-π^* 跃迁需要的能量小，吸收光的波长可能在可见区，对研究染料的结构与颜色的关系最有意义。由于 n 轨道和 π 轨道不在同一平面上，或垂直排列，但 π 和 π^* 轨道却在同一平面内，n-π^* 跃迁比 π-π^* 跃迁困难，相对吸收强度低。

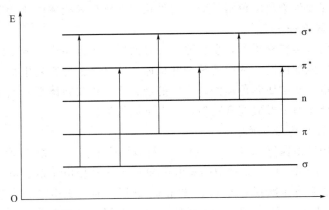

图 6-2　σ、π 和 n 轨道能级示意图

价电子的各种跃迁需要的能量及相应的吸收波长范围如表 6-2 所示。

表 6-2　价电子的各种跃迁需要的能量及相应的吸收波长范围

跃迁类型	$\Delta E/kJ \cdot mol^{-1}$	λ_{max}/nm	范围	强度 ε
σ-σ^*	800	150	远紫外	小
π-π^*	725	165	近紫外，可见光	$10^3 \sim 10^6$
n-σ^*	—	<185	近紫外	大
n-π^*	423	280	近紫外，可见光	10^3

6.1.3.2　染料的化学结构与发色

（1）共轭体系与发色

如前所述，如降低 π-π^* 间的电子跃迁所需的能量，则吸收光的波长有可能由近紫外区移到可见光区，分子中共轭体系越大，则 π-π^* 跃迁的激发能越低，所以染料分子结构中要有 π 键，且多具有共轭结构。分子结构相似的一系列有机化合物，随着共轭体系增大，λ_{max} 出现红移，即深色效应。染料分子的结构中，常有多个烯烃或苯环稠合体系，其目的是加大共轭系统，使染料的颜色加深。一般红、黄浅色为共轭体系小的染料，而大共轭体系的染料则为蓝、绿发色体。

同样，染料分子中常有杂原子参加共轭的发色体系，除了 π-π^* 跃迁外，还有 n-π^* 跃迁。如构成多烯烃的染料共轭系统的原子数为偶数（2n），由氮杂原子参加的多甲川组成的菁染料共轭体系的原子数为奇数（2n+1），后者的 n-π^* 电子跃迁比前者的 π-π^* 跃迁所需能量要小得多，λ_{max} 红移，其颜色比前者深。

（2）取代基对发色的影响

绝大多数染料分子中都含有—NR_2、—NH_2、—OR 等给电子取代基和—NO_2、—CN

等吸电子取代基，其作用是加深染料发色和加强染料对纤维的亲和力。

取代基上的未共用电子对与相邻的 π 键发生共轭，可增大共轭体系，使 ΔE 变小，发生深色效应。例如苯的 λ_{max} 为 255nm，苯胺的则为 280nm，明显红移。吸电子基团对共轭体系的诱导效应，可使染料分子的极性增加，从而使激发态分子变得比较稳定，也可降低激发能而发生蓝移，也就是取代基的共轭和诱导效应，使染料原有体系中电子云密度重新分布，而使染色有所变化。

取代基的引入还有位阻效应。分子轨道理论认为，取代基与共轭体系中的原子或基团处在同一平面时，才能使 π 电子得到最大程度的重叠，形成庞大的共轭体系，ΔE 才比较小，而发生深色效应。如果引入基团的位阻使这一平面被破坏，则 ΔE 增加，λ_{max} 发生紫移，同时吸收强度降低，即发生染料的位阻效应。这种现象在顺反异构体中比较明显。

（3）金属原子与染料发色

当将金属原子引入染料分子时，金属原子一方面以共价键与染料分子结合，又与具有未共用电子对的原子形成配位键，从而使整个共轭体系的电子云分布发生很大的变化，改变了激发态和基态的能量，常常使颜色加深。不同的金属原子对共轭体系 π 电子的影响不同，同一染料分子与不同金属原子形成配合物后，具有不同的颜色。

（4）偶氮染料的结构与显色

偶氮染料的结构是由偶氮基（—N＝N—）与芳烃或苯衍生物相连而组成。其母体为偶氮苯。偶氮基（—N＝N—）有 π 键中的 π 电子和 N 上未共用电子对 n 电子。当吸收光量子后，这两种电子受激发发生跃迁，即 π-π* 和 n-π* 跃迁。对于 π 电子，由于成键 π 轨道与反键 π*（LUMO）在同一平面中，虽 π-π* 跃迁能量大，但无"禁阻"，比较容易。而 n 电子处在 N 的 p_y 轨道上，与 π* 轨道垂直，n-π* 跃迁是"禁阻"，较困难。偶氮苯 π-π* 跃迁吸收光的 λ_{max} 为 319nm（紫外线），ε_{max} 为 21000；而 n-π* 跃迁的 λ_{max} 为 443nm（紫光区），ε_{max} 仅为 450，所以偶氮苯基本无色。

如果在偶氮苯中引入给电子基团（如，—NH_2、—NR_2 或—OH）或吸电子基团（如—NO_2 或—CN），引起红移，并且吸收强度增加。价键理论认为，偶氮苯可看作是下列电子结构的组合：

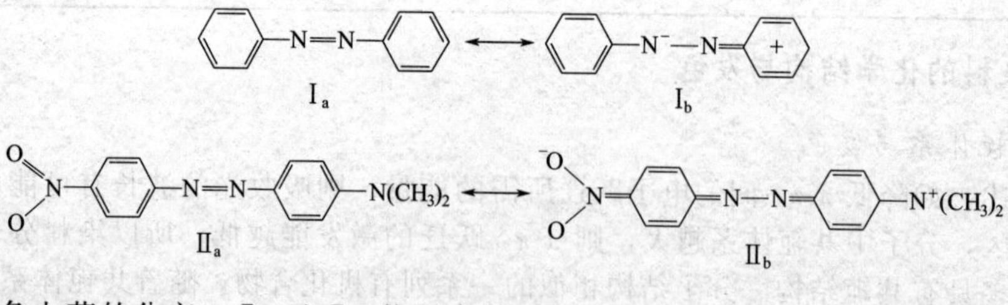

由于正负电荷的分离，I_b 比 I_a 能量高，可把 I_a 看作基态，I_b 看作激发态。由于二者能差大，所以吸收光的波长短。当引入硝基和氨基后，由于取代基的给电子和吸电子作用，电荷的分布发生了很大变化，正负电荷被分散到 N 和 O 原子上。II_a 相对于 II_b 稳定，即位能降低，这时的 ΔE 变小，则发生红移。

分子轨道理论认为，带有未共用电子对基团的引入，由于未共用电子对处在染料分子的非键（NBMO）轨道上，该轨道往往处于成键（HOMO）和反键（LUMO）轨道之间，缩小了基态和激发态间的能级差，因而发生红移。

极性取代基引入的位置常见在偶氮基的对位。这样整个分子是一个大共轭体（II_b）。如果二甲氨基或硝基的邻位存在烷基，则影响硝基和二甲氨基间的共轭效应，使激发态的位能增高，发生浅色效应。若在偶氮基的邻位引入取代基，由于影响偶氮基上未共用电子对与苯环的共轭体系，而使颜色发生变化。取代基为—CH$_3$ 或—X 时，发生浅色效应，为—NO$_2$ 或—CN 时，发生深色效应。

（5）蒽醌染料的发色

蒽醌的发色体是羰基和芳环组成的共轭体。其吸收光谱亦可看作是醌和苯乙酮两个发色团的组合。于 245nm、252nm、325nm 处的吸收归于苯乙酮（π-π*）；263nm、272nm、400nm 处的吸收归于醌发色团。通常，9，10-蒽醌是一个特别稳定的化合物，呈淡黄色。

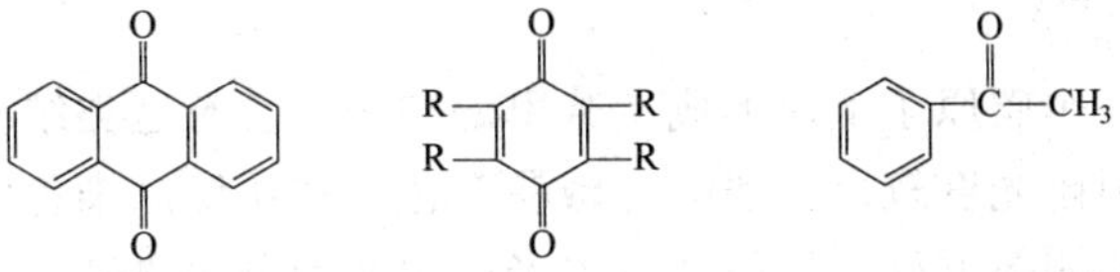

9,10-蒽醌　　　　　醌　　　　　苯乙酮

蒽醌分子中引入吸电子基团（如—NO$_2$ 或—CN），由于羰基也是吸电子基团，二者相互对抗，分子不易极化，因而对分子的发色影响较小；而当引入供电子基团时，极性加强，增加了 π 电子的流动性，常出现较强的 π-π* 吸收带，对颜色的影响较大。取代基的给电子性愈强，λ_{max} 愈向长波方向移动。

6.1.4　常见染料简介

6.1.4.1　偶氮染料

偶氮染料分子结构中含有偶氮基（—N＝N—），是合成染料中品种和数量最多的一种。偶氮基团常与芳香环体系构成一个大共轭体作为染料的发色体。偶氮染料视分子中含有偶氮基的多少，又分单偶氮、双偶氮和多偶氮染料。单偶氮染料可用下式表示：

Ar—N＝N—Ar（Ar 表示芳香族化合物）

羟基偶氮染料存在着互变异构现象，例如偶氮-腙的互变异构体：

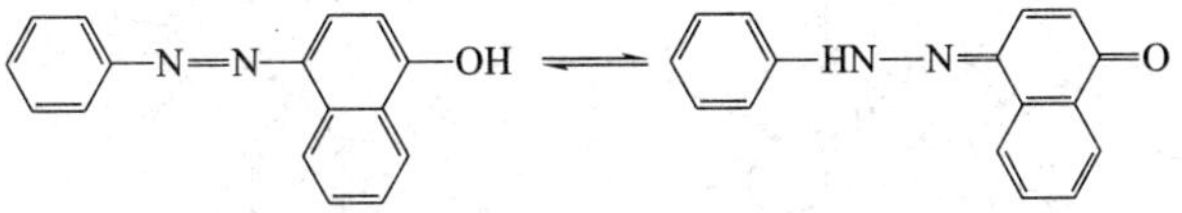

偶氮　　　　　　　　　　　　　腙式

前者由苯胺重氮盐和 1-萘酚制备，后者由苯肼和 1，4-萘醌反应制备，结果得到的是同一产物。腙式异构体较偶氮异构体具有较长的吸收波长及较高的吸收强度，因此工业上常用各种方法使羟基偶氮染料转变为腙式结构。

偶氮染料由于结构不同而在染色时呈现出不同的性能，使用时有差别，可制成直接、酸性和不溶性染料等类别。

6.1.4.2　蒽醌染料

蒽醌染料具有广泛的用途，品种数目仅次于偶氮染料。它的分子结构中含有一个或多个羰基共轭体系，又称为羰基染料。

蒽醌染料按结构可分为芳氨基蒽醌、氨基羟基蒽醌和杂环蒽醌三种。按应用性能，又分为酸性、分散、活性和还原染料。大部分蒽醌染料具有鲜艳的色泽和优良的耐光牢度，色谱齐全。其深色品种在染料中占重要地位。

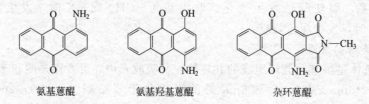

氨基蒽醌　　　　　氨基羟基蒽醌　　　　　杂环蒽醌

6.1.4.3　三芳甲烷染料

三个芳基连在同一个碳原子上而形成三芳甲烷结构，含有这类结构的染料称为三芳甲烷染料。它色泽浓艳，但耐光度较差，遇酸、碱易变色，在纺织品染色中的应用受到限制。一般用于医药、油漆、印刷等方面。该染料较古老，按结构分为氨基、羟基和磺酸基等三芳甲烷染料。

三芳甲烷是无色化合物，在三芳甲烷芳环中心碳原子的对位上引入氨基，颜色变深，且氨基愈多，颜色愈深。不同取代氨基使其颜色加深的次序如下：

$$—NH_2 < —NHCH_3 < —N(CH_3)_2 < —NHC_6H_5$$

在中心碳原子连接的苯环上，引入取代基的位置和类型对颜色的影响是：当在其邻、对位上引入吸电子基，则产生红移，红移程度随着吸电子基团的吸电子能力增强而增加；反之引入供电子基，产生紫移，并随着给电子强度的增加，紫移增强。

6.1.4.4　酞菁染料

酞菁是由四个异吲哚结合而成的一个十六环共轭体，其发色系统为具有 18 个 π 电子结构的环状轮烯。金属酞菁染料中，金属原子在环的中间，与相邻的四个氮原子相连，除了与两个氮原子以共价键结合外，还和其它两个氮原子以配位键结合。酞菁和金属酞菁的结构如下所示：

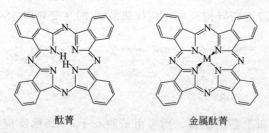

酞菁　　　　　　　　金属酞菁

酞菁常以 Pc 表示，本身即是一个鲜艳的蓝色物质，为高级颜料。金属酞菁经磺化、氧化等反应，在分子中引入其它取代基团，有些可作染料使用。

酮酞菁是一种蓝色的多晶型化合物。α 晶型颜色带红，着色力强，晶粒小，不稳定。β 晶型与之相反，稍带有绿色，是合成中的主要晶型。铜酞菁常作颜料，水溶性的磺酸钠盐铜酞菁染料，由铜酞菁磺化制得。

酞菁染料多为蓝和绿色，其色泽鲜艳，稳定性好，具有良好的耐日晒、耐酸牢度和耐碱牢度。分子中含有磺酸基、羧酸基等酸性基团的铜酞菁染料，可作直接染料使用。

6.1.4.5　菁系染料

菁系染料是由甲川基（—CH＝）连接氮杂环的一类染料，又称甲川染料。结构如下图所示：

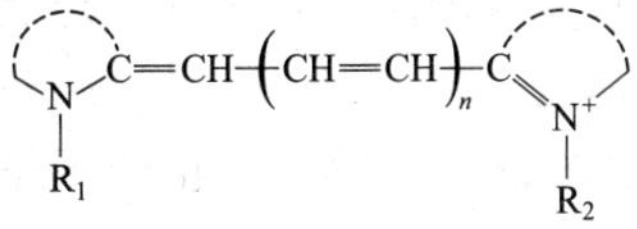

菁系染料最早用于感光材料的光敏剂，耐光度高（3～6级）。对腈纶染色有色泽鲜艳、着色力高和耐光牢度好等优良性能，已成为腈纶的专用染料。

菁系染料的结构由杂环、多甲川基、成盐烷基和阴离子等四部分组成。其中杂环为吡啶、喹啉、吲哚、噻唑和吡咯等氮杂环。常见的有喹啉、苯并噻唑和吲哚啉杂环。可按甲川链两端相连的杂环性质以及甲川链中一个或几个甲川基被 N 取代情况，分为 5 大类，即碳菁、半菁、苯乙烯菁、氮杂菁和氮杂半菁。

碳菁染料为分子中多甲川链与两端两个杂环氮原子相连。杂环相同者称为对称菁，不同者为不对称菁。这类染料多作为光学增感剂。其颜色取决于杂环的碱性、甲川链长度和取代基的位置。如对称碳菁染料，甲川链增长，颜色加深，每增加两个甲川基可产生 100nm 的位移。为了使这类染料保持有较好的耐光牢度和稳定性能，甲川链不允许太多，一般不超过三个。对称菁和不对称菁的结构示意如下：

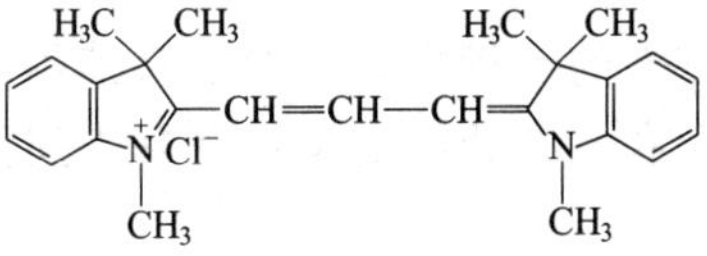

如在染料分子中，多甲川链所连的氮原子仅有一个构成杂环，则为半菁染料。该类染料颜色较浅，多数为黄色。若多甲川一边连接杂环氮原子，另一边连接苯环，即分子中含有苯乙烯结构，称为苯乙烯菁染料。氮杂菁染料是三个甲川基中一个或几个被 N 取代的菁染料。而氮杂半菁染料是半菁染料分子中的甲川基被 N 取代而形成的一类染料。

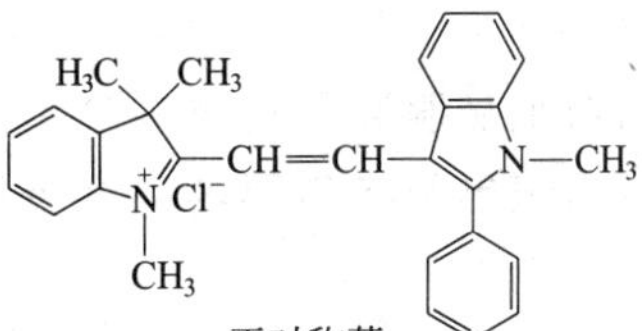

菁系染料由于分子中含有杂环，其中带正电荷的杂原子在水中能离解成有色正离子，亦称阳离子染料。由于正电荷原子处于共轭体系中，又叫共轭型阳离子染料。氮杂环具有碱性，因此又称碱性染料。该类染料因含有不同的杂环，其合成方法并不相同。随着对功能染料的研究的加深，菁类染料在光材料中的应用迅速发展起来。

6.1.5　绿色壁垒与染料禁用

"绿色壁垒"作为在世界贸易向自由化发展过程中各国调整贸易关系和保护自身利益的主要手段已有近 30 年的历史。随着保护人类赖以生存的自然和生态环境愈来愈引起世界各国的广泛关注，人们对纺织品和纺织化学品在使用和穿着过程中是否会对消费者的安全和健康以及环境与生态产生不利的影响也愈来愈重视，所以进入 21 世纪以来，国际市场特别是欧盟不断设置"绿色壁垒"。

2001 年 12 月 11 日中国正式加入 WTO 后，这种"绿色壁垒"的设置速度进一步加快，设置力度进一步加大，仅 2002 年初到 2003 年初的一年时间内新设置的"绿色壁垒"就超过了 10 个。它们涉及纺织染料、纺织助剂、纺织品和其它有害化学物质。

《关于化学品注册、评估、许可和限制法规》是一个关于化学品注册、评估和许可的法规。它取代了原有 40 多项有关化学品的指令和法规。该法规不仅适用于化学品，而且也适用于纺织品、塑料玩具等化学品的下游产品。它明确规定制造商及进口商生产或进口产品超过规定数量时必须递交资料进行登记。

1993 至 1994 年间，德国卫生部经鉴定后，禁止若干染料应用于织物的染色和印花上。禁止的染料主要是以偶氮类为主的染料。这些禁用的偶氮染料染色的服装与人体皮肤长期接触后会与正常代谢过程中释放的成分混合，并产生还原反应形成致癌的芳胺化合物。偶氮染料广泛应用于纺织品、皮革制品等的染色和印花，是合成染料中品种和数量最多的一类，约占一半以上，多达 600～700 种。

国际环保纺织协会的成员机构——德国海恩斯坦研究院和奥地利纺织研究院在 20 世纪 90 年代共同制定了国际环保纺织标准（Oeko-Tex Standard 100），并逐步成为全球整个纺织行业进行安全测试的国际性基准。欧洲的许多大型纺织品采购商都将 Oeko-Tex Standard 100 标准作为对供应商的要求。德国海恩斯坦研究院材料测试部的专家 B. Dannhorn 指出：此标准禁止和限制使用的有害物质包括严禁的偶氮染料、致癌和致敏染料；甲醛、杀虫剂、含氯苯酚、氯化苯和甲苯、可萃取金属等。邻苯二甲酸酯、有机锡、有机挥发性气体、不良气味和生物活性产品及阻燃材料另有规定。2003 版的 Oeko-Tex Standard 100 标准规定纺织品中不得含有 23 种偶氮染料中间体，118 种结构的禁用染料。若检出其中一种即为不合格产品。

欧盟是中国纺织品服装和皮革制品出口量较大的市场之一。欧盟对禁用偶氮染料的新规定，引起了我国纺织界及染料界的高度重视，含有有害芳胺的染料及其中间体的代用品已纷纷出台。

6.2 有机颜料

6.2.1 颜料与染料的比较

颜料是不溶性的着色物质，与染料有许多共同点，但也有差异。

6.2.1.1 颜料与染料的共同点

① 它们都是着色物质。

② 有机颜料和染料的结构与颜色规律及合成原理是一致的，生产设备及工艺也大同小异。

③ 可以相互转换。水溶性染料经与沉淀剂作用可以转化为不溶性的有机颜料，称为色淀。例如含磺酸基的染料与沉淀剂——硫酸钡或氯化钙作用，生成不溶性颜料（一般沉淀在载体上，如硫酸钡或氢氧化铝），例如酞菁色淀的制备，反应方程式如下：

底粉的制造：

$$Al_2(SO_4)_3 \cdot 12H_2O + 3Na_2CO_3 \longrightarrow 2Al(OH)_3 \downarrow + 3Na_2SO_4$$

$$BaCl_2 + Na_2SO_4 \longrightarrow BaSO_4 \downarrow + 2NaCl$$

色淀的制造：

$$CuPc(SO_3Na)_2 \xrightarrow[pH\ 8.5\sim9.2]{BaSO_4} CuPc(SO_3Ba_{0.5})_2$$

金属酞菁染料

又如碱性染料或阳离子染料与丹宁或磷、钨、钼等的杂多酸结合，可转化为不溶性的色淀，如孔雀绿色淀的制备，即将孔雀绿与杂多酸直接络合沉淀，结构式如下：

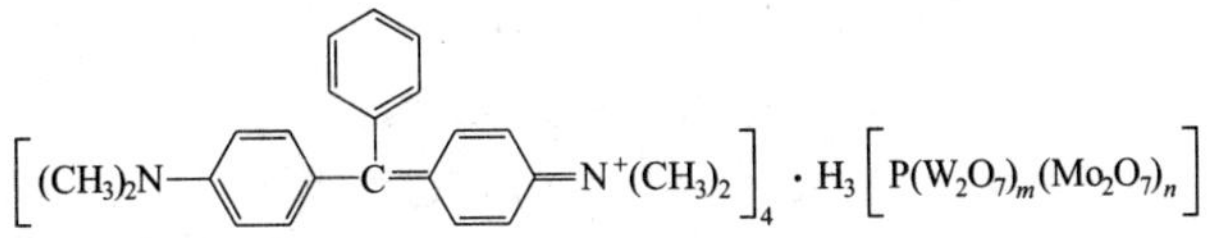

$$\left[(CH_3)_2N-\!\!\!\bigcirc\!\!\!-C(\!\!\!\bigcirc\!\!\!)=\!\!\!\bigcirc\!\!\!=N^+(CH_3)_2 \right]_4 \cdot H_3 \left[P(W_2O_7)_m(Mo_2O_7)_n \right]$$

孔雀绿 (三芳甲烷类染料)　　　　　　　　　　杂多酸

磷钼钨杂多酸是由钨酸钠、钼酸钠和磷酸氢二钠的混合溶液经酸化后制得的，m 和 n 与所用染料有关。

颜料引入水溶性基团也可转化为水溶性染料，例如酞菁颜料引入水溶性基团磺酸基就成为水溶性酞菁染料。

6.2.1.2　颜料与染料的不同点

① 溶解性不同。染料大多数能溶于水或有机溶剂，而颜料不溶于水、有机溶剂及被着色物。

② 对被着色物的亲和力不同。染料与被染物有非常强的亲和力，而颜料与着色物没有亲和力。因此颜料只能通过成膜物质附着在物体表面，或混在物体内部，使物体着色，如用于涂料、塑料和橡胶等着色。

③ 染料只有有机物，而颜料既有有机物，又有无机物。

6.2.2　有机颜料的分类

有机颜料按化学结构可分为以下几种。

（1）偶氮颜料

偶氮颜料是分子结构中含偶氮基的颜料。这类颜料色泽鲜艳，着色力高，制造方便，价格低廉，但牢度稍差。有单偶氮、双偶氮、缩合型偶氮及苯并咪唑酮类偶氮颜料等。

（2）酞菁颜料

酞菁的发色基团为 18 个 π 电子的环状轮烯。主要为蓝色和绿色颜料。

酞菁分子较为稳定，加热至 $580℃$ 也不分解，耐浓酸和浓碱。它色泽鲜艳、着色力高，具有耐高温和耐晒等优异性能，颗粒细，极易扩散和加工研磨。主要用于油墨、涂料、绘画水彩、油彩颜料、涂料印花及橡胶和塑料制品的着色，又是制造活性染料和直接染料等的原料，在颜染工业中占有重要地位。

酞菁

酞菁蓝是铜酞菁，是国内目前有机颜料中产量最大，应用最广的优秀品种。酞菁绿是铜酞菁氯化而成的。除铜酞菁外，酞菁分子中金属原子如用钴、铁或镍代替，可得到不同颜色的酞菁。

（3）喹吖啶酮颜料

喹吖啶酮颜料分子基本结构为：

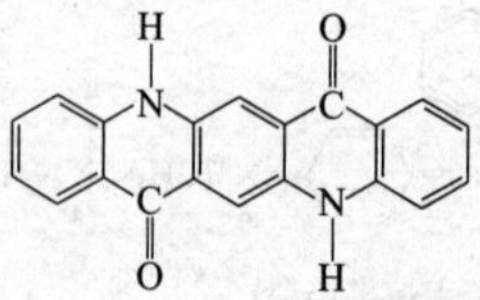

这类颜料由于其耐热、耐晒和鲜艳度等性能与酞菁系颜料相当，故商品称为酞菁红，其实两者的分子结构完全不同。该颜料广泛用于高级油墨、涂料、纤维及塑料的着色。

（4）二噁嗪颜料

二噁嗪颜料具有较高的着色力，色泽鲜艳，是一类重要的有机颜料。其通式为：

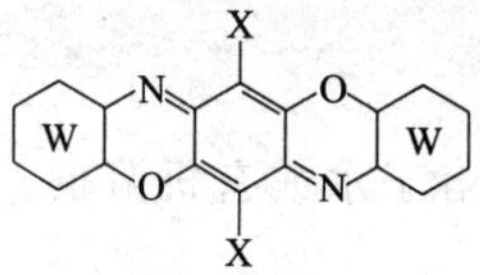

式中，W 为具有取代基的苯核，X 常为氯原子。

（5）异吲哚啉酮颜料

异吲哚啉酮颜料是继喹吖啶酮和二噁嗪颜料后又一类颜料新品种，具有优异的耐光、耐热和抗迁移性能，分解温度可达 400℃，着色力比酞菁稍差，主要用于塑料着色，也可用于高级涂料及油墨。其通式为：

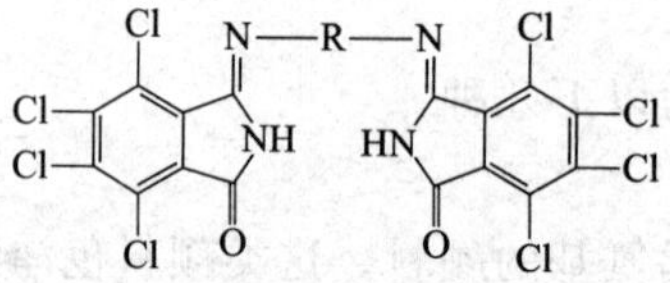

6.2.3　有机颜料的颜料化

颜料分子的化学结构对其性能、颜色等起着决定性的作用。然而颜料分子的物理形态（晶型、粒子大小等）不仅会使色光产生变化，有时甚至比引入取代基的作用还明显，至于颜料物理形态对其色光、着色力、遮盖力和透明度等影响更为显著。

有机颜料的应用，是以微细粒子与被着色的介质进行充分的机械混合，使颜料粒子均匀地分散到被着色的介质中，以达到着色的目的，故而它总是以不同程度聚集起来的微晶粒子存在于使用介质中。它们对入射光具有折射及散射作用。如果颜料粒子的折射率高于使用介质的折射率，则入射光线将部分地被颜料粒子表面所反射。颜料与使用介质之间的折射率差别越大，反射率越大，颜料则更多表现为不透明。

6.2.3.1　颜料物理状态对其性能影响

（1）粒子状态与耐溶剂性

如果颜料与溶剂的亲和力小，分子极性强，则在溶剂中的溶解度低，其耐溶剂性或耐油渗性能好。偶氮颜料中的某些色淀，具有高的无机性，其溶解度低。如果颜料分子中含有极性取代基，如—CONH—、—NHCOH—、—NHCONHCO—等，可促使分子间或分子内形成氢键，改变分子的聚集状态，降低在有机溶剂中的溶解度，明显地提高耐迁移性能。

颜料分子结构对称性强（如异吲哚啉系颜料），其耐油渗性好；若颜料的分子量增加，则其粒子亦大，也有利于耐油渗性能的提高。

（2）粒子状态与耐晒性能

在光线照射下，当粒子较大时，可将所吸收的光能加以分散，相对来说比粒子小的颜料具有较好的耐晒性能。当粒子大时其比表面积小，吸收的光能被分散，在空气与水分存在下，它的耐晒性能可获提高。

Chareles 等认为，对于粒子较大的颜料其褪色速度与粒子直径的平方成反比，而粒子较小的则褪色速度与粒子直径成反比。可能的原因是随着晶体粒子的增大，所吸收的光量子只是穿透粒子的外表层，在此局部位置分层地进行颜料分子的光化学分解。因而具有较大晶核的颜料显示出更高的光照稳定性。

（3）粒子的大小与着色力、色光关系

颜料着色力取决于颜料粒子的大小、粒子的折光指数 n 及吸收系数 k。当粒子直径很大时其着色力与粒子直径的倒数成正比，随粒子增大，着色力降低，与 n 及 k 无关；当粒子直径特别小时，其着色力不再与粒子大小有关；对于中等的粒子（其直径为 $0.05\sim0.5\mu m$），则着色力与粒子的 n、k 值有关。对 β-型铜酞菁在蓖麻油清漆中的着色力、色光、流变性与粒子大小之间关系的研究表明，粒子直径为 $0.08\mu m$ 时达到最高色力。

同时粒子大小及晶型还影响到色光及遮盖力。喹吖啶酮类颜料（γ 型）的粒子大小与色光的关系见表 6-3。

表 6-3　γ 型喹吖啶酮类颜料的粒子大小与色光的关系

粒子大小 $d/\mu m$	色光	遮盖力	着色力
$0.05\sim0.2$	—	透明	最高
$0.2\sim0.4$	—	好	较高
$0.4\sim0.8$	蓝光红	好	低
$\geqslant0.8$	黄光红		—

再如甲苯胺红颜料，尽管化学结构式、晶形等均相同，但其色光由黄光到蓝光红不等，因而具有多种不同商品，这是生产工艺条件不同而造成的。反应浓度较低的颗粒最细、色光最黄，着色力也高。反之反应浓度过高，颗粒大、色光发蓝、着色力低。

颜料的着色力分为绝对着色力和相对着色力。绝对着色力是基于颜料的吸光性，即在最大吸收波长或在整个可见光谱的总体吸光系数。相对着色力是样品与标准品吸光系数之比得到的相对值。在达到相同色深时，样品颜料的数量与标准颜料数量相匹配的比值。颜料的色力根据颜料的应用条件，即展色方法不同，以及测定方法、评价方法不同，会有不同的结果。

颜料的遮盖力或透明度是指颜料介质层隐藏底材颜色差异的能力，可用一个确定数量的颜料着色的涂料完全遮盖的面积，也可以指遮盖一个底材需要的涂层的最小厚度。

（4）颜料的晶型

有机颜料中，经常有同质多晶或同质异晶现象。同一化学结构，而结晶形态不同的颜料，其色光、性能也有较大差别。

如铜酞菁颜料，其 α 型是红光蓝，着色力高，但稳定性较差；而 β 型是绿光蓝，稳定性好，但着色力稍差。又如喹吖啶铜颜料，从 X-射线测定中它具有四种不同形态，其中 α 及 γ 型为蓝光红色颜料，着色力强，但对溶剂不稳定。β 型为紫色颜料，生产上一般制得为 α 型，但可经过晶相调整得到所需的 β 型、γ 型。

改进有机颜料耐热性能的有效途径是增加分子量，引入卤素、金属原子、极性基团及稠环结构。但颜料晶型对热稳定性也有影响，当对颜料加热时，可以很容易地转变为其它晶型，随之改变其色光及色力。如β型铜酞菁颜料对热是稳定的，而α、γ、δ型铜酞菁，加热至300℃处理8～10h，可部分转变为β型铜酞菁，在330℃左右完全转变为β型铜酞菁。

6.2.3.2 颜料化

有机颜料的颜料化，实质上是通过适当的工艺方法，调整颜料粒子大小。对于粒子过小的可用溶剂处理，使其结晶进一步增大，而对于粒子过大的则需要进行粉碎、分散或加入添加剂来减少凝聚作用，以及改变粒子的结晶状态，使之达到适宜作为颜料用的晶型。各种颜料的颜料化方法也不一样。事实上从应用观点看，化学制备出的颜料只能称作半成品，不进行改性处理，就不能成为应用性能良好的产品。颜料化方法主要有以下几种：

（1）溶剂处理

溶剂处理主要用于偶氮颜料，其工艺简单、效果良好，只需将粉状或膏状粗颜料与适当有机溶剂混合，在一定温度下搅拌一段时间，即可达到晶型稳定，粒子增大，因而提高了颜料的耐热性、耐晒性和耐溶剂性，增加了遮盖力。

溶剂一般采用强极性溶剂如 N,N-二甲基甲酰胺（DMF）、吡啶、二甲基亚砜（DMSO）、N-甲基吡咯烷酮、喹啉、氯苯、二氯苯、甲苯、二甲苯和低级脂肪醇类等。溶剂的选择及颜料化条件决定于颜料的化学结构，没有一个固定的处理方法。

分子中含有苯并咪唑酮类偶氮颜料，其粗颜料颗粒坚硬，不能加工成印墨，着色力低，各项牢度低劣，如颜料经过DMF颜料化后性能明显提高。将粗喹吖啶酮在沸腾的DMF中加热，可从α型转变为γ型；采用甲苯、二甲苯处理铜酞菁可使α型转变为β型。

（2）水-油、水-气转相法

刚刚生成的颜料沉淀，颗粒可能很细，但在烘干过程中，总要发生聚集固化，而使颗粒变得粗大。但如果利用有机颜料的亲油疏水性，将分散在水中很细的颜料粒子在高速搅拌下，加入有机高分子物质中（油相），则颜料粒子便渐渐由水中转入油相中，再蒸除油相中少量水分，获得油相膏状物，经高速搅拌，便达到油墨、涂料使用黏度要求。省去了干燥过程，防止颜料粒子凝集，提高了颜料的着色力。若事先用表面活性剂对颜料进行处理，可加速转相速度。经过这种挤水换相，颜料的分散性、鲜艳度、着色力均有改进。

若要得到粉状易分散颜料，可用水-气转相方法。这是在颜料的水介质分散体中，吹入某种惰性气体，气体被颜料吸附，或者颜料被吸附在小气泡的表面上，成为泡沫状漂浮在液面上，而粗大的颗粒，则沉到液底。把浮在液面上泡状部分分离出来，烘干，可得较松软的颜料。这种方法借用气体来作相转换，所以称为气相挤水。用气体相转移得到的颜料黏度几乎近于油墨用的黏度要求。

（3）无机酸处理法

无机酸处理法中应用最多的是硫酸，有时也可用磷酸、焦磷酸等。具体工艺一般又可分为酸溶法、酸浆法和酸研磨法，主要应用于铜酞菁颜料。

酸溶法：粗酞菁（β型）溶于95%以上硫酸，注入水中，煮沸，过滤即成。同样它也应用于喹吖啶酮颜料，即将粗喹吖啶酮溶解在浓硫酸中，在65℃加入甲苯搅拌，倒入沸水中析出也可得到β型结晶。

酸浆法：应用于粗酞菁的颜料化，将酞菁溶于60%～80%硫酸，长时间搅拌后，生成浆状酞菁硫酸盐，再注入水中得到粒子均匀的β型铜酞菁。

酸研磨法：在无机盐存在下，通过具有强剪切力作用的特殊设备来处理，实现晶型的转变。该法硫酸用量少，除使用硫酸外，还可采用氯乙酸、低级脂肪酸及芳磺酸等。

（4）机械研磨法

机械研磨法是借助机械力在助磨剂氯化钠、硫酸钠等存在下，使晶型发生转变，并达到满意的分散度。如粗酞菁用盐磨法，铜酞菁与无机盐质量之比为 2∶3，于 60～80℃温度下在球磨机中进行研磨，可得 α 型铜酞菁。如 α 型喹吖啶酮，在少量二甲苯或邻二氯苯存在下，加食盐研磨，可得稳定的 β 型结晶。再如将 α 型喹吖啶酮，在少量 DMF 存在下，加食盐研磨，可得 γ 型结晶。

（5）颜料的表面处理

有机颜料虽然通过机械粉碎方法，可对不同聚集状态的粒子进行分散，但最终分散程度与颜料的聚集程度及聚集状态的粒子强度有关。所谓颜料的表面处理，就是在颜料一次粒子生成后就用表面活性剂将粒子包围起来，把易凝集的活性点钝化。这样就可有效地防止颜料粒子凝集，即使出现粒子凝集也是一种松散的凝集，容易分散；可有效地降低粒子与使用介质之间的表面张力，增加颜料粒子的易润湿性；也改进了耐晒、耐气候牢度。

6.3 荧光增白剂

6.3.1 荧光增白剂定义及分类

荧光增白剂是一种能吸收肉眼看不见的紫外光（波长 300～400nm），然后再发射出肉眼可见的荧光（波长约 420～480nm，属紫光范围），因而能够显著地提高被作用物的白度和光泽（紫蓝光与黄光互补，两者混合显白色），并广泛用于纺织、造纸、塑料及合成洗涤剂等工业的无色有机化合物。

荧光增白剂种类繁多，可以按母体化学结构或使用用途等对其进行分类。按用途常分为：

① 洗涤剂用荧光增白剂。

② 纺织品用荧光增白剂。

③ 造纸用荧光增白剂。

④ 塑料和合成材料用荧光增白剂。

⑤ 其它用途的荧光增白剂。

按母体化学结构可分为 15 种基本化学结构类型，其中主要有 5 大类：

① 二苯乙烯类，具有蓝色荧光。

② 吡唑啉型，具有绿色荧光。

③ 香豆素型，具有香豆酮基本结构，有较强的蓝色荧光。

④ 苯并氧氮茂及苯并噁唑型，具有红色荧光。

⑤ 萘酰亚胺类，具有蓝色荧光。

6.3.2 有机化合物的荧光

一般而言，当紫外光照射到某些物质的时候，这些物质吸收紫外光后会发射出各种颜色和不同强度的可见光，而当紫外光停止照射时，这种光线也随之很快地消失，这种光线就称为荧光。

各种物质的分子具有不同的化学结构，因此具有不同的能级。大多数分子在室温时均处在基态的最低振动能级，当物质被光线照射时，该物质的分子吸收了和它所具有的特征频率相一致的光线，而由原来的能级跃迁至第一电子激发态或第二电子激发态的各个不同振动能级和各个不同转动能级，如图 6-3 所示。大多数多原子分子的有机化合物的振动能级的形式较为复杂，在它们的吸收光谱中由基态至第一电子激发态各个不同振动能线的跃迁只呈现一个宽阔的吸收带，由基态至第二电子激发态各个振动能线的跃迁则呈现另一个宽阔而波长较短的吸收带。

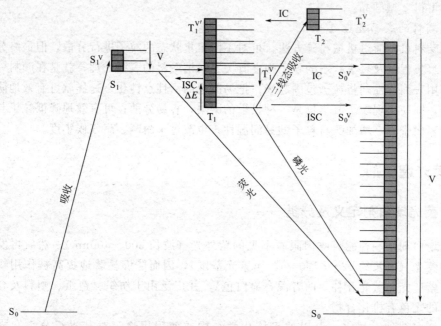

图 6-3　分子激发与失活图解
V—振动阶式消失；IC—内转换；ISC—系间窜越

激发态是物质高能且不稳定的状态，很容易失去其被激发时所获得的能量，重新回到其稳定的基态。这个过程被称为激发态的失活。它可以自发地实现，也可以受某些外界因素的影响而更快地完成。因此，大多数的分子在吸收了光而被激发至第一或以上的电子激发态的各个振动能级之后，在很短暂的时间内急剧降落至第一电子激发态的最低振动能级，在这一过程中它们和同类分子或其它分子撞击而以热的形式消耗了相当于这些能级之间的能量，因而不发出光。由第一电子激发态的最低振动能级继续往下降落至基态的各个不同振动能级时，则以光的形式发出，所发生的光即是荧光。严格地讲，荧光是激发态分子失活到多重性相同的低能状态时所释放的辐射。由于绝大多数分子的基态是单线态，所以荧光主要是电子从激发单线态最低振动能级（S_1）跃迁到基态单线态（S_0）的某个振动能级时发出的辐射。磷光是激发态分子失活到多重性不同的低能状态时所释放的辐射，绝大多数是激发三线态（T_1）向基态（S_0）某振动能级跃迁时发出的辐射。由于 $T_1 \rightarrow S_0$ 的跃迁是自旋禁阻的，所以磷光辐射过程很慢，寿命较长（$10^{-5} \sim 10^{-3}$ s），光线较弱。

大多数有机分子在基态时各个成键轨道和非成键轨道的电子都是配对的，每对电子的自旋取向相反。因这一状态电子总自旋角动量在磁场方向的分量只有一个，在光谱中呈一条谱线，因此称为单重态或单线态，用 S 表示。S_0 即表示基态单线态。

当某个电子从基态跃迁到激发态时，激发态的电子有两种取向，若与基态的电子取向相反，仍为单线态，而当两个电子的取向相同时，总自旋角动量在磁场方向有三个分量，在光谱中呈三条谱线，因此称为三重态或三线态，用 T 表示。详见图 6-4。

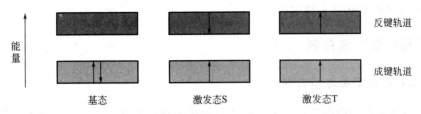

图 6-4　有机分子激发的两种情况

由此可见，发生荧光的第一个必要条件是该物质的分子必须具有与所照射光线相同的频率（即激发态与基态的能量差与光子的能量相同），而分子具有怎样的频率是与它们的结构密切联系的。因此，要发生荧光，首先必须有一个能够吸收光线的化学结构。发生荧光的第二个必要条件是吸收了与其本身特征频率相同的能量之后的分子，必须具有高的荧光效率。许多会吸光的物质并不一定会发生荧光，就是由于它们的吸光分子的荧光效率不高，而是将所吸收的能量消耗于碰撞中以热的形式放出，因此无法发出荧光。

荧光效率也称为荧光量子产率，它表示所发出荧光的量子数和所吸收激发光的量子数的比值。

显然，有机化合物的结构与它们的荧光有密切关系。荧光通常是发生于具有刚性结构和平面结构的 π 电子共轭体系的分子中，随着 π 电子共轭度和分子平面度的增大，荧光效率也将增大，它们的荧光光谱也将移向长的波长方向。分子共平面性越大，其有效的 π 电子非定域性也越大，也就是 π 电子共轭度越大。任何有利于提高 π 电子共轭度的结构改变，都将提高荧光效率，或使荧光波长向长的波长方向移动。

6.3.3　荧光增白原理

荧光增白剂自身无色，在织物上不但能反射可见日光，同时还能吸收日光中的紫外光而发射的波长为 415～466nm，即紫蓝色的荧光，正好与作用物原来发射出来的黄色光互为补色，相加而成为白光，使作用物具有明显洁白感。由于荧光增白剂发射荧光，使织物总的可见光反射率增大，故也提高了作用物的光泽。荧光增白剂是利用光学上的补色作用来增白，因此又称为光学增白剂。

各种荧光增白剂因其化学结构不同，其发射的最大荧光波长有所差异，因而荧光色调也不同。最大荧光波长在 415～429nm 间者呈紫色调；在 430～440nm 间者呈蓝色调；在 441～466nm 间者呈带绿光的蓝色调。因此，用荧光增白剂增白的作用物上的白度有偏红、偏青等不同色调，必要时可用颜料或染料加以校正。

荧光增白剂一般对紫外线比较敏感，所以用荧光增白剂处理过的产品长期在阳光下曝晒，则会因荧光分子的逐渐破坏而白度减退。

荧光增白剂在日光下才有柔和耀目的荧光光泽，在白炽灯光下因没有紫外线，所以看起来没有在日光下洁白耀目。

6.3.4　荧光增白剂的必备条件

荧光是一种光致发光现象。荧光增白剂必须具备以下条件：
① 化合物本身无色或略带黄色。

② 较高的荧光效率。

③ 对被作用物体具有良好的亲和性，但相互之间不能发生化学反应。

④ 较好的热稳定性及光稳定性。

6.3.5 主要的荧光增白剂

6.3.5.1 二苯乙烯型荧光增白剂

二苯乙烯型荧光增白剂是以二苯乙烯为母体的各种衍生物。由于原料来源方便，制造工艺较简单，对各种纤维的适应性强，因而是目前产量最大、品种最多的一类增白剂。按其结构特征主要可分为三类。

（1）二苯乙烯三嗪型

二苯乙烯三嗪型的化学结构通式为：

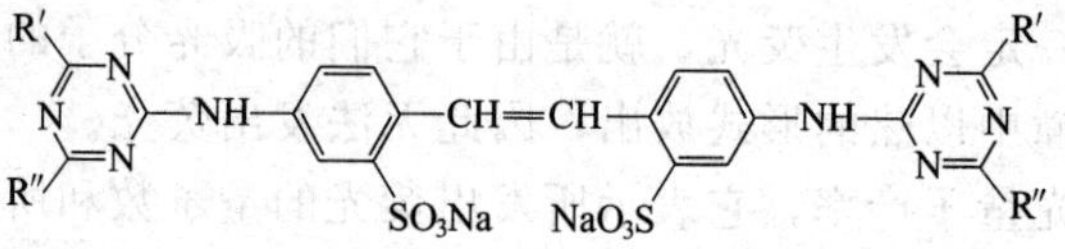

这类结构的荧光增白剂是商品化最多的一类，其最大紫外吸收波长在 350nm 左右，最大荧光波长在 432~444nm 间，正是蓝色荧光范围。它们主要用于棉、纸张和洗涤剂，具有较好的水洗牢度和一定的耐晒牢度，对锦纶、维纶、再生纤维乃至蛋白纤维等纺织品也都有良好的增白效果。

（2）二苯乙烯双酰胺基型

二苯乙烯双酰胺基型是荧光增白剂中早期的品种，例如荧光增白剂 BR，其化学结构式如下：

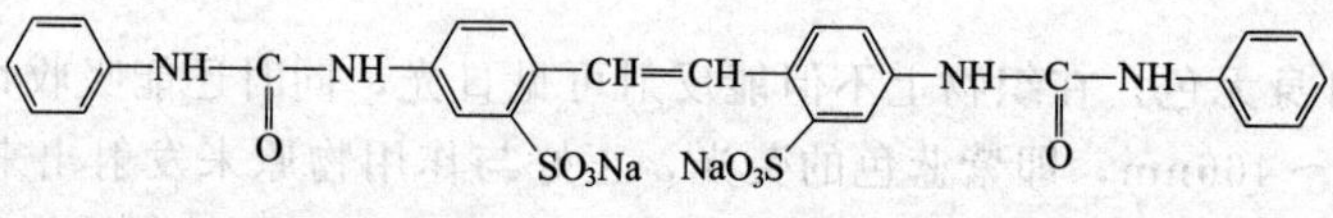

该类增白剂适用于棉和锦纶织物的增白，也可加到洗涤剂中，由于其在沸水中稳定性较差，耐晒牢度也欠佳，已逐渐被其它品种所代替。

（3）二苯乙烯三氮唑型

二苯乙烯三氮唑型荧光增白剂的化学结构通式为：

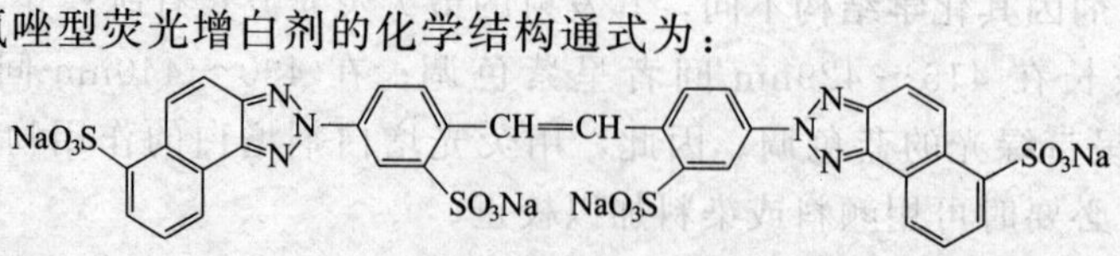

这类化合物适用于合成洗涤剂工业和棉纤维，其增白效果比二苯乙烯三嗪型好，具有良好耐氯漂稳定性，耐晒牢度也较好。缺点是色调偏绿。常用于合成洗涤剂制造工业。

6.3.5.2 双苯乙烯型荧光增白剂

双苯乙烯型荧光增白剂分子中具有两个苯乙烯结构，如：

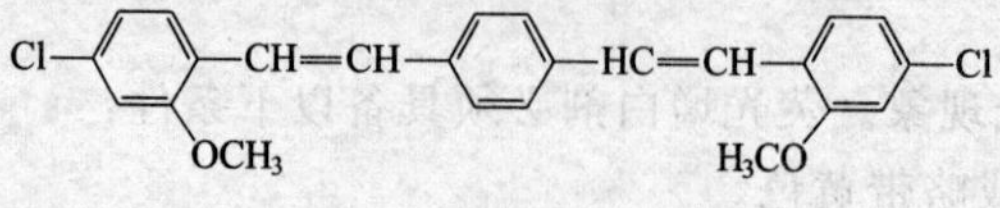

这类荧光增白剂开发得较晚，制备工艺比较简单。可用来增白热塑性塑料如聚氯乙烯、聚苯乙烯和 ABS 等。

有报道如下结构的化合物，制造聚酯时参与共缩聚，用量为 3～20ppm，可增白聚酯而不影响聚酯的性能。

$$CH_3OOC-\!\!\!\bigcirc\!\!\!-CH=CH-\!\!\!\bigcirc\!\!\!-HC=CH-\!\!\!\bigcirc\!\!\!-COOCH_3$$

6.3.5.3 香豆素型荧光增白剂

以香豆素为母体所得的衍生物，母体结构式如下：

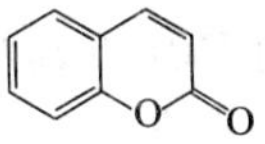

香豆素型增白剂按香豆素分子中引入取代基的种类和位置的不同，主要有以下 4 类：

（1）3-羧基香豆素增白剂

3-羧基香豆素增白剂中的重要代表为荧光增白剂 PEB，主要用于聚氯乙烯和赛璐珞增白。其化学结构为：

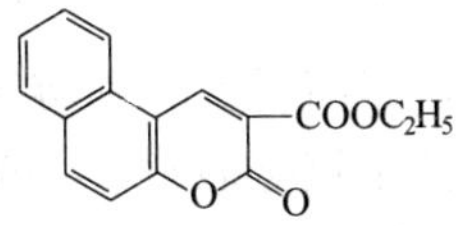

（2）4-甲基-7-取代氨基香豆素增白剂

4-甲基-7-取代氨基香豆素增白剂的代表性品种是增白剂 WS，其荧光色调为蓝光紫。实际使用的是它的硫酸盐，可用于羊毛、蚕丝、二醋酸纤维、锦纶和维纶的增白。其耐晒牢度和水洗牢度均属中等；耐酸、耐硬水，但不耐碱和氯漂。其化学结构为：

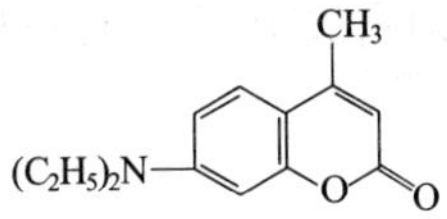

（3）3-苯基-7-取代氨基香豆素增白剂

3-苯基-7-取代氨基香豆素增白剂有优良的耐光性，因此是当前合成纤维用的重要增白剂，其通式为：

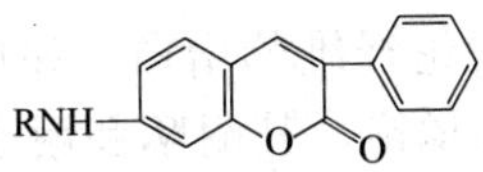

（4）杂环香豆素增白剂

杂环香豆素增白剂是在香豆素母体上连接各种杂环而成。主要用于各种合成纤维。含三唑结构的如增白剂 EGM，用于聚酯纤维的增白。其化学结构为：

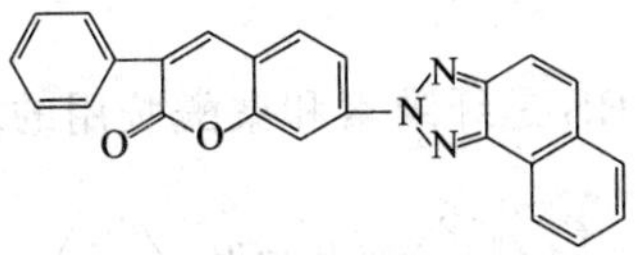

还有所谓纤维活性香豆素类增白剂。它们含有与活性染料类似的活性基团，如氯三嗪

基、二氯喹噁啉基、氯嘧啶基和磺酰乙基等，能与纤维发生化学键结合。它们是棉、锦纶及羊毛的耐洗增白剂。

6.3.5.4 唑型荧光增白剂

唑型荧光增白剂的分子结构都含有含氮杂环基，其中以噁唑型和吡唑啉型荧光增白剂品种较多，主要用于合成纤维的增白。

（1）噁唑型荧光增白剂

噁唑型荧光增白剂也称苯并氧氮茂型增白剂，又可分为对称结构和不对称结构两种，具有良好的耐晒、耐热、耐氯漂和迁移等性能，用于合成纤维和塑料的增白，也用于洗涤剂。对称结构的品种，如增白剂 DT 和增白剂 EBF，其结构式如下：

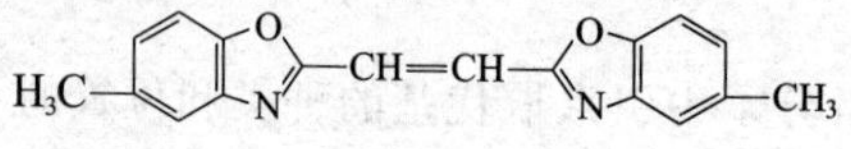

增白剂DT

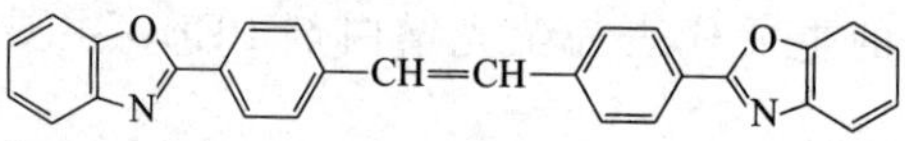

增白剂EBF

增白剂 DT 的荧光色调为红光蓝，非离子性，不溶于水但能良好地分散在水中。主要用于涤纶白色产品的增白，其耐晒和水洗牢度均较好，并耐氯漂。

增白剂 EBF 呈鲜艳的蓝色荧光，非离子性，可与水以任何比例稀释分散。主要用于涤纶和醋酸纤维的增白。其性能优良、耐硬水、耐酸碱、耐晒，抗氧化漂白性稳定，能与大多数织物整理剂共浴作用。

增白剂 EFT 耐热、耐光、耐氯漂且各项牢度指标都好，特别适用于涤纶和涤棉混纺织品的增白。

不对称结构噁唑型荧光增白剂较对称结构的具有更好的增白效果，都可作聚酯纤维增白剂，如具有以下结构的增白剂。

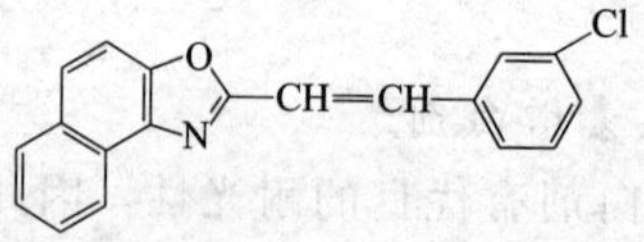

（2）吡唑啉型荧光增白剂

吡唑啉型荧光增白剂主要用于腈纶纤维的增白。如增白剂 BD（也称 DCB），荧光色调微红紫，主要用于腈纶纤维的增白和增艳，其耐晒和耐水洗牢度均较好，但对氯漂不稳定。其化学结构为：

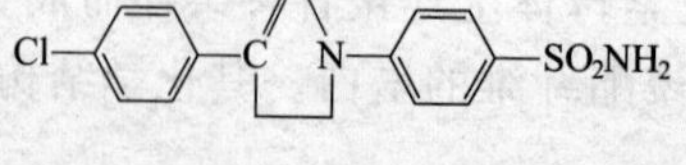

（3）噻唑型荧光增白剂

噻唑型荧光增白剂如增白剂 RS 是纤维素和聚酰胺用的增白剂。其化学结构为：

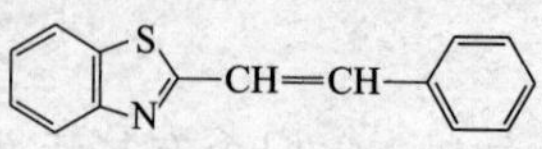

（4）咪唑型荧光增白剂

咪唑型荧光增白剂如增白剂 WT，它专用于蛋白纤维，在弱酸浴中进行增白。其化学结构为：

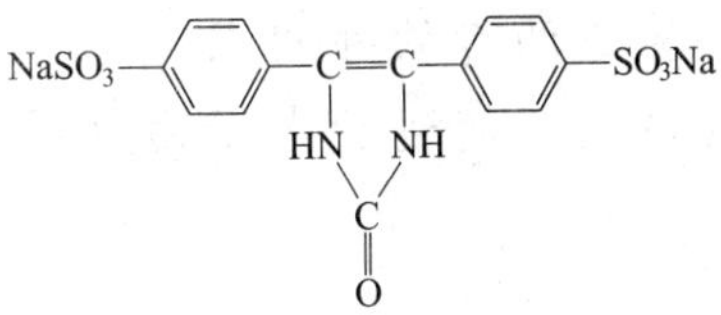

6.3.5.5　萘二甲酰亚胺型荧光增白剂

萘二甲酰亚胺型荧光增白剂是以 1,8-萘二甲酰亚胺为母体所得的衍生物。这一类中具有实际价值的荧光增白剂的通式如下：

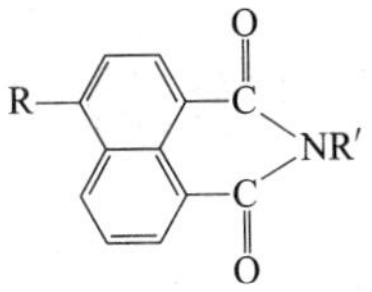

荧光增白剂 APL，其中 R 为—NHCOCH$_3$，R′为—C$_4$H$_9$；可用于聚酰胺、聚酯和聚氯乙烯的增白。

荧光增白剂 AT，R 为—OCH$_3$，R′为—CH$_3$；为聚酯、聚丙烯腈和聚酰胺纤维用增白剂，耐光性优良，荧光呈紫色。

6.3.6　荧光增白剂的生产与应用

世界上生产的荧光增白剂化学结构类型约 15 种以上，商品品牌约 350 个，年总消耗量 45000t。我国生产的品种主要有 16 个，而产量超过百吨的仅 7 个。它们是：荧光增白剂 VBL、荧光增白剂 DT、荧光增白剂 BSL、荧光增白剂 BSC、荧光增白剂 31♯、荧光增白剂 BC、荧光增白剂 33♯，其中又以荧光增白剂 VBL 和荧光增白剂 DT 产量最大，两者的产量几乎占我国荧光增白剂产量的 80%。

世界上荧光增白剂的用量按行业分大致如下：肥皂和洗涤剂 58%、纺织品 12%、纸张 25%、塑料和树脂 5%。可见，洗涤剂中的荧光增白剂用量是最大的。

思考题

论述我国染料、颜料和荧光增白剂的发展趋势。

作业题

① 什么是直接染料、酸性染料、分散染料、活性染料、还原染料、阳离子染料、冰染染料、缩聚染料、硫化染料？

② 简述强酸性染料、弱酸性染料和媒染的染色机理。

③ 简述均三苯型、乙烯砜型和膦酸型活性染料的染色机理。

④ 简述光与颜色的关系。

⑤ 什么是颜色的三种视觉特征?

⑥ 用价键理论和分子轨道理论解释染料的发色。

⑦ 简述染料的化学结构与发光的关系。

⑧ 什么是染料和颜料?简述两者的异同点。

⑨ 什么是荧光和荧光增白剂?简述荧光增白剂的增白原理和必备条件。

◆ 参考文献 ◆

[1] 高建荣. 染料化学工艺学导论 [M]. 北京:化学工业出版社,2015.

[2] 张先亮,陈新兰,唐红定. 精细化学品化学 [M]. 第2版. 武汉:武汉大学出版社,2008.

[3] 周春隆,穆振义. 有机颜料化学及工艺学 [M]. 第3版. 北京:中国石化出版社,2014.

[4] 程铸生. 精细化学品化学 [M]. 修订版. 上海:华东理工大学出版社,1996.

[5] 何瑾馨. 染料化学 [M]. 第2版. 北京:中国纺织出版社,2017.

[6] 钱旭红,徐玉芳,徐晓勇. 精细化工概论 [M]. 第2版. 北京:化学工业出版社,2000.

第7章

绿色精细化学品的理论与实践

7.1 绿色化学化工概述

7.1.1 绿色化学化工的定义

化学为人类创造了巨大财富，促进了社会的文明和进步。化肥、农药对种植业的贡献使人们免除饥饿的困扰；合成纤维材料使人衣着华丽，生活变得丰富多彩；化学药物为人们防病祛疾，延年益寿，使原先肆虐人类的传染病如鼠疫、霍乱和肺结核等基本绝迹或得到控制。各种精细化学品为人类提供了多种多样、方便实用的生活用品，使我们生活更舒适、美丽。在工业社会以前，可以说如果没有合成化学品，人类的生活可能不会受到太大的影响，但在今天，如果人类离开了合成化学品，生活可能会感到困难，甚至无法生存。遗憾的是，化学工业向大气、水、土壤等排放了大量的污染物，给人类原本和谐的生态环境带来了黑臭的污水、讨厌的烟尘、难以处置的废物和各种各样的毒物。当代全球生态环境问题的严峻挑战都直接或间接与化学物质污染有关。为了使现代化学科技摒弃负面影响，继续为人类创造巨大的财富，促进社会的文明和进步，人类提出了发展绿色化学化工。

绿色化学（Green Chemistry）早期又称为环境无害化学（Environmentally Benign Chemistry）、环境友好化学（Environmentally Friendly Chemistry）和洁净化学（Clean Chemistry）。从环境友好的观点出发，绿色化学与化工是利用现代科学技术的原理和方法，减少或消灭对人类健康、社区安全、生态环境有害的原料、催化剂、溶剂、助剂、产物和副产物等化学品的使用和产生，突出从源头上根除污染，研究环境友好的新原料、新反应、新过程和新产品，实现化学工业与生态协调发展的宗旨。其特点是：在获取新物质的转化过程中，充分利用每一个原子，实现"零排放"，也就是说，绿色化学与化工是一种无污染的新型化工。

后来绿色化学又称为可持续发展化学（Sustainable Chemistry）或绿色可持续发展化学（Green and Sustainable Chemistry），以强调绿色化学化工与可持续发展的关系。从可持续发展科学的观点出发，绿色化学化工不仅要考虑是否产生对人类健康和生态环境有害的污染物，还要考虑到原料资源是否有效利用，是否可以再生，是否可以促进经济和社会的可持续发展等，简单地讲是否符合可持续发展科学的原理和规律。目前这种观点已为大多数人所接受，是绿色化学化工的真正内涵。

笼统地说，绿色化学化工是利用近代科学和技术的巨大进展和最新成就，在继续生产人类社会所需的大量新物质、新产品的同时，又能最大限度地利用资源，保护环境和维持生态平衡。因此，绿色化学是发展生态经济和工业的关键，是实现可持续发展战略的重要组成部分。

绿色化学化工是 20 世纪 90 年代出现的一门具有明确的社会需要和科学目标的新兴交叉学科，已成为当今国际化学化工研究的前沿领域，是 21 世纪的中心科学。

人类的可持续发展对绿色化学化工的需要主要表现在以下几个方面。

（1）维持生态平衡的需要

生态系统中的能量和物质是人类赖以生存的物质基础。人类社会的生存与发展必须源源不断地从生态系统中获取物质和能量。在自然界一个运转正常的生态系统中的能量和物质的输入和输出，在一定时间内是自动趋于平衡的，以保持生态系统的结构和功能处于一个良好稳定的状态。当受到外来影响或干扰时，生态系统也能通过自身调节和净化，来恢复和保持原来的平衡。也就是说，在一个平衡的生态系统中，物质之间及多种条件因素之间能彼此适应、相互依存和互相制约，保持一定的种群数量和状态。但这种自由恢复的能力是有限的。当外来的影响超过一定限度时，生态系统这种自动恢复的能力就会受到严重的干扰或完全丧失，导致生态平衡系统失调，生态系统内的物质和能量流动发生变化，而引起连锁反应，使整个生态系统遭到破坏并给人类社会带来灾难。如在农业生态体系中害虫的种群和数量是靠天敌来控制的，当人类大量捕杀青蛙和鸟类后，某些害虫失去控制，迅速大量繁殖，导致农作物减产，引发饥荒。当使用化学农药捕杀害虫时，大量的有毒有害物质在土壤和水体中残留和富集，并通过食物链传入人和其它动物体内，给人类生存带来严重威胁。人类社会只能依托在一个良好的生态系统上，才有可能持续稳定地发展，因而要求绿色化学在为人类提供丰富的生活物质的同时必须保持生态系统的良性循环。

（2）充分合理地利用资源的需要

自然资源是指人类从自然环境中摄取并用于人类生产和生活所必需的自然组成成分，通常指土地、水、森林、动物、植物、太阳能、电能和矿物等。它们为人类提供物质和能量，是国民经济赖以发展的物质基础，是社会财富的主要来源。资源的状况有时决定了一个国家的产业结构、经济和外贸特征，其现状和未来的变化趋势也是一个国家或地区在可持续发展方面潜在能力的标志。自然资源是非常丰富和多样的，但是从储量来说，它是有限的，不是取之不尽、用之不竭。煤、石油和天然气均是目前全球发展的基础能源，但它们却属于不可再生的矿物资源。目前全球年能源需求量的 75% 来自化石燃料，化工原料 95% 以上也来源于这些不可再生的矿物资源。以往人类的高消费和高度开发对自然资源造成了重创。滞后的生产技术、粗放型的经营与管理不善又造成了资源的极大浪费，导致目前全球资源枯竭和资源危机，特别是那些不可再生的资源。这使人们必然产生一种忧虑，即这些原料有朝一日完全耗尽时，人类生活和物质生产系统必遭破坏，其供求关系造成的价格增长势必会导致全球的经济压力和动荡。另外，一些消费性资源（如各种矿物资源）的广泛使用使人类健康和环境付出了沉重的代价。如我国，由于石油这一原料的使用，每年工业废气排放总量达 $6.2 \times 10^{11} \, m^3$，每年工业废物排放量达 $7.4 \times 10^8 \, t$。这些废气和废物污染了空气，破坏了环境，导致部分地区生态体系的失调和恶化，给人类的健康带来了严重的影响。

人类社会的发展是一个代代相传、生生不息的延续发展过程。自然资源为各代人所有，并且属于全社会和全人类。自然资源的这种平等性和传承性是保障人类社会可持续发展的重要物质基础和环境条件。因此，当代人在面对自然资源时就不能只考虑自己的利益而不顾后人的利益。可持续发展要求人类改变那种长期沿用的利用大量消耗性资源和能源来推动经济增长的传统模式，来优化资源的使用方式，提高资源的利用效率，实现自然资源的消耗与增长相平衡。

（3）促进人类社会和经济发展的需要

人类进行什么样的活动来发展经济，体现了人类的主观意识。但在人类发展的历史中，可以看到经济发展活动与人类进行的化学活动之间的关系是客观存在的。在 20 世纪，化学在保证和提高人类生活质量以及增强相关工业竞争力等方面起了关键作用。正如前述，化学科学创造了许多新产品，进入了每一个普通家庭的生活，使全球每一个人都受益匪浅，但同时化学品的大量生产和广泛使用也导致了前所未有的环境污染和生态平衡的破坏，现已危及人类自身的健康和生存。如何使现代技术摒弃负面影响，继续担负起现代社会经济快速发展主力军的重任，正是人类社会生存发展对绿色化学的迫切要求。

（4）维护人类自身健康的需要

人类自身的健康生存是人类社会追求的目标之一。只有人类自身健康，才有人类社会的生存与发展。许许多多的事实证明，某些化学技术产生的废物直接地损害了人类健康，给人类带来了极大的伤害。如 1948 年 10 月 26 日～31 日，美国宾夕法尼亚州持续雾天，有 6000 人突然出现眼痛、咽喉痛、流鼻涕、头痛和胸闷等症状，其中 20 人很快死亡。主要原因是那里的硫酸厂、钢铁厂和炼锌厂排放的烟雾被封锁在山谷中，烟雾中包括二氧化硫等有害物质和金属微粒附着的悬浮颗粒。人们在短时间内吸入大量的有害气体和金属颗粒导致了灾难的发生。我国近些年来也多次发生化工厂排污引起伤害人畜的民事案件和纠纷。可见，满足人类健康生存的需要是绿色化学的核心任务，满足人类的可持续发展对化学化工的需要是绿色化学化工的科学目标。

7.1.2　绿色化学化工的特点

从科学观点看，绿色化学化工是对传统化学思维方式的更新和发展，是更高层次的化学，是化学化工发展的新阶段。

绿色化学与传统化学的不同之处在于前者更多地考虑社会的可持续发展，促进人和自然的协调。绿色化学化工是人类用环境危机的巨大代价换来的新认识、新思维和新科学。在这种意义上说，绿色化学化工是对化学工业乃至整个现代工业的革命，是化学工作者面临的机遇和挑战。

绿色化学与环境化学的不同之处在于前者研究环境友好的化学反应和技术，而环境化学则是研究影响环境的化学问题。

绿色化学与环境治理的不同之处在于前者是从源头防止污染的生成，而环境治理则是对已被污染的环境进行治理，即"末端治理"。实践证明，这种"末端治理"的粗放经营模式，往往治标不治本，浪费资源和能源，治理费用大，综合效益差，甚至造成二次污染。

7.1.3　绿色化学化工的发展

近 10 年来，绿色化学化工已成为世界各国政府关注的最重要问题之一，也是各国企业界和学术界极感兴趣的重要研究领域。政府的直接参与，产学研密切结合，促进了绿色化学化工的蓬勃发展。

1995 年，美国宣布设立"总统绿色化学挑战奖"。所设奖项包括绿色合成路线奖、绿色反应条件奖、绿色化学品设计奖、小企业奖和学术奖。奖励那些具有基础性、创造性和对工业生产具有实用价值，以减少资源的消耗，从根本上减少环境污染的化学化工成就。

1997 年，美国在国家实验室、大学和企业之间联合成立了绿色化学学院（Green Chemistry Institute，GCI）。美国化学会成立了绿色化学研究所。

以绿色化学为主题的哥顿会议（Gordon Conference）自 1996 年以来在美国和欧洲轮流举行。

1998 年，P. T. Anastas 和 J. C. Warner 出版了《绿色化学：理论和实践》专著，详细论述了绿色化学的定义、原则、评估方法和发展趋势，成为绿色化学的经典之作。

1999 年，英国皇家化学会创办绿色化学（Green Chemistry）国际杂志，内容涉及绿色化学方面的研究成果、综述和其它信息。

在英国，由 RSC、Salters' Company、Jerwood Charitable Foundation、Department of Trade and Industry 和 Department of the Environment Transport and Regions 等资助的英国绿色化学奖于 2000 年开始颁发。

我国也十分重视绿色化学方面的研究工作，积极跟踪国际绿色化学的研究成果和发展趋势，倡导清洁工艺，实行可持续发展战略。

7.1.4 绿色精细化学品及其在绿色化学化工中的重要性

迄今为止，还没有人对绿色精细化学品做出一个明确的定义，但根据精细化学品及绿色化学化工的定义，绿色精细化学品可定义为性能优良、使用安全、在环境中易分解，且采用绿色生产工艺及可再生原料的精细化学品。

美国"总统绿色化学挑战奖"从 1996 年颁奖以来，获奖项目多数与精细化学品有关，这充分表明发展绿色精细化学品在绿色化学化工中占有头等重要的位置。其原因可能是：

（1）精细化工是化学工业的重要组成部分，精细化学品生产过程产生的污染严重

a. 排放量大。医药、农药和染料等精细有机化学品的结构比较复杂，产品质量要求一般较高，反应步骤一般较多，生产过程较复杂，原子经济性差，溶剂和助剂用量大。因而，三废排放量大。据统计每吨产品需各类化工原料 20 吨以上，即每吨产品约产生 19 吨废料。

b. 成分复杂。精细化学品生产过程中排放废物的成分一般很复杂，其原因在于：精细化学品合成步骤多，以致伴随的副反应和副产物种类多；精细化学品品种多，并且企业不断更新产品，每个产品会排放不同组成的废物。

c. 毒性较大、处理困难。有些精细化学品生产过程中排放的废物因对微生物的毒性大，无法采用廉价的生物法处理。含卤素和硫的废物，采用焚烧处理会严重腐蚀设备，并排放出卤化氢和二氧化硫等有毒气体而造成二次污染。

由于以上原因，精细有机合成的"三废"治理往往难度大、费用高。更为严重的是其废物的成分鉴定和环境影响评价十分困难。我国精细化工企业很少开展这方面的研发。

到目前为止，世界各国对精细化工的研究投入，其三分之一往往用于控制和治理精细化工生产过程中产生的"三废"污染。有许多需求量大，附加值高，用途广，具有特殊功能的精细化学品的生产，就是因为"三废"污染的问题没有解决，只能停产。因此，开发绿色精细化工技术，特别是精细有机化学品的绿色合成方法，已是当今世界各国化工界和环境界最热门的研究课题之一。

（2）安全隐患严重，事故发生率高

精细化工是安全隐患较严重、事故发生率较高的行业。这是由于：精细有机合成往往涉及磺化、硝化、重氮化和氧气氧化等剧烈的放热反应，由于不能及时散发反应过程中产生的热量，可能就会造成反应失控，从而引起冲料、爆炸等事故；精细化工生产所用原料品种多，许多为易燃易爆或剧毒品；我国还存在企业规模小，技术和管理水平低，安全意识差等问题；精细化工行业产品更新快，新上产品多，技术不成熟。

（3）一些复配型的精细化学品往往要加大量的具有有毒有害、易燃易爆等特征的挥发性有机溶剂

一些复配型精细化学品，如涂料、油墨、胶黏剂和清洗剂等，虽然生产过程比较简单，但为了便于使用，往往要加大量的有毒有害、易燃易爆等挥发性有机溶剂（VOCs），使用完后这些挥发性物质挥发至大气中，不仅造成了环境污染及对人体健康的危害，而且造成了巨大的资源浪费，且在使用过程中存在安全隐患。据报道，世界每年向大气排放的碳氢化合物约 2000 万 t，其中约 350 万 t 是涂料中的有机溶剂，仅次于汽车尾气。因此，采用绿色溶剂，特别是水，代替有毒有害的溶剂，或采用无溶剂体系早已成为这类精细化学品发展的方向。

（4）精细化学品多数为终端产品

精细化学品多数为终端产品，使用后要排放到环境中，有些产品还与人们的生活息息相关。一些传统的精细化学品，在使用过程中或使用完后排放到环境中直接造成了环境污染或其它危害，或因长期残留在环境中给生态环境造成了巨大影响。例如，有机氯杀虫剂是人类最早使用的合成有机杀虫剂，曾在防止害虫方面发挥了巨大作用，但它们在发挥作用时，会在许多种类的动植物体中产生生物富集，而影响鸟类等动物的生存，且经常聚集在动物脂肪组织或脂肪细胞中，当被人食用时，也就造成对人的危害。杀虫剂滴滴涕（DDT）就是第一个显示出大范围危害的此类农药。1962 年，美国海洋生物学家 R Carson 写了一本当时很有争议的书——*Silent Spring*，该书详细描述了 DDT 对野生动物的危害，造成"鸟语不再，惟余空山"的可怕景象。该书引发了人类对于发展观念的争论。Carson 的学术观点乃至人身一度备受化学工业界的攻击和诋毁，因为在那时社会意识和科学讨论中还没有环境保护的概念。后来人们逐步意识到 DDT 等含氯农药因在环境中不能分解而造成鸟类的灭绝，并通过食物链影响人类的健康。由于 *Silent Spring* 在美国社会各界产生的影响，1970 年美国成立了环境保护局。曾获诺贝尔奖的 DDT 和其它几种杀虫剂终于被停止生产和使用。Carson 也成为世界环境运动的先驱。因此，设计安全和可降解的精细化学品一直受到世界各国的重视。

7.2 开发绿色精细化学品的基本原则

1998 年，Anastas 和 Warner 在他们所著的 *Green Chemistry：Theory and Practice* 中提出了绿色化学的 12 条原则，并得到了广泛的认可。Winterton 于 2001 年又提出了绿色化学 12 条附加原则。

针对化学工程技术在绿色化学中的作用，Anastas 于 2003 年又提出了绿色化学工程技术 12 条原则，用于指导和控制化学工程设计活动。这些原则注重于如何用化学工程科学技术实现一个最佳的绿色化学反应工艺。在佛罗里达州召开的绿色化学工程技术会议上又提出了绿色化学工程技术 9 条附加原则。

精细化工是介于化学和化学工程之间的学科。毫无疑问，发展绿色精细化工应遵循以上原则。考虑到以上原则有些重复、条款太多，结合精细化工的特点，最终将以上原则归整和补充为 19 条。

（1）坚持可持续发展的原则，并根据"生命周期"思想建立可持续发展的评估方法

实现精细化工的可持续发展，以满足人类可持续发展对精细化工的需求是绿色精细化工的目标，因此在有关精细化工的一切活动中要坚持可持续发展的原则。为了解所从事的精细化工活动是否符合可持续发展的要求，必须建立一整套的绿色精细化工可持续发展的评估方法，对精细化学品及其生产过程进行可持续发展评估，包括对环境、安全和人类健康影响评价，资源的有效利用评价等。

生命周期是指一个产品从摇篮到坟墓的全过程，包括从最初的原材料开采、提炼加工、产品制造、产品包装、运输销售、为消费者服务、回收、循环使用和最终的废物处理。资源的耗损和环境的污染在每个阶段都有可能发生，那么污染的预防和资源的控制应体现在产品生命周期的每一个阶段。因此，可持续发展的评价应是对产品整个"生命周期"的影响评价，即对最初从地球中获得原料开始到最终残留物质返回地球结束过程中，任何一种产品或人类活动所带来的污染物排放及其环境影响的评估，这就是"生命周期"思想。

以石油为原料生产精细化学品一般包括石油开采、石油化工、精细中间体合成、精细合成和复配等步骤。就某工厂生产某个产品而言，可能只涉及某一步，这一步可能是绿色的，但就整个生命周期而言可能就不是绿色的。

如丙烯酸树脂乳胶漆主要由丙烯酸树脂、水、颜料和填料组成，仅含少量的单体和挥发性助剂，没有使用易挥发、有毒和易燃的有机溶剂，因此，是目前公认的绿色涂料，广泛用于建筑涂装。其合成一般通过三步制得。第一步由丙烯酸酯类单体（如丙烯酸丁酯、甲基丙烯酸甲酯和少量丙烯酸）、乳化剂、引发剂和水通过乳液聚合制备丙烯酸树脂乳液。除少量单体挥发外，该过程基本无"三废"排放。丙烯酸酯类单体有一定的毒性和易燃性，因而存在一定的安全隐患，但不严重。第二步由颜料、填料、水、分散剂和润湿剂通过高速分散和研磨制备色浆。第三步由丙烯酸树脂乳液、色浆、水和各种助剂调配乳胶漆。从生产过程来看第二步和第三步无"三废"排放，不存在明显的安全隐患。因此，生产过程基本上是绿色的。但若按生命周期思想评价，丙烯酸树脂乳胶漆并不绿色。这是由于其原材料的生产过程存在着严重的环境污染问题，产品回归自然后是否对环境有影响目前也不清楚。

许多专用化学品是通过复配制得的。生产过程很简单，基本无"三废"排放，因此，就单一的复配过程而言是绿色的。但若按生命周期思想评价，就不一定绿色。

对一些传统意义上的环境友好精细化学品，如水性涂料、胶黏剂、粉末涂料、无溶剂涂料和无卤阻燃剂等，若按生命周期思想评价，就不一定是绿色的。

（2）防止污染优于污染后治理

近 50 年环境污染治理的经验和教训告诉人们，一旦污染物对生态环境造成严重的破坏，要想根治是比较困难的，不仅投资大、花钱多、治理时间长，而且治标不治本，还可能造成二次污染。像温室效应、臭氧层破坏和地下水污染，其完全恢复甚是不可能的。因此，从源头上消除污染是可持续发展的基本要求。

对一般的化学过程特别是制备过程，通常都会产生废物。原料一部分转变成产品，另一部分转变成副产物，即成为废物。废物的另一来源就是没有参与反应的原料、溶剂及其它辅助原料。如果这些废物直接排放到环境中，超过环境的自净化能力，就造成了污染。如果这些废物对生物有毒害，则对人类健康和安全构成威胁。传统的化学工业产生废物是相当普遍

的，大多数情况下，都是先污染再治理。

很多成功的实例表明，采用绿色化学"污染预防"的新策略，可以合理利用资源和能源，既能带来环境效益，又能产生经济效益，符合生态环境和社会经济可持续发展的要求。

环氧丙烷是一种重要的精细化工中间体，在精细有机合成中具有广泛的应用。早期的合成方法是氯醇法。其反应方程式为：

$$2H_3C—CH=CH_2 + 2HOCl \longrightarrow \underset{OH}{H_3C—CH}—CH_2Cl + \underset{Cl}{H_3C—CH}—CH_2OH$$

$$\underset{OH}{H_3C—CH}—CH_2Cl + \underset{Cl}{H_3C—CH}—CH_2OH + Ca(OH)_2 \longrightarrow 2H_3C—\overset{O}{CH}—CH_2 + CaCl_2 + 2H_2O$$

该反应需要消耗大量的石灰和氯气，设备腐蚀和环境污染严重，废水排放量大，每生产 1t 产品产生 60t 废水。优劲公司和埃尼化工公司开发出以钛硅分子筛 TS-1 为催化剂的过氧化氢氧化丙烯新工艺，其反应方程式为：

$$H_3C—CH=CH_2 + H_2O_2 \xrightarrow{TS-1} H_3C—\overset{O}{CH}—CH_2 + H_2O$$

该反应几乎按化学计量进行，过氧化氢的转化率为 93%，环氧丙烷的选择性高达 97% 以上，反应条件温和，温度约为 40～50℃，压力低于 0.1MPa，整个反应过程只消耗烯烃和过氧化氢，实现了高选择性、高产率和无环境污染的环氧化反应。

（3）最大限度地利用资源，尽可能将所有原料转化为产品，避免产生废物

正如前述，目前化工原料 90% 以上来源于不可再生的矿物资源。以往低效率的化学工业造成了这些资源的巨大浪费，同时也产生了大量的废物。

可持续发展要求化学工业改变这种利用大量不可再生资源和能源来推动化学工业发展的传统模式，优化资源的使用方式，最大限度地提高资源的利用效率，尽可能将所有原料转化为产品，避免产生废物。

化学过程特别是制备过程通常都会产生废物。以下面反应为例，废物主要来源于以下几个方面：

$$A（基准物）+B \longrightarrow C（产品）+D（副产物）$$

a. 原料一部分转变成产品，另一部分转变成副产物，即成为废物。这是由反应的性质决定的。

b. 反应不完全，或 B 反应物过量，若反应物无法回收，只能作为废物排放，并且影响产品的分离提纯。

c. 存在副反应，表现在反应的选择性不好。

d. 分离的效率不高，部分产品损失于副产品或杂质中，只能作为废物排放。

e. 使用了催化剂、溶剂及其它辅助原料，并且没有有效地回收。

通常，化学家们考察化学反应时，注重以产率来评价反应是否成功，忽略合成反应中所使用或产生的不必要的化学品。经常会出现这种情况，即一个合成路线或一个合成步骤可以达到 100% 产率，但有时会产生比目标产物更多的副产物。因为产率的计算是由原料的物质的量与目标产物的物质的量相比，1mol 原料生成 1mol 产品，产率即 100%。然而，这个转化过程可能在生成 1mol 的产品时，产生 1mol 或更多的废物，而每摩尔废物的质量可能是

产品的数倍。因此由产率计算看来很完美的反应有可能产生大量的废物，造成资源的大量浪费。例如，Wittig 反应是一个非常重要的有机合成反应，使用 Wittig 试剂可将醛或酮等羰基化合物高效地转化为烯烃，但由于生成了分子量很大的 Ph_3PO 副产品，造成了原料的大量浪费和废物的大量产生。

$$Ph_3P=CH_2 + \underset{R_2}{\overset{R_1}{>}}C=O \longrightarrow \underset{R_2}{\overset{R_1}{>}}C=CH_2 + Ph_3PO$$

对于一个化学反应，要将所有原料转化为产品，实现零排放，除要求原料的转化率和反应的选择性（包括化学、区域和立体选择性）都达到 100% 外，还与反应的性质有关。为此，1991 年美国著名化学家 B. M. Trost 提出了"原子经济性"的概念。他认为高效的有机合成反应应最大限度地利用原料分子的每一个原子，使之结合到目标分子中，达到"零排放"。多年的实践表明，采用原子经济性反应是提高资源利用率，避免产生废物的重要途径。下面列举几例说明。

甲基丙烯酸甲酯是合成高分子材料、丙烯酸胶黏剂和涂料的重要单体，目前的工业制法是丙酮氰醇法，该法原子利用率仅为 46%，目标产物的选择性为 77%，而且使用剧毒的氢氰酸，以及酸和碱会带来严重的腐蚀和污染问题。其反应方程式如下：

$$\underset{H_3C}{\overset{H_3C}{>}}C=O + HCN \xrightarrow{\text{碱催化剂}} \underset{H_3C}{\overset{H_3C}{>}}\overset{OH}{\underset{CN}{C}} \xrightarrow{H_2SO_4} H_2C=\overset{CH_3}{\underset{}{C}}-\overset{O}{\underset{}{C}}-NH_2 \cdot H_2SO_4$$

$$\xrightarrow{CH_3OH} H_2C=\overset{CH_3}{\underset{}{C}}-\overset{O}{\underset{}{C}}-OCH_3 + NH_4HSO_4$$

1996 年壳牌公司开发出以甲基乙炔为原料催化合成甲基丙烯酸甲酯的一步法，其反应方程式为：

$$H_3CC\equiv CH + CH_3OH + CO \xrightarrow[60℃,6MPa]{Pd} H_2C=\overset{CH_3}{\underset{}{C}}-COOCH_3$$

该反应的原子利用率接近 100%，目标产物的选择性和收率均大于 99%，避免了剧毒的氢氰酸和强腐蚀性硫酸的使用，被认为是具有潜在的较好经济性的绿色合成路线。

亚氨基二乙酸钠（DSIDA）是孟山都公司用于生产除草剂 Roundup 的关键中间体。DSIDA 的传统制备方法以氨、甲醛、氢氰酸等有毒物质为原料，采用 Strecker 反应合成，反应式为：

$$NH_3 + 2HCHO + 2HCN \longrightarrow NH(CH_2CH)_2 \xrightarrow{NaOH} NH(CH_2COONa)_2$$

该生产工艺存在如下问题：使用氨、甲醛、氢氰酸等剧毒原料对生产人员的安全和工厂周围环境造成危害；此反应是放热反应，可能存在反应失控的潜在危险；原子利用率低，为 86%；废物量大，每生产 7kg 产物将产生 1kg 废物。

经过多年的研究，孟山都公司开发了将二乙醇胺催化脱氢制备 DSIDA 的新工艺：

$$NH(CH_2CH_2OH)_2 \xrightarrow[Cu]{NaOH} NH(CH_2COONa)_2$$

新工艺具有如下优点：反应在 NaOH 水溶液中进行；DSIDA 收率可达 95%；铜催化剂原料易得，活性高，选择性好，经济上可行，可循环使用；产品不需要进行纯化，直接用于生产；不用氢氰酸和甲醛，而采用挥发性低、毒性小的二乙醇胺；生产过程步骤少；脱氢反应是吸热反应，不存在反应失控的危险，工艺操作安全；不产生废物。

由于以上原因，该成果获 1996 年绿色化学挑战奖的绿色合成路线奖。

4-氨基二苯胺是合成橡胶防老剂和染料的重要中间体。早期采用的方法主要是 4-硝基二苯胺还原法，其中 4-硝基二苯胺由对硝基氯苯和苯胺缩合而得，反应方程式为：

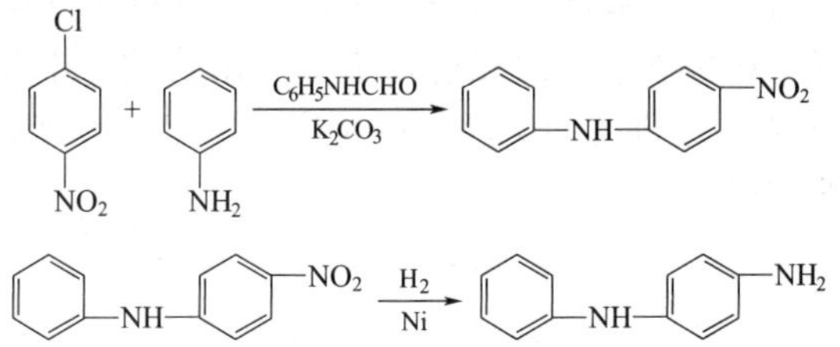

对硝基氯苯是通过苯氯化和硝化制得的。采用该方法需要消耗大量的氯气，产生大量含盐废水，难以处理。

福莱克斯公司开发了一种以四甲基氢氧化铵为催化剂，直接由苯胺和硝基苯为原料合成 4-氨基二苯胺的无氯新工艺。反应方程式为：

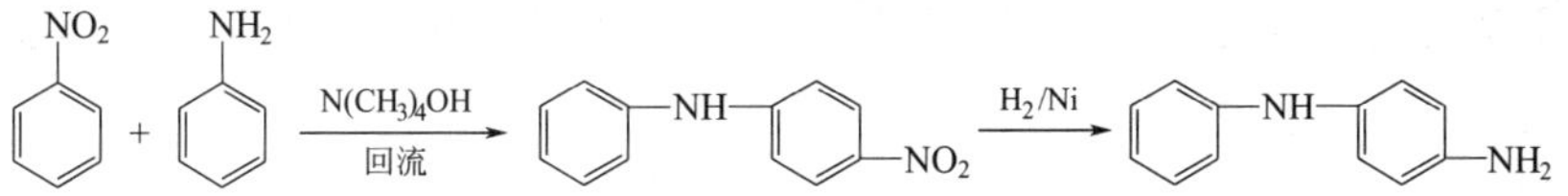

新工艺使反应的原子经济性从约 70% 提高到 87.5%，结果使有机废物减少 74%，无机废物减少 99%，废水减少 97%。该成果获 1998 年绿色合成路线奖。

许多化学家和企业界的人士都认同"原子经济性"原则，它已成为绿色化学的基本原则之一。但真正的原子经济性反应非常有限。因此，不断寻找新的途径，提高合成反应的原子利用率是十分重要的。开发新型的催化剂，设计新的合成路线以及采用新的原料是实现原子经济性反应的重要途径。

（4）尽可能不使用和不产生对人体健康和环境有害及存在安全隐患的物质和能源

许多化学物质具有易燃易爆、有毒有害等特性，如果处理不当，就可能产生爆炸、火灾或泄漏，造成化学事故，而影响人们的健康和生命，恶化当地的生态环境，造成巨大的经济损失。因此，在精细化学品生产过程中，应尽可能不使用和不产生对人体健康和环境有害或存在安全隐患的物质。

在传统的化学工业中，往往在设计化学合成路线时较少考虑如何避开有毒有害物质的使用和产生，单纯追求目的产物的产率和低成本。人们认为，化学家最清楚如何防范和对待有毒有害物质，对于所使用和产生的有毒有害物质只在工程上进行控制或附加一些防护措施，如穿防护衣、戴防毒面具。这种模式蕴藏着极大的危险，一旦防范失败或者在操作过程中有任何一点疏忽将酿成触目惊心的灾难。如 1984 年 12 月，美国联合碳化物公司设在印度博帕尔的农药厂因生产农药西微因的中间体异氰酸甲酯泄漏，几天之内 2.5 万人死亡，20 万人受害，其中 5 万人双目失明。

合成某种目的产物一般有多种路线可供选择，在设计和选择合成路线时，应根据这一原则选择原料和反应路线。如果必须使用或者在过程中不可避免地要出现有害物质，应该实行系统控制使之不与人和其它环境接触，并最终消除，使毒害风险降至最低。

碳酸二甲酯是近几十年来受到国内外关注的绿色化工产品，1992 年碳酸二甲酯在欧洲通过了非毒化学品的注册登记，属于无毒或微毒化工产品。碳酸二甲酯具有独特的分子结构，$CH_3O—CO—OCH_3$，其分子中含有 $CH_3—$、$CH_3O—$、$CH_3O—CO—$和$—CO—$等多种官能团，可作为羰基化、甲氧基化和甲基化试剂，以取代传统工艺中剧毒的光气、硫酸二甲酯、氯甲烷和氯甲酸甲酯等，用于制造多种精细化学品。

聚碳酸酯的传统合成方法采用光气与苯酚反应生产碳酸二苯酯，进而和双酚 A 进行酯交换，缩聚成聚碳酸酯。然而光气属剧毒物质，对人体健康和环境有害。为此，美国、日本等国都积极开发不用光气合成聚碳酸酯的绿色技术。采用碳酸二甲酯取代光气与苯酚反应，生成碳酸二苯酯，然后与双酚 A 进行酯交换，再缩聚生成聚碳酸酯，并在 1993 年建成非光气法生产聚碳酸酯的工业装置。

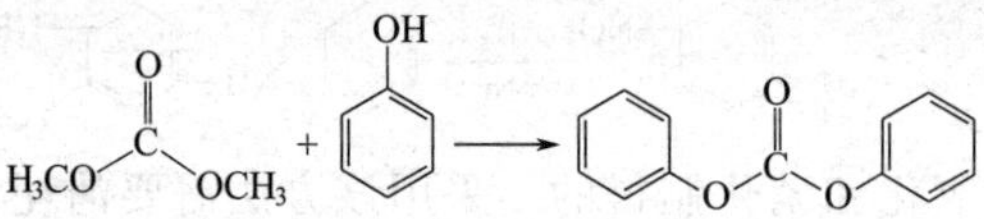

新方法采用的碳酸二甲酯属环境友好化学品，原料中无游离氯，也不需要溶剂，因而产品质量好，特别适合于制备光学材料。生产过程中产生的甲醇可回收利用制备碳酸二甲酯，苯酚也可循环使用，从而构成原料的封闭循环，没有废物排放到环境中。

碳酸二甲酯还可取代光气，生产各种异氰酸酯。如用于生产六亚甲基二异氰酸酯：

$$H_2N(CH_2)_6NH_2 + 2H_3CO—\overset{O}{\overset{\|}{C}}—OCH_3 \xrightarrow{\text{催化剂}} H_3CO—\overset{O}{\overset{\|}{C}}—HN(CH_2)_6NH\overset{O}{\overset{\|}{C}}—OCH_3 + 2CH_3OH$$

$$H_3CO—\overset{O}{\overset{\|}{C}}—HN(CH_2)_6NH\overset{O}{\overset{\|}{C}}—OCH_3 \xrightarrow{\text{热解}} OCN(CH_2)_6NCO + 2CH_3OH$$

碳酸二甲酯作为甲基化试剂可用于 *N*-甲基化，*O*-甲基化等。如以碳酸二甲酯代替剧毒的硫酸二甲酯，以丁香酚为原料，在 K_2CO_3 催化作用下合成丁香酚甲醚，以邻苯二酚为原料合成藜芦醚。

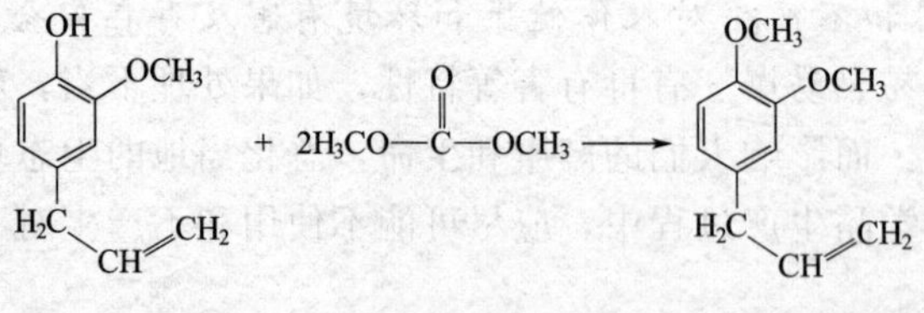

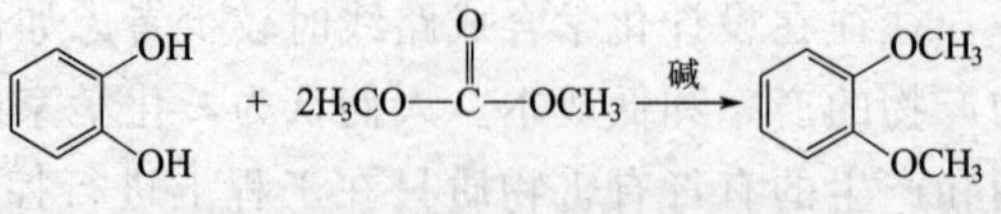

现在孟山都公司已开发出用二氧化碳和胺直接合成异氰酸酯和氨基甲酸酯的工艺，从而避免了光气的使用。杜邦公司开发了用一氧化碳将胺直接羰基化合成异氰酸酯的技术，并已工业化。

按照可持续发展理论，不仅应该考虑原料是否有毒有害，还要考虑到原料本身在这个化学过程之外的生态环境功能。即使某种原料在某一化学过程中的表现被视为绿色的，但它的利用如果能够引起它的来源之地环境恶化或者不利于环境的改善，那么也被视为一种不符合可持续发展原理的绿色原料。例如，过量使用生物质原料或淡水，如果引起植被被破坏、粮食短缺和水资源缺乏等，那么此时的生物质原料和淡水就不能被视为绿色的。

　　（5）设计的精细化学品不仅应具有良好的功效和耐久性，还应低毒无害，废弃后易降解为无害物质或可再利用

　　绿色化学的根本在于设计化学品时，始终注重将毒性降至最低或消除其毒害，以达到保护人类健康，增进环境友好的目的。人们有意识生产的各种精细化学品一般都具有许多优良的使用性能，但它们在生产、储存、运输、使用和废弃过程中难免进入环境而引起污染，引发事故，造成社会危害。许多精细化学品对人类有致畸或致突变、致癌作用，引起神经、呼吸、血液、生殖和消化等系统的损害；有的有急性或慢性毒性甚至剧毒，有的易燃易爆或有腐蚀性等；有的化学物质虽然暂时被认为无毒害作用，但较长时期接触或积累可能会引起慢性危害，例如含磷洗衣粉，使用时并无危害，但长期排放会使水体富营养化，导致藻类生长茂盛而使水中缺氧，造成对水生生物的危害。由此可见，在进行化学品设计时，应充分考虑其安全性。

　　产品的耐久性不能满足其使用寿命会造成物质的浪费，而耐久性大大超过其使用寿命，使用后废弃到环境中可能会以原来的形式长期存在或被动植物吸收而造成环境污染。其中最引公众注意的就是塑料和农药。塑料在出现时以其长久的使用寿命而著名，但它的这一物化性质已引起海洋、土地和水生态圈的环境问题。

　　理想的安全化学品应该具有合适的使用寿命，并且在完成其使用功能废弃到环境中后易降解为无害物质。因此在设计精细化学品时，能否降解，特别是生物降解，必须作为其安全性能的评价标准之一。

　　在设计产品时还应该考虑产品的服务功能结束后的性能和去向，最好能再利用。在很多情况下，产品的寿命终结都是因为技术或款式上的老化而导致的，而不是因为其基本性能或质量的衰竭。为了减少废物，那些还有功效或价值的成分应再利用或重新构建。在设计产品时就应充分考虑服务功能结束后产品的性能及再利用价值。

　　为了提高产品的性能，常采用多组分复配或加添加剂。可是，当使用完后，为了循环使用或再利用，可能需要对这些多组分进行分离，但往往这种分离是很困难的。因此，为了便于循环使用或再利用，在产品设计时，在不影响其使用功能的基础上，应尽量减少与其它材料的混合或添加剂的使用，避免那些再利用时难以分离材料的使用。原料的循环使用或再利用对节省资源和减少污染是十分重要的，不仅可减少废物的排放，缓解人类活动给环境带来的压力，而且可以降低企业成本。在选择原料时应尽可能使用容易循环利用或再利用的原料。

　　（6）尽可能不使用助剂和溶剂，必需时应采用无毒无害的溶剂和助剂

　　在精细化学品的制造、加工和使用过程中，经常要用到各种溶剂和助剂以促进化学反应的进行，克服合成和使用过程中的某些障碍。但是这些溶剂和助剂不是构成目标分子的物质，不能结合到最终产物中，它们将成为废物进入环境，这不仅对人体健康和环境造成危害，也造成了资源的巨大浪费。

　　现今工业用的有机溶剂的种类已达 30000 余种，主要包括醇、醛、酯、胺、芳烃、烷烃、醚和卤代烃等。由于其挥发性的特点，多呈无组织排放，对大气环境产生弥漫性污染，常常引起地面臭氧和光化学烟雾的形成，甚至平流臭氧层的破坏，例如 20 世纪氟利昂作为清洁溶剂、推进剂、发泡剂被广泛应用，它对人、野生生物的直接毒性并不大，它不易燃、不易爆炸，其意外危害度低，但是它破坏臭氧层。有的溶剂进入地表水体会引起水源污染，

在生产和日常生活中经常接触这些溶剂对人体危害严重。它们多数对皮肤、呼吸道黏膜和眼结膜等具有强烈的刺激作用，可引起接触性皮炎、咳嗽和流泪等病症。有的溶剂对人体器官会造成伤害，甚至具有致癌或潜在的致癌作用。多数溶剂为易燃易爆品。在它们的生产、运输、贮存和使用等过程中存在着很大的安全隐患。

助剂的使用主要是为了克服在合成中的一些障碍，比如分离用助剂，为将产品与副产品、杂质分开，其用量一般较大，费用高。

所以尽可能不使用助剂和溶剂，必需时应采用无毒无害的溶剂和助剂已成为绿色精细化学品的重要研究方向。近年来，各国的化学家在该方面进行了大量的研究工作，并取得了重大进展。

有机溶剂能很好地溶解有机物，保证物料混合均匀和热量交换稳定，因此在传统的有机合成中一般要使用有机溶剂。近些年来的大量研究结果证明，许多有机化学反应可以在无溶剂下进行，特别是那些固相与固相之间的无溶剂反应，竟取得了令人惊奇的结果。大量的研究结果表明，无溶剂有机合成表现出以下优点：

① 无溶剂有机合成有利于从根本上解决由于使用溶剂而造成的环境污染、安全隐患、对有关人员的健康危害和资源浪费等问题。

② 较高的选择性有利于提高原料的利用率。无溶剂有机合成为反应提供了与传统溶液反应不同的新的反应环境，有可能使反应的选择性、转化率得到提高。在固体状态下，固态分子受到晶格的束缚，分子的构象被冻结，反应分子有序排列，可实现定向反应，因而提高了反应的选择性。另外，可利用形成包结物、混晶、分子晶体等手段控制反应物的分子构型，尤其是可通过与光学活性的主体化合物形成包结物，以控制反应物的分子构型，实现无溶剂不对称合成。

③ 较高的反应效率和分离效率有利于降低合成成本，减少设备投资。无溶剂反应由于没有溶剂分子的介入，造成了反应体系的局部高浓度，因而提高了反应效率，显著地缩短反应时间。同时没有溶剂，可使产物的分离提纯过程变得较容易进行。

④ 许多无溶剂有机合成可在常温下进行或在较低温度下进行，因而有利于节能和降低生产成本。

配方型精细化学品所用溶剂量很大。在涂料中溶剂仅起溶解成膜物质和调节黏度以便于施工的作用，涂料成膜后溶剂挥发到大气中造成了严重的大气污染。每年因使用涂料向大气中排放的挥发性有机化合物次于汽车尾气。正如第三章所述，为了解决传统涂料因使用溶剂造成的环境问题，人们成功开发出粉末涂料、水性涂料和辐射固化涂料等。

（7）合理使用和节省能源，制备过程尽可能在室温和常压下进行

能量是保证化学反应和化工过程顺利进行的必要条件。但是化学化工过程所需要的能量应考虑其对环境和经济效益的影响，尽可能使化工过程在环境温度和压力下进行，达到合理使用和节省能源。

化学反应常常需要通过加热来加速反应，通常能量被用来克服活化能。应用催化剂可降低活化能，使反应完全的热能需求降至最低。

化工产品的分离、提纯，如蒸馏、重结晶等，是相当消耗能量的步骤。因此，在设计反应过程时，应充分利用物质的物理化学性质差异或研究新的分离技术实现产品和副产物的分离，应将分离步骤所需的能量降至最低。

精细化工产品的复配也需要搅拌，有时甚至需要研磨（如涂料），这都需要消耗能量，应通过改进设备来降低能量。

（8）在技术和经济可行的条件下，利用可再生的资源和能源合成化学品

对于可再生资源的利用，从科学、工业和环境方面看均具有重大意义。目前，人类所使用的能源和化工原料主要是石油、天然气和煤等不可再生资源，按照目前全球的生产量和消费水平，最终将导致这些不可再生资源日趋枯竭。要发展可持续的化学工业，就必须寻找替代的原料，并成功地完成向替代资源过渡，使矿物资源的耗竭不再影响经济、社会、资源和环境的协调发展。在目前的实际使用过程中要注意矿物资源的耗竭速度，要合理配置有限资源，即以矿物资源的价格为中心，以需求、供给为影响因素，通过市场机制寻找资源的最佳配置。使用可再生资源逐步替代可耗竭资源，使矿物资源向其它可再生资源有序转移，使其功能上达到可持续利用，为后代人满足其需求留下可持续利用和发展的资源和生态环境。

生物质是最为重要的可再生资源。生物质就是生命终结后的生物体或生物体在生命活动中的排泄物或果实等，简单地讲，就是来自生物体的一切物质。由于生物质中含有大量的化学物质和积贮着大量的能量，因而人类可开发出合适的技术，使生物质转化成化工原料和燃料，而成为一种有用的资源。

生物质是一种异常丰富的具有巨大发展潜力的可再生资源。地球上每年的生物质总生成量为 1.8×10^{12} t，利用量为 1.3×10^{10} t，不足总量的 1%。在我国，据估计每年的生物质总生成量为 5×10^9 t（干物质），其中薪柴量约 90×10^6 t、秸秆约 600×10^6 t。仅薪柴和秸秆两者就约合 3.5 亿 t 标准煤，基本作燃料用，利用量约为 2.6×10^8 t 标准煤，占农村能源消费的 70%。

近代生物质产业萌生于 20 世纪 30 年代美国对剩余农产品大豆、玉米的开发，生产变性淀粉、大豆印刷油墨和大豆生物柴油等产品，但因石油和石化技术的发展，推迟了生物质的产业化进程。20 世纪 70 年代的石油危机唤起了人们对生物燃料代替石油的研究，美国和巴西用玉米和甘蔗生产燃料乙醇获得成功。到世纪交替之际，石化资源渐趋枯竭，随着减少温室气体排放、保护环境和实现人类可持续发展的需要，发展生物质产业已成为全球的重要发展战略。美国国家农业生物技术委员会（NABC）主席 R.W.Hardy 评论说："我们正处在农业黄金时代之初，在这个阶段，农业不仅是解决吃饭问题的关键，也是解决许多工业问题的关键。"美国国家研究委员会 1999 年 "在生物质工业产品：其在研究领域和商业化中占有优先地位" 的报告中提出，到 2090 年化学品和材料几乎全部以生物质为原料，其中约 50% 的液体燃料将从生物质中提取。欧盟各国、日本、巴西、加拿大和印度等也争先恐后地投入了这场国际竞赛，欲拔头筹。我国的生物质产业也在新世纪起步。目前，生物质资源的利用量不足总量的 1%，主要是作为燃料。

采用生物质生产精细化学品历史相当悠久，许多世纪以前人类就利用油脂生产涂料和肥皂。松香和淀粉等天然高分子材料早就被用来生产胶黏剂和涂料等。

与石油、天然气和煤相比，生物质作为精细化工原料具有如下优点：

a. 资源异常丰富，而且可再生，符合可持续发展战略的要求。

b. 有些生物质具有特殊结构，如油脂的主要成分是甘油三脂肪酸脂，具有极好的反应活性，通过适当的反应，可以制得各种衍生物。油脂及其衍生物都是生产精细化学品的重要原料，可用于生产表面活性剂、涂料、增塑剂和润滑油添加剂等。各种淀粉衍生物已广泛用于造纸工业、日用化工、纺织工业、石油工业、食品工业、建材工业、印染工业、皮革工业、水处理和水土保持等领域。纤维素、松香、松节油和糠醛等均已广泛用于生产各种精细化工产品。以它们为原料生产精细化工产品，往往生产流程简单、环境污染小、生产成本低。

c. 以生物质为原料生产的精细化工产品一般具有良好的安全性、毒性小、生物相容性好和易生物降解的优点。

d. 通过采用基因工程和细胞工程技术，可以提高生物质的产量和改变生物质的组成，以满足生产精细化工产品的需要。

生物质作为化工原料和能源无疑对发展绿色化工和绿色能源是非常重要的。但从经济的角度出发，生物质原料也有其局限性。第一，季节性强，不能连续供应，影响因素多，可能造成化工生产的停顿，甚至因干旱或作物生长失败等因素造成经济上的损失；第二，用农业产品代替工业产品作原料需要使用大量的土地，因而有不切实际的一面。所以越来越多的非传统生物质被开发为可再生原料，如各种固体废物、生活垃圾、畜禽粪便、活性污泥和秸秆等。

（9）尽量避免不必要的衍生化步骤

在合成化学中，为了获得期望的立体控制，为了使含不稳定基团的分子进一步反应，为了改变化合物的性能或使化合物得到不断的衍生，常常要对分子进行修饰衍生。常见的衍生化步骤包括：

① 保护与去保护。化学中最常用的修饰技巧就是使用保护基团，以使可能在某反应条件下发生反应的基团不参与反应。典型的例子如用苄基保护醇羟基或羧基，然后分子的其它部分进行反应，这时醇羟基或羧基不发生变化，反应完后，苄基醚键或酯键断裂离去。在上述反应中，很明显，$PhCH_2Cl$ 在去保护后，只能是废物。例如，N-[1-(S)-乙氧羰基-3-苯丙基]-L-丙氨酸是生产新一代心血管病治疗药物——血管紧张素转化酶抑制剂（如依那普利、喹那普利等）的中间体，该中间体的合成路线之一是由 β-苯甲酰丙烯酸乙酯和 L-丙氨酸通过 Michael 加成制得。为了获得期望的立体控制和有利于反应的进行（L-丙氨酸几乎不溶于有机溶剂），文献中普遍采用的方法是由 β-苯甲酰丙烯酸乙酯和 L-丙氨酸苄酯通过 Michael 加成制得 N-[1-(S)-乙氧羰基-3-羧基-3-苯丙基]-L-丙氨酸苄酯，再通过加氢脱苄基制得该中间体，反应方程式为：

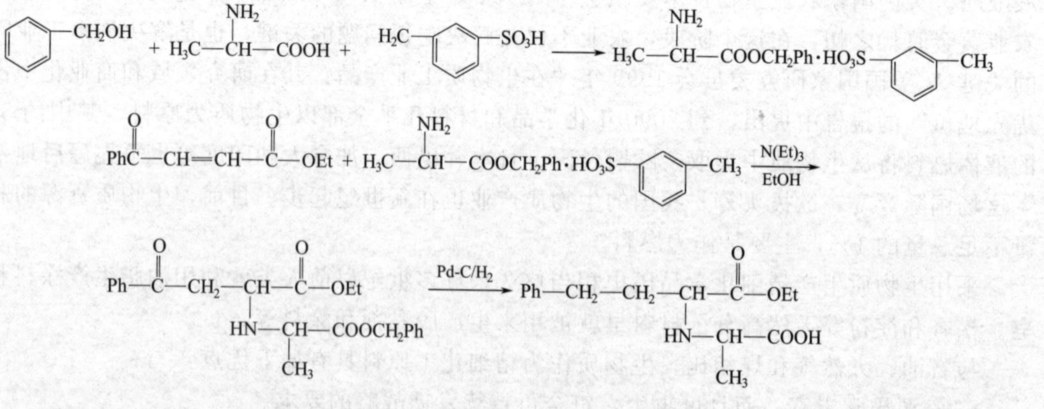

该方法和直接由 β-苯甲酰丙烯酸乙酯和 L-丙氨酸加成相比，多了 L-丙氨酸酯化和 N-[1-(S)-乙氧羰基-3-羧基-3-苯丙基]-L-丙氨酸苄酯加氢脱苄基两步反应，多消耗了超过化学当量的苄醇、对甲苯磺酸和三乙胺，溶剂耗量也增加很多（苯、乙醇和乙酸），产生了大量的含对甲苯磺酸三乙胺盐的废物。

这种衍生化技巧在药物、农药和染料等的合成中非常普遍。

② 定位活化。在合成中因为化合物分子往往有多个反应点，这时为了提高反应的选择性，使反应按预期进行，则可以使某些反应点先衍生化，使它更容易进行反应。例如，3,5-

二溴硝基苯是合成 3,5-二溴苯胺染料和其它精细化工产品的中间体，为了提高溴代活性和在 3、5 位上溴代反应，目前报道的方案是以对硝基苯胺为原料，经溴化、成盐重氮化和消除而制得，其反应式为：

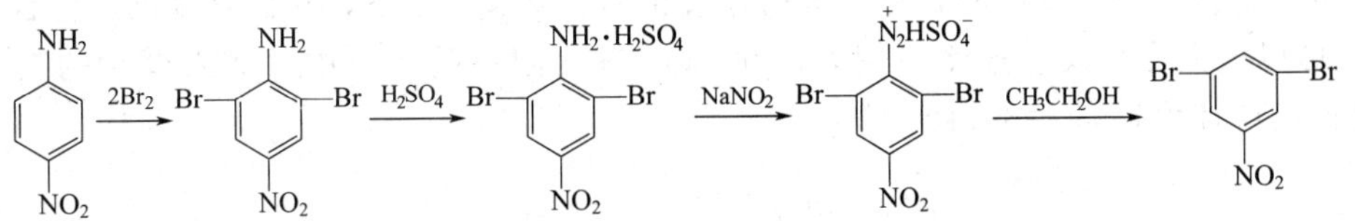

所用原料对硝基苯胺需由以下方法合成：

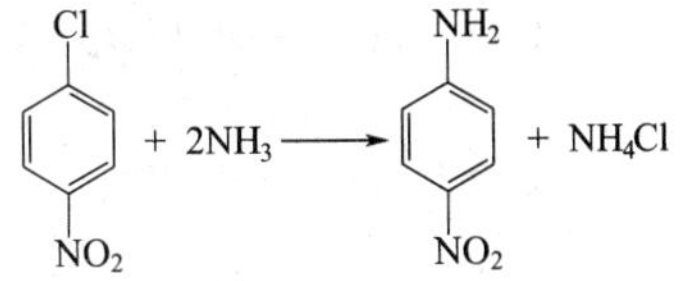

乙酰苯胺法：

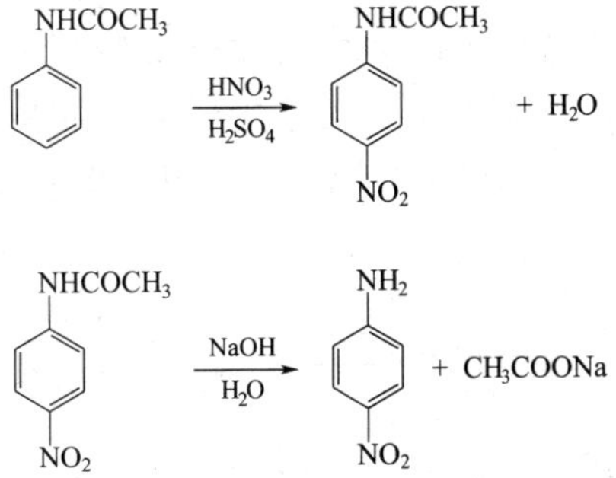

包括对硝基苯胺的合成步骤，该方案涉及 5～6 步反应。以乙酰苯胺为原料，反应的原子经济性仅约 35%，消耗了大量的硫酸、亚硝酸钠、氨等有毒有害原料，产生了大量废物和含盐废水。

如果能以廉价的硝基苯为原料，采用合适的催化剂直接溴代为 3,5-二溴硝基苯，则仅需一步反应，反应的原子经济性高达 63%，包括回收的溴化氢在内，反应的原子经济性高达 100%，这样可节省大量的原料，减少大量的废物排放，显著地降低 3,5-二溴硝基苯的合成成本。

衍生的目的有时是为了提高化合物的反应活性，提供更好的离去基团。如在亲核取代反应中，通常使用卤代衍生物，因为卤原子使与之连接的碳原子更具正电性，而且卤原子是一个好的离去基团。这样，含卤的废物由此产生。前面提到的 4-氨基二苯胺的传统合成方法就是通过氯代来提高苯环上的亲核反应活性，结果导致了大量氯化钠废水的产生。而获得美国"总统绿色化学挑战奖"的方法，由于采用了四甲基氢氧化铵为催化剂，使得硝基苯和苯胺能直接缩合，结果提高了反应的原子经济性，减少了反应步骤和废水的产生。

③ 成盐。为了便于操作，通常对化合物的性质如蒸汽压、极性、水溶性等进行暂时的改变。例如，在制备羧酸时，经常通过成盐使其从溶液中析出，以进行纯化。而在最后步骤，无机盐又释放出，成为废物。

因此可见，应尽可能避免或减少不必要的衍生步骤，以避免所需的额外原料最终成为废物。

（10）采用高效并可循环利用的催化剂

催化剂是现代化学工业的"心脏"。催化剂之所以如此神奇，主要是因为：

① 能够使那些受动力学和热力学限制的反应在常温常压下发生。如氧气和氢气混合后在常温常压下是不发生反应的，但用钯粉作催化剂，常温常压下，它们可以迅速化合成水。

② 可以大大提高反应速率。例如，在 SO_2 氧化制备的反应中，加入少量的五氧化二钒，可使反应速率提高 1.6×10^{12} 倍。

$$SO_2 + O_2 \longrightarrow SO_3$$

③ 改变反应途径。采用同样原料，利用不同的催化剂可合成不同的产品。例如：

$$CO + H_2 \longrightarrow CH_3OH(Cu)$$

$$CO + H_2 \longrightarrow C_nH_n + nH_2O(Fe\text{-}Co)$$

$$CO + H_2 \longrightarrow CH_4 + H_2O(Ni)$$

$$CO + H_2 \longrightarrow 固体石蜡(Ru)$$

④ 简化反应步骤，提高反应的原子经济性。例如，抗帕金森药物 Lazabemide 的传统合成方法是采用多步合成工艺，以 2-甲基-5-乙基吡啶作为起始原料，经 8 步合成，产率仅 8%；而用钯作催化剂，以 2,5-二氯吡啶为原料，仅用一步合成，使反应的原子经济性达到 100%。反应方程式为：

⑤ 降低反应温度而节约能量。例如，甲烷在没有催化剂存在时必须在 $800\,℃$ 以上高温才能反应，而在催化剂作用下于 $650\,℃$ 就可以反应生成乙烯和乙烷。

由此可见，催化剂能够在工艺上为降低温度、压力和简化流程等创造有利的条件，从而达到提高生产效率、降低成本、减少投资和节约能源等目的。

据统计，在化学工业中 80% 以上的反应只有在催化剂作用下才能获得具有经济价值的反应速度和选择性。因此，寻找新型高效催化剂一直是化学化工领域研究的热点，并开发出择形催化剂（如夹层催化剂和分子筛）、酶及仿酶催化剂、纳米催化剂、手性催化剂、过渡金属催化剂和稀土路易斯酸催化剂等。

如果催化剂不循环使用，使用之后只能作为废物排放而造成环境污染和资源浪费。有些催化剂非常昂贵，如贵金属催化剂、手性金属配合物催化剂，如果不循环使用，成本非常高。因此，可循环利用催化剂也一直是化学化工领域研究的重点，并取得了较大进展，如固体酸/碱催化剂、固载化催化剂和两相催化体系等。

高效及可循环利用催化剂的研究及成功应用极大地推动了有机合成工业，特别是精细有机合成工业的绿色化。

（11）实施在线监测分析，以有效控制有害物质的形成或准确掌握其排放量

实施在线监测分析在化工生产中非常重要，主要表现在：

① 防止副反应的发生。反应过程是动态的，受多种因素的影响。如果反应条件发生变化，就可能改变方向，产生一些废物或生成一些有毒有害的危险品。如果某种非目标产物在痕量级存在时就能被检测到，那么我们就可以控制生产条件阻止这种物质的大量出现，避免

有毒有害物质或者废物的产生。

②　准确判断反应的程度。反应不完全，使一些原料变成了废物，降低了生产效率，提高了成本。而反应过度，使产品进一步反应为废物。通过实时分析、在线监控可以及时调节反应条件和准确判断反应的完成程度，减少额外试剂的使用，提高目标产物的产率，控制副产物的生成，使废弃物的产生达到最小化。另外，对生产过程中向环境排放的废物也要实施在线监测，以便为生产过程的绿色化评估提供准确的数据。因此，实施在线分析技术是绿色化学工艺的重要组成部分，是绿色化学技术顺利实施的基本保障。

（12）　要充分了解和研究生产过程中可能涉及的各种化学反应的热化学规律

剧烈的放热反应也是造成化学事故的主要原因之一。这些反应在实验室中小规模操作可能是非常安全的，可是，对于工业生产，由于规模的扩大，表面积和体积的比例缩小，可能产生巨大的放大效应，由于不能及时散发反应过程中产生的热量，可能就会造成反应温度等工艺条件失控，而影响产品的质量和产量，严重时可能发生冲料、爆炸等事故。因此，我们必须了解和研究所涉及的各种可能的反应的热量变化及放热规律。在选择和设计方案时，应尽量避免剧烈的放热反应或采取相应的措施，以消除事故隐患，确保安全生产。

始于 1996 年前后的微化工技术是集微机电系统设计思想和化学化工基本原理于一体，并移植集成电路和微传感器制造技术的一种高新技术。常规尺度的化工过程通常依靠大型化来达到降低产品成本的目的，而微化工过程则注重于高效、快速、灵活、轻便、易装卸、易控制、易直接放大和高度集成，着重研究时空特征尺度在数百微米和数百毫秒范围内的微型设备和并行分布系统中的过程特征和规律，其目标是能大幅度减小过程系统的体积或大幅度提高单位体积的生产能力。微化工系统的几何特性、传递特性和宏观流动特性决定了它在特定的化学、化工领域中的应用有着传统的化工设备无法比拟的优越性，主要表现在：

①　微尺度。对于给定物理量（如温度、浓度、密度或压力等）的差值，减小线性尺度可提高其梯度。因此，当通道的特征尺度减小时，单位体积（或面积）上的传热和传质的能力得到增强。在微换热器中的传热系数可达 $25000 \mathrm{W \cdot m^{-2} \cdot K^{-1}}$，较常规换热器大 $1 \sim 2$ 个数量级；在微混合器中的流层厚度可维持在几十微米，甚至可达纳米级，因此微混合器中的混合时间可达毫秒级。

②　大比表面积。微通道的比表面积可达 $10000 \sim 50000 \mathrm{m^2/m^3}$，而常规容器的比表面积一般不超过 $1000 \mathrm{m^2/m^3}$。因此微化工系统中的传热、传质面积大大增加，因而强化了过程的传递特性、缩短了扩散时间，可实现流体间的快速均匀混合。

③　体积小。由于物理尺寸的减小，微系统的体积急剧减小。

④　独特的流动行为。微通道中的流体流动通常属于层流，具有很强的方向性、对称性和高度的有序性，同时具有窄的停留时间分布和均匀的传质过程，便于对过程进行精确的理论描述与模拟。

⑤　快速放大。传统的放大过程存在着放大效应，耗时费力，一般需 $2 \sim 5$ 年。由于微反应器中每一通道相当于一个独立的反应器，因此放大过程就是通道数目的叠加，这可有效地确保各单元的基本性质不变，因而可节约时间，降低成本，便于实现科研成果的快速转化。

⑥　柔性生产。可根据市场情况增减部分单元来调节生产，因而微化工系统具有很高的操作弹性，而且可以通过改变管线的连接方式来进行不同的化工过程。

⑦　高度集成。利用成熟的微电子工艺可将微型反应器、传感器和执行器集成到一块芯片上，从而达到对反应器的实时监测和控制，实现反应系统的快响应。

⑧　过程连续和反应时间的精确控制。许多精细化学品的生产采用间歇操作，往往采用

逐步滴加反应物，以防止反应过于剧烈，这就造成一部分先加入的反应物停留时间过长。对于很多反应，反应物、产物或中间过渡态产物在反应条件下停留时间一长就会导致副产物的产生。对于受传递控制的反应过程，采用微反应器可实现连续操作。由于反应速率的提高，停留时间短，并可精确控制物料在反应条件下的停留时间，一旦达到最佳反应时间就立即传递到下一步或终止反应，因而可有效地抑制副反应，提高转化率和目标产物的选择性。

⑨ 等温操作。微反应器具有很强的传热性能，能实现强放热反应过程的等温操作，反应过程容易控制，因而能有效地防止因出现"热点"而产生的负面影响，提高了复杂反应的选择性和转化率，同时有可能实现在常规反应器中无法进行的反应，以开辟新的反应过程。

⑩ 物料以精确配比瞬间混合。对于那些对反应物料配比要求很精确的快速反应，如果搅拌不好，就会在局部出现配比过量，产生副产物，在常规反应器中几乎无法避免，而微反应器的反应通道一般只有数十微米，可以精确按配比混合，避免副产物生成。

⑪ 过程安全。对于易燃易爆的反应过程，由于微反应器的特征尺度小于火焰传播临界直径以及强的传热能力，能够有效地抑制气相自由基支链爆炸反应和火焰的扩展，使得反应能在爆炸极限内稳定地进行，不需附加任何特殊的安全措施。研究表明，抑制爆炸的主要因素在于自由基支链反应的动力学淬灭，而非热淬灭。同时，由于体积小，即使发生爆炸和泄漏，也不会对周围环境和人体健康造成大的危害。因此，可实现因安全缘故未能在大装置进行的反应。

⑫ 分散生产。传统的化工生产中，分散的天然资源通常运输到目的地以便集中加工，尤其对于易燃易爆、有毒物质的生产，因储存、运输等过程的不安全性，易造成对人类和自然生态环境的极大危害。由于微反应系统是模块结构的并行分布系统，具有便携式特点，可实现在产品使用地分散建设，并就地生产、供货，这不仅消除了危险品运输中的潜在危险，也可显著地降低安全防范所需的巨额费用。同时，也可使分散资源得到充分合理的利用，真正实现把化工厂带到世界的各个角落。

由于微化工技术的上述特点，它特别适合于反应条件比较苛刻和危险性较大的精细有机合成反应，特别是强放热易爆反应。

另外，要充分认识到操作的安全性和废物的最小化之间可能存在矛盾。例如，有机化合物的分子氧氧化是一类原子经济性好的绿色化学反应，但该反应可能存在爆炸的危险。对羟基苯甲醛是生产香料、医药等产品的重要中间体，国内外对由对甲酚液相空气氧化（甲醇为溶剂）合成该产品进行了许多研究，取得了良好的实验室结果，但由于生产过程中易发生爆炸，该方案在国内一直未大规模化生产。

（13）在设计精细化学品时应以性能为导向，在保证应用性能优良及安全的前提下应优先考虑化学结构和制备工艺简单的方案

精细化学品与大宗化学品的根本区别在于前者具有特定的功能和用途，而具有相同功能和用途的精细化学品在化学结构上可能完全不一样。如作为洗涤剂的表面活性剂可采用各种阴离子表面活性剂、非离子表面活性剂和两性表面活性剂。高分子材料用的阻燃剂目前有各种卤系阻燃剂、磷系阻燃剂、氮系阻燃剂、磷氮系阻燃剂和无机阻燃剂等。广泛使用的分散剂可以是无机物、小分子表面活性剂和水溶性聚合物。

因此，在设计新型精细化学品时，我们可以综合考虑所设计产品的功能、使用性能及安全性，制备过程中的绿色化程度等因素，尽可能研发出化学结构最简单、合成工艺最简单而安全性及使用性能最好的产品。因为一般而言，化学结构越简单，制备工艺就会越简单，原子利用率和产品的产率就会越高，"三废"排放量就会越少，生产成本就会越低。

要提高精细化学品的设计能力关键在于精细化学品的应用理论及构效关系研究。

正如前述，复配技术对精细化学品的开发极为重要。其原因在于很少有一种单一的化学品能符合某一特定的用途，不同组分之间往往存在着协同效应或增效作用。因此，复配是提高精细化学品性能、降低产品成本的重要途径。更为重要的是，与环境污染和安全隐患严重的精细有机合成过程相比，复配过程一般不产生"三废"，安全隐患小。因此，对一些不可能再利用的精细化学品或在不影响再利用的前提下，应重视复配技术的研究。

（14）强化"输出"的牵引，而不要靠输入物质和能量的"推动"

许多化学反应是平衡反应，当反应体系的温度、压力、浓度发生变化时会破坏这种平衡。通常，通过提高反应温度、压力或反应物的量使平衡向生成产品的方向移动，但这造成了能量和原料的浪费。通过不断将产品从体系中移出也可达到相同的目的，并可减少能量和原料的消耗，避免连串反应的发生。在酯化反应中往往就是将产生的水不断移出而促进反应的完成。

反应和分离耦合可将产物从反应器中及时移出，因而具有以下优点：

① 能破坏可逆反应的热力学平衡，使反应向生成产物的方向移动，因而能够提高反应的转化率和产率。

② 可有效地避免产物进一步发生副反应，因而可以防止废物的产生。

③ 若产物对催化剂有毒性作用，可防止催化剂中毒而保持反应的高活性。

④ 在同一装置中实现化学反应与分离过程，可减少下游单元操作的数量，从而减少资金投入和能量消耗。

与反应相结合的分离单元主要有蒸馏、膜分离、结晶、吸收和吸附等，可构成催化反应精馏、反应吸收、反应吸附、反应结晶、膜反应器和超临界反应分离等耦合新技术。

（15）在生产过程中要鉴别和分析副产物，并进行完整的质量平衡计算

副产品在任何化学反应中都可能存在。它的分离和控制是花费高且消耗资源的，甚至可以决定整个过程的生产成本和生产能力。这就是要求鉴别和分析副产物的意义所在。

准确的质量平衡计算是过程设计的重要环节。通过质量平衡计算，可以为成本计算、过程设计和环境安全评估提供原料的转化率、反应的选择性、产品的产率、催化剂和溶剂的损失量、副产物的种类和数量及各种物质在固废、液废和气废中的浓度等基本数据。

（16）要全面考虑各种因素的影响，并对生产过程进行全面的优化设计

影响化工产品生产的因素很多，包括搅拌强度、气体扩散速度、固液接触情况、原料的种类和质量、反应器的类型、分离提纯方法、催化剂和溶剂的回收利用等。

要对生产过程进行全面的优化设计。水、电和惰性气体的消耗是工程排放和资源消耗的重要部分，但往往被忽视。

各种设施的合理使用直接影响生产过程的生产能力、投资及成本。在精细化学品生产工艺设计时，考虑工艺和设备的灵活性和产品的可变性是必要的，但超过安全标准设计过大的容量会造成材料和能源的浪费。

（17）应该综合考虑可用原材料和能源的相互耦合

在化工生产过程中，可充分利用放热反应产生的热或其它余热（如排出的加热蒸汽）来驱动吸热反应或其它需要加热的过程，也应该设法利用副产物生产其它产品。

例如，硫铁矿烧渣和粉煤灰曾经是最严重的固体污染物，但现在硫铁矿烧渣被用于炼铁，粉煤灰用于生产粉煤灰砖和水泥等。

（18）在工程方案的设计与开发中，化学工作者和化工工程技术人员必须密切合作，并邀请社会团体和资本占有者积极参与

许多化学工作者更倾向于关注反应本身而不是相关的技术。如果一个反应不发生，他们十分可能更改反应而不是研究反应装置对其影响。他们不像工程师那样，关注质量和能量的转换、混合、界面的迁移和一般的反应设计等问题。实际上，反应发生的场所（比如反应器的尺寸、形状都会影响反应过程）以及所得产物的分离方法都是控制绿色化学过程的重要因素。如果化学家和化工工程技术人员不密切合作，一个绿色的化学反应就无法实现工业化。一个化工方案的实施不仅涉及对生态环境可持续发展的影响，而且还涉及对经济和社会可持续发展的影响，因此，也应该主动邀请社会团体和资本占有者积极参与。

（19）所实施的工程方案要符合当地的要求，得到当地的地理和文化的认可

不管怎样，化学工业在促进地区经济发展的同时总会对生态环境和地区安全产生一些负面影响。因此，化工企业应建在人口密度相对较少的区域，尽量远离城市、清洁水源和风景名胜区。

以上19条原则尽管表述比较简单，但是内容十分丰富，涉及化学化工的方方面面。这些原则反映出当代可持续发展战略的要求，体现了当今最新科学技术的成果，必将进一步促进化学化工与生态文明的协调发展。这也是界定什么是绿色化学的重要理论基础。

7.3　绿色精细化工的主要研究内容

根据绿色精细化工的以上原则，绿色精细化工的主要研究内容应包括以下三个方面：

（1）精细化工原料的绿色化

精细化工原料的绿色化就是尽可能选用无毒无害的化工原料和可再生资源进行精细化学品的合成与制备。这方面的研究报道较多，以碳酸二甲酯代替硫酸二甲酯进行甲基化有机合成，以二氧化碳代替光气合成异氰酸酯等都是典型的实例。随着石油资源的日益枯竭，可再生资源将成为石油的替代品，成为一种重要的绿色化工原料。

（2）精细化工生产技术的绿色化

精细化工生产技术的绿色化，就是要利用全新的化工技术，如新催化技术、生物技术、电化学技术、光化学技术、微波化学技术、膜技术和超临界流体技术等，开发高效和高选择性的原子经济性反应、微化工技术及分离技术，从源头上减少或消除有害废物的产生，降低或避免对环境有害的原料的使用，合理使用和节省资源和能源，减少或消除制备和使用过程中的事故和隐患。

（3）精细化工产品的绿色化

精细化工产品的绿色化，就是要根据绿色化学的新观念、新技术和新方法，设计、研究和制备更安全的精细化学品。要求精细化学品无毒或低毒，生物相容性好，使用后在环境中能分解成对环境和生态无害的产物。

7.4　绿色化学化工过程的评估

绿色化学的定义是比较抽象的。那么，我们如何判断和鉴别我们实施的化学过程是绿色的呢？建立绿色化学化工过程的评估准则对开展绿色化学化工的研究是非常重要的。完整的绿色化学化工评估方法和理论的建立是开展绿色化学化工研究的基础，是设计绿色化工工艺的必要条件，能减少绿色化学化工研究的盲目性，保证绿色精细化工的健康发展。

7.4.1 绿色化学化工过程的评估方法

按照可持续发展理论，绿色化学的评估实际上就是如何评估化学化工过程的可持续性。为了评估一个化工工艺过程，需要有一套衡量可持续性的指标或规则。在衡量可持续性时必须注意到以下几个方面：

（1）可持续发展建立在经济、生态和社会三个方面

自然科学家，特别是化学家往往更多地关注生态的可持续性，对于经济和社会的发展可能受到生态发展的影响则关注得不够。因此，根据化学家得到的结论也就难以全面地确定一个新的化学化工过程是否有利于经济和社会的可持续发展。经济学家和社会学家必须进行进一步的研究以得到关于经济和社会可持续发展方面的评价。如果不开展这三方面的研究，那么对环境影响小的过程只具有生态可持续发展性，无法反映整体的可持续性。例如，在化学合成中，有毒有害溶剂被低毒或无毒无害溶剂所取代，那么生态可持续性得以改善。但是，如果新溶剂比被取代的溶剂贵，那么经济可持续性就变差。再进一步考虑，如果有毒溶剂的用量大大减少，那么它的生产商必然减小生产规模，这将导致就业率降低，社会可持续发展性就变差。

（2）可持续发展是在整个生命周期内的可持续发展

可持续发展不仅仅是对生产的某个过程和步骤而言。对上游、下游产品和过程的忽视可以认为是数据的不足和认知的缺乏。把研究工作集中在某一生产过程较小的范围内，在通常情况下是很重要的，但如果只是局限于一个小的过程，那么就必须意识到在生命周期中的潜在问题。由于没有考虑上游和下游过程，所得到的结论是不全面的。因此，在阐述可持续性时，说明最终的结论是否是通过一个全过程研究得到的是非常重要的，这样可以避免滥用或夸大其词。例如，如果采用的低毒低害溶剂具有如下特点：生产步骤多，价格高；产生更多的有毒废物；消耗更多的能量。那么仅以生产过程对环境的影响来看，这可以说是持续的，但从整体来说就是不持续的。

（3）可持续发展具有地方性、区域性和全球性的特点

可持续发展是为了满足人类的可持续需求，但这些需求是有其地域差异的。另外，环境问题存在范围问题。例如，一次有毒化学品的意外事故会危及当地环境和安全，如果数量过多会引起地域性的危害，但并不一定对全球环境造成威胁，然而温室效应就会影响全球。

化学化工过程可持续性的评估方法包括定性和定量两种。

可持续发展理论、绿色化学化工的各条原则是界定什么是绿色化学的重要理论基础，即是化学化工过程可持续性和绿色化定性评估的理论基础。根据这些理论和原则，人们可以依据化学反应过程制定那些潜在的可持续性的定性衡量标准和估量新技术绿色程度的原则指标。

绿色化学定量评估中最具代表性的方法是生命周期评价方法（LCA）。它是对最初从地球上获得原料开始，到最终所有的残留物返归地球结束过程中，任何一种产品和人类活动所带来的污染物排放及其对环境影响进行评测的方法。这种方法实际上是对能量和物质的利用及由此造成的环境影响进行识别和评估。按照可持续发展的原则，要确定一个化合物是否是绿色的，不但要看化合物本身是否有毒有害，而且要考虑到在这个化合物的生命周期中，在自然界积累后和分解的产物是否有毒有害。这个过程需要几年、十几年甚至几十年的时间。生命周期评价方法需要大量的数据和信息。当缺乏这些信息和数据时，常赋予一个任意值。该方法还把除了产品和原料外的全部材料定义为废物，但副产品可能有另外的用途，所以这

种定义是不精确的。

另一种定量评估的方法是框架结构模型。该方法将生态环境、社会和经济性能综合在一起，并依据生态环境、社会、经济绩效和状态有效地做出战略性决策。该框架提出了 5 个基本的衡量标准：原料强度、能量强度、水消耗、有毒物排放和污染物排放。这个框架方法将标准限定于有问题的化学工艺，仅使用 5 个标准来评估工艺，所以非常实用。

绿色化学的评估是一个复杂而庞大的系统工程，是多学科交叉的边缘科学研究领域，并且处于初期的发展阶段。目前所提出的方法仅仅提供了进行绿色化学评估的原则或只是针对局部情况和某些特例，还没有一个通用的方法。大多是只能让人们知道什么是绿色的，但怎样判断所实施的化学过程或化学现象是绿色的，则要在数学、化学及化学工程学、环境科学、物理学、医学、药物学、经济学和社会学等多种相关学科的理论基础上，依靠一整套切实可行的方法来完成。例如，要评估某一产品生产过程对环境的影响，就要清楚地知道在这个工艺过程中所用原料、中间体、产品、溶剂、催化剂等的化学性质、物理性质、药物学性质、生命周期及在整个生命周期中所产生的物质的理化性质和药物医学性质等，同时还要掌握能够准确界定的相关技术以及大自然对这一化学产品能够自行消化容忍的程度。如果要评估某一化工工艺对社会安全、人类健康方面的影响，就必须掌握这个工艺所涉及的所有化学物质及其在生命周期中所产生的物质的分布扩散范围，与人类直接和间接接触的渠道以及这些物质的医学病理特征、燃烧爆炸特征、最终存在的形式及相关特征等。如果要对某一化工工艺的经济效益做评估，则要系统地进行原料和能源的消耗计算，了解产品销售的费用，废物处理的费用，环境和安全保护费用等。随着绿色化学化工研究的不断扩大与深入，绿色化学化工评估研究虽然也有了长足的进步，但对一个具体的化学化工过程进行绿色化学的系统评估，还未能达到统一的共识。完整系统的绿色化学化工评估标准和科学的评估方法还有待于人们付出更多的努力。

7.4.2 绿色化学化工过程的评估指标

长期以来，人们习惯于用产物的选择性（S）或产率（Y）作为评价化学反应过程的标准，然而这种评价指标是建立在单纯追求最大经济效益的基础上提出的，它不考虑对环境的影响，无法评判废物排放的数量和性质，往往有些产率很高的工艺过程对生态环境带来的破坏相当严重。很显然，把产率（Y）作为唯一的评价指标已不能适应绿色化学工业发展的需要。因此，确立一个化学化工过程"绿色性"的评价指标是进行绿色化学化工研究的首要问题。

7.4.2.1 原子经济性

原子经济性（AE）可表示为：

$$AE = \frac{目标产物的摩尔质量}{反应物质的摩尔质量总和} \times 100\%$$

对于一般合成反应：

$$A + B \longrightarrow C（目标产物）+ D（副产物）$$

$$AE = \frac{C 的摩尔质量}{A 的摩尔质量 + B 的摩尔质量} \times 100\%$$

对于复杂的化学反应：

$$A + B \longrightarrow C \qquad F + G \longrightarrow H$$
$$\downarrow \qquad\qquad\qquad \downarrow$$
$$C + D \longrightarrow E \qquad H + I \longrightarrow J$$
$$E + J \longrightarrow P$$

$$AE = \frac{M_P}{\sum(M_A, M_B, M_D, M_F, M_G, M_I)} \times 100\%$$

该式中不包括中间体的分子量。

例如：

以上反应中，反应物为对硝基氯苯（$M = 157.5\text{g} \cdot \text{mol}^{-1}$）、苯胺（$M = 93\text{g} \cdot \text{mol}^{-1}$）和氢气（$M = 2\text{g} \cdot \text{mol}^{-1}$），4-硝基二苯胺为中间体，产物为 4-氨基二苯胺（$M = 184\text{g} \cdot \text{mol}^{-1}$），副产物为水，按以上公式计算：

$$AE = \frac{184}{157.5 + 93 + 3 \times 2} \times 100\% = 71.73\%$$

严格地讲，原子经济性和原子利用率是有差异的。

原子经济性是衡量所有反应物转变为最终产物的量度。如果所有的反应物都被完全结合到产物中，则合成反应是 100% 的原子经济性。理想的原子经济性反应不应使用保护基团，不形成副产物，因此，加成反应和分子重排反应等是绿色反应，而消去反应和取代反应等原子经济性较差。

原子经济性是绿色化学的重要原理之一，是指导化学家和化学工程师们工作的主要尺度之一，通过对化学工艺过程的计量分析，合理设计有机合成反应过程，提高反应的原子经济性，可以节省资源和能源，提高化工生产过程的效率。因此，原子经济性是一个有用的评价指标，正为化学化工界所认识和接受。但是，用原子经济性来考察化学反应过于简单，它没有考察产物的产率和选择性，过量反应物、试剂和催化剂的使用，溶剂的损失以及能量的消耗等，单纯用原子经济性作为化学反应过程"绿色性"的评价指标还不够全面，应和其它评价指标结合才能做出科学的判断。如果某反应的原子经济性为 100%，但它的转化率和选择性很差，某反应物需要大量过量或需要使用大量的溶剂、助剂和催化剂，则它的实际原子利用率也是很低的，产生的废物量也会很大。

因此，合成效率应包括三个方面：原子经济性、选择性和转化率。只有三个数值都是 100% 时，才可能是绿色化程度最高的反应过程。可以说，高原子经济性的反应是最大限度地利用原料和最大限度地减少废物排放的先决条件。在合成一个目标产物时，合成化学工作者首先必须按照原子经济性反应的概念开发一系列原子经济性反应或从目前可行的反应中选择最具有原子经济性的反应，同时要考虑可能存在的副反应，所选择的反应路线不仅原子经济性要好而且副反应也要少。路线确定之后，合成化学工作者还要通过一些有效措施使反应的选择性和转化率达到最好。

7.4.2.2 环境因子和环境系数

环境因子（E-因子）是荷兰有机化学教授 R. A. Sheldon 在 1992 年提出的一个量度标准，定义为每产出 1kg 目标产物所产生的废物的质量，即将反应过程中的废物总量除以产物量。

$$\text{E-因子} = \frac{\text{废物总量（kg）}}{\text{目标产物量（kg）}}$$

其中废物是指目标产物以外的所有副产物。由上式可见，E-因子越大，意味着废物就越多，对环境的负面影响就越大，因此，E-因子为零是最理想的。Sheldon 计算了不同化工行业的 E-因子，见表 7-1。

表 7-1 不同化工行业的 E-因子比较

化工行业	产量规模/(t/a)	E-因子
石油炼制	$10^6 \sim 10^8$	约 0.1
大宗化工产品	$10^4 \sim 10^6$	$1 \sim 5$
精细化工	$10^2 \sim 10^4$	$5 \sim 50$
医药工业	$10 \sim 10^3$	$25 \sim 100$

由表可见，从石油化工到医药工业，E-因子逐步增大，其主要原因是精细化工和医药工业中大量采用化学计量式反应，反应步骤多，原（辅）材料消耗较大。

由于化学反应和过程操作复杂多样，E-因子必须从实际生产过程中所获得的数据求出，因为 E-因子不仅与反应有关，也与其它单元操作有关。

严格地来说，E-因子只考虑废物的量而不是质，它还不是真正评价环境影响的合理指标。例如 1kg 氯化钠和 1kg 铬盐对环境的影响并不相同。因此，R. A. Sheldon 将 E-因子乘以一个对环境不友好因子 Q 得到一个参数，称为环境指数（Environmental Quotient），即：

$$P = EQ$$

规定低毒无机物的 $Q=1$，而重金属盐、一些有机中间体和含氟化合物等的 Q 为 $100 \sim 1000$，具体视毒性 LD_{50} 值而定。Sheldon 相信环境系数及相关方案将成为评价一个化学反应过程"绿色性"的重要指标。实际上，废物及其每种组成物质的毒性指数的准确确定是非常困难的。所以环境指数还只能是一个理论上的概念，实际应用还有障碍。

7.4.2.3 质量强度

在实际生产中，为了促进反应发生和加快反应速率，常常需要加入一定量的介质、催化剂和助剂等。它们的流失和消耗都会增加产品的成本和废物排放量，而原子经济性、选择性和转化率无法表达它们对绿色化程度的影响。为了较全面评价有机合成及其反应过程的"绿色性"，A. D. Curzons 等提出了反应的质量强度（Mass Intensity，MI）概念，即获得单位质量目标产物消耗的所有原料、助剂、溶剂等物质的质量，可表示为：

$$\text{MI} = \frac{\text{在反应过程中所消耗物质的总质量（kg）}}{\text{目标产物的质量（kg）}}$$

上式中的总质量是指在生产过程中消耗的所有原（辅）材料等物质的质量，包括反应物、试剂、溶剂和催化剂等，也包括所消耗的酸、碱、盐以及萃取、结晶和洗涤等所用的有机溶剂的质量，但是不包括水，因为水本质上对环境是无害的。

由质量强度的定义，可以得出与 E-因子的关系式：

$$E-因子＝MI－1$$

由此可以清楚地看出，质量强度应当越小越好，这样生产成本低，能耗少，对环境的影响就比较小，即绿色化程度愈高。

质量强度表达式表明，原子经济性和质量强度之间没有必然的联系。这说明仅仅依靠原子经济性本身并不足以设计开发可能更"绿色"或更"清洁"的化学工艺。质量强度同时兼顾了产率、原子经济性和实际消耗物质量的概念，能比原子经济性、选择性和转化率更准确地表示反应过程的物质利用率和废物排放量。因此，质量强度可能是一个用来判断现行化学反应过程绿色程度的更理想指标。

在实际生产中，仅在一个化学反应过程或一个生产工艺里实现"零排放"是非常困难的。从物质的利用效率考虑，采用绿色化技术，利用自然界中生态平衡与物质循环再生原理，结合系统工程和最优化方法设计多层多级利用物质的生产流程工艺，建立生态化学工业产业链，可能会更有效地减少排放物，提高物质利用率。利用绿色化学、生态学和系统工程的原理和技术去追求和实现"零排放"可能是一条很好的提高化学过程绿色化程度的途径。

通过质量强度也可以衍生出绿色化学的一些有用的量度（Metrics）。

质量产率：质量产率（Mass Productivity，MP）为质量强度倒数的百分数。

反应质量效率：反应质量效率（Reaction Mass Efficiency，RME）是指反应物转变为产物的百分数，可表示为：

$$RME＝\frac{产物的质量}{反应物的质量}\times100\%$$

例如，反应 A＋B→C，则：

$$RME＝\frac{C 的质量}{A 的质量＋B 的质量}\times100\%$$

反应物的质量效率包括了反应的原子经济性、产率和反应物的化学计量。

碳原子效率：由于有机化合物中都含有碳原子，因此也可以用碳原子的转化率来表示反应的效率，称为碳原子效率（Carbon Efficiency，CE），即反应物中的碳原子转变为产物中碳原子的百分数，可表示为：

$$CE＝\frac{产物的物质的量\times产物中碳原子的数目}{反应物的物质的量\times反应物中碳原子的数目}\times100\%$$

具体如何计算原子经济性、质量强度、质量产率、反应质量效率和碳原子效率，以下面实例说明。

【实例】　苯甲醇（10.81g，0.1mol，$M108.1g\cdot mol^{-1}$）和对甲苯磺酰氯（21.9g，0.115mol，$M190.65g\cdot mol^{-1}$）在混合溶剂甲苯（500g）和三乙胺（15g，$M101g\cdot mol^{-1}$）中反应，得到磺酸酯（23.6g，0.09mol，$M262.29g\cdot mol^{-1}$），产率为 90％。由此可得：

$$AE＝\frac{262.29}{108.1＋190.65}\times100\%＝87.8\%$$

$$CE＝\frac{0.09\times14}{0.1\times7＋0.115\times7}\times100\%＝83.7\%$$

$$RME＝\frac{23.6}{10.81＋21.9}\times100\%＝70.9\%$$

$$MI = \frac{10.81 + 21.9 + 500 + 15}{23.6} = 23.2 kg/kg$$

$$MP = \frac{1}{MI} \times 100\% = 4.3\%$$

该反应的 AE＜100％，是由于形成了副产物 HCl；CE＜100％是由反应物过量（对甲苯磺酰氯过量15％）和目标产物的产率为90％所致；RME 为70.9％也是由于反应物过量和产率的关系。

对于化学计量的反应，反应质量效率（RME）结合原子经济性、质量产率等评价指标一起用于判断化学反应过程的"绿色性"是有帮助的。

质量产率对企业来说是一个很有用的评价指标，它注重资源的利用率。有人对38种药物合成过程（每一制药过程平均7步反应）的原子经济性和质量产率做了比较。尽管整个合成过程的原子经济性还比较好（平均43％，范围21％～86％），但质量产率仅为1.5％（0.1％～7.7％），这意味着在制药过程中所用原辅材料质量的98.5％都成为废物。

7.4.2.4 能量效率参数

不同化学品在化学反应过程中的能量消耗可用能量效率参数（η）来表示，即：

$$\eta = \frac{产出物质总量}{输入能量总量}$$

式中，物质总量的单位为 kg 或 mol；能量总量的单位为 kJ。

能量效率参数表示输入单位能量所产出目的产物的量的多少。能量是生产活动的决定因素。只有当生产过程中投入的能量被最有效地使用时，生产过程才是最可持续的。能量效率参数越大，化学反应过程的绿色化程度越高。

作业题

① 原子经济性是绿色化学的重要原理之一，举例说明采用原子经济性反应对绿色合成的重要性。

② 什么是反应的原子利用率？能否说原子利用率为100％的反应就是一个绿色的反应过程，为什么？

③ 什么是生命周期思想？举例说明在绿色化学评估中坚持生命周期思想的意义。

④ 一般化工过程的废物来源于哪几个方面？应从哪几个方面开展研究来减少废物排放量？

⑤ 什么是生物质？简述其作为精细化工原料的优点。

⑥ 举例说明为什么说能否降解必须作为精细化学品安全性能的评价标准之一。

⑦ 根据绿色精细化工的基本原则，阐述绿色精细化工的主要研究内容。

⑧ 合成效率应包括哪三项指标，为什么？

⑨ 什么是质量强度？它与原子经济率有什么不同？

⑩ 计算下列反应的原子利用率。

a. $H_3C\text{-}C(\text{=}O)\text{-}CH_3 + HCN \xrightarrow{\text{碱催化剂}} H_3C\text{-}C(OH)(CN)\text{-}CH_3 \xrightarrow{H_2SO_4} H_2C\text{=}C(CH_3)\text{-}C(\text{=}O)\text{-}NH_2 \cdot H_2SO_4$

$\xrightarrow{CH_3OH} H_2C\text{=}C(CH_3)\text{-}C(\text{=}O)\text{-}OCH_3 + NH_4HSO_4$

b. 硝基苯 + 苯胺 $\xrightarrow[\text{回流}]{N(CH_3)_4OH}$ 二苯胺-NO₂ $\xrightarrow{H_2/Ni}$ 二苯胺-NH₂

c. $2H_3C\text{-}CH\text{=}CH_2 + 2HOCl \longrightarrow H_3C\text{-}CH(OH)\text{-}CH_2Cl + H_3C\text{-}CH(Cl)\text{-}CH_2OH$

$H_3C\text{-}CH(OH)\text{-}CH_2Cl + H_3C\text{-}CH(Cl)\text{-}CH_2OH + Ca(OH)_2 \longrightarrow 2H_3C\text{-}CH\text{-}O\text{-}CH_2(\text{环氧}) + CaCl_2 + 2H_2O$

d. $H_3C\text{-}CH\text{=}CH_2 + H_2O_2 \xrightarrow{TS\text{-}1} H_3C\text{-}CH\text{-}O\text{-}CH_2 + H_2O$

e. 对硝基苯胺 $\xrightarrow{2Br_2}$ 二溴体 $\xrightarrow{H_2SO_4}$ 硫酸盐 $\xrightarrow{NaNO_2}$ 重氮盐 $\xrightarrow{CH_3CH_2OH}$ 3,5-二溴硝基苯

f. $NH_3 + 2HCHO + 2HCN \longrightarrow NH(CH_2CN)_2 \xrightarrow{NaOH} NH(CH_2COONa)_2$

g. $NH(CH_2CH_2OH)_2 + 2O_2 \xrightarrow[Cu]{NaOH} NH(CH_2COONa)_2 + 2H_2O$

h. $H_3CC\equiv CH + CH_3OH + CO \xrightarrow[60℃,6MPa]{Pd} H_2C\text{=}C(CH_3)\text{-}COOCH_3$

i. 苄醇 + $H_3C\text{-}CH(NH_2)\text{-}COOH$ + 甲苯磺酸 → $H_3C\text{-}CH(NH_2)\text{-}COOCH_2Ph \cdot HO_3S\text{-}CH_3$

$PhC(\text{=}O)\text{-}CH\text{=}CH\text{-}C(\text{=}O)\text{-}OEt + H_3C\text{-}CH(NH_2)\text{-}COOCH_2Ph \cdot HO_3S\text{-}CH_3 \xrightarrow[EtOH]{N(Et)_3}$

$Ph\text{-}C(\text{=}O)\text{-}CH_2\text{-}CH(\text{-}HN\text{-}CH(CH_3)\text{-}COOCH_2Ph)\text{-}C(\text{=}O)\text{-}OEt \xrightarrow{Pd\text{-}C/H_2} Ph\text{-}CH_2\text{-}CH_2\text{-}CH(\text{-}HN\text{-}CH(CH_3)\text{-}COOH)\text{-}C(\text{=}O)\text{-}OEt$

[1] 唐林生, 冯柏成. 绿色精细化工概论 [M]. 北京：化学工业出版社, 2008.
[2] ANASTAS P T, WARNER J C. GREEN chemistry：Theory and practice [M]. Oxford：Oxford University Press, 1998.
[3] WINTERTON N. Twelve more green chemistry principle [J]. Green chemistry, 2001, 3 (6)：73-75.
[4] ANASTAS P T, ZIMMERMAN J B. Design through the 12 principles of green engineering. Environmental science & technology, 2003, 37 (5)：94A-101A.
[5] 宋启煌. 精细化工绿色生产工艺 [M]. 广州：广东科技出版社, 2006.

［6］贡长生，单自兴．绿色精细化工导论［M］．北京：化学工业出版社，2005．

［7］尹延柏．血管紧张素转化酶抑制剂：盐酸喹那普利的合成新工艺研究［D］．青岛科技大学，2006．

［8］谢文磊．粮油化工产品化学与工艺学［M］．北京：科学出版社，1998．

［9］张金廷．脂肪酸及其深加工手册［M］．北京：化学工业出版社，2002．

［10］徐克勋．精细有机化工原料及中间体手册［M］．北京：化学工业出版社，1998．

［11］邓宇．淀粉化学品及其应用［M］．北京：化学工业出版社，2002．

［12］哈成勇．天然产物化学与应用［M］．北京：化学工业出版社，2003．

［13］单永奎．绿色化学的评估准则［M］．北京：中国石化出版社，2006．